Vom Gren.-Regt. 5 am 20. 9. 17 im Gegenstoß erbeuteter Tank.

No346 zerschossener engl. Tank.

Ypres Le Tank - Place de la Station.
Yper Tank op het Statieplein.
Ypres Tank on the Station Place.

Zerstörter engl. Tank vor Arras
799

No 341 zerschossener engl. Tank.

# PANZERKAMPFWAGEN

## **TECHNIK, TANKS UND TAKTIK** IM ERSTEN WELTKRIEG

Wolfgang Fleischer

Motor
buch
Verlag

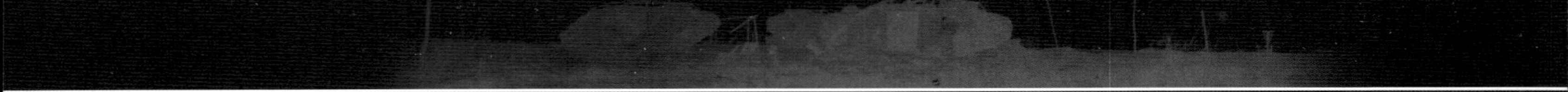

Einbandgestaltung: Frank Zähringer.

Bildnachweis: August-Horch-Museum Zwickau (1), Evers (6), Fleischer (203), Größner (1), Hensel (3), Muikku (2), Nord (1), Tank Museum Brüssel (4).



ISBN 978-3-613-03767-0



1. Auflage 2015

Sie finden uns im Internet unter
http://www.motorbuch-verlag.de



Lektorat: Joachim Köster
Innengestaltung: Günther Nord, 69434 Heddesbach
Druck und Bindung: Bechtel-Druck GmbH & Co.KG, 73061 Ebersbach/Fils
Printed in Germany

# INHALT

# EINLEITUNG

Stoßkraft ist als Element des bewaffneten Kampfes durch die enge Verbindung des konzentrierten Feuers aller Waffen mit dem Angriff der Truppen charakterisiert. Dabei wird der Gegner unmittelbar berührt, niedergehalten, räumlich eingeengt, aufgesplittert, zerschlagen und schließlich besiegt.

Stoßkraft ist seit dem Altertum das Elixier militärischen Denkens und Handelns auf dem Weg zum Erfolg, im Gefecht, in der Schlacht oder in einem Krieg. In den militärischen Auseinandersetzungen des industriellen Zeitalters nach der Wende vom 19. zum 20. Jahrhundert erstickte sie im Geschosshagel der Schnellfeuer- und Maschinenwaffen, der modernen Rohrrücklaufgeschütze, sie wurde in den tief gestaffelten, mit Stacheldrahtverhauen und anderen Hindernissen versehenen Stellungssystemen der Verteidigung verbraucht oder versank einfach im grundlos gewordenen Schlamm zerstörter Landschaften.

Insbesondere die Rolle der Artillerie im modernen Krieg war nicht richtig eingeschätzt worden. Das lief darauf hinaus, der Infanterie einen wesentlichen Teil der Last des Kampfes aufzubürden. Dabei hatte es an Vorzeichen eines sich anbahnenden Wandels nicht gefehlt. Die nachhaltigen Auswirkungen der raschen wissenschaftlichen und technischen Entwicklung auf das Militärwesen waren während des Russisch-Japanischen Krieges in den Jahren 1904/1905 bereits deutlich zutage getreten.

Darüber schrieb der Hauptmann a.D. der norwegischen Artillerie, B. W. Nörregaard, der als Sonderberichterstatter der Londoner »Daily Mail« die Belagerung von Port Arthur als Augenzeuge erlebt hatte:
*»Alle die neuesten Verbesserungen auf dem Gebiete der Befestigungskunst, alles, was an Waffen und Zerstörungsmitteln, neuen Verteidigungsmitteln in unserer Zeit erdacht und erfunden worden ist, hat hier erst seine wirkliche Feuerprobe bestanden; und die Frage, welche Aussichten auf Erfolg die Offensive gegenüber den Verteidigungsmitteln der Neuzeit hat, fand hier in allen wesentlichen Punkten* (schon – der Verfasser) *ihre Beantwortung. ...*

*Es war die Artillerie, die den Japanern zum Siege verholfen hat oder richtiger, das ausgezeichnete Zusammenarbeiten der Artillerie mit ihrer Schwesterwaffe. Ich habe keine genauen Angaben darüber, in welchem Verhältnis die Anzahl der Verwundungen durch Geschützfeuer zu den durch Gewehrfeuer verursachten innerhalb der russischen Garnison stand, aber man hat mir erzählt, dass die Zahl der ersteren ungewöhnlich hoch gewesen sei. In der japanischen Armee ist das Verhältnis von Anfang Juni bis Ende Oktober* (1905 – der Verfasser) *ein derartiges gewesen, dass Verwundungen durch Granaten oder Schrapnells 21,27% der Gesamtzahl betragen haben. ...*

*Der russisch-japanische Krieg hat der Artillerie ihre Bedeutung zurückgegeben und hat sie die Rolle spielen lassen, die ihr alle großen Feldherren ... zuerteilt haben; nämlich von allen Waffengattungen die wichtigste.«*

Das Feuer der Artillerie erstickte die Stoßkraft der Infanterie. Es gab im Ersten Weltkrieg viele Bemühungen, die Kampffähigkeit und damit auch die Stoßkraft der Infanterie zu erhalten.

Die Soldaten durchliefen eine den veränderten Bedingungen angepasste Ausbildung. Sie wurden mit zweckmäßiger Schutzbekleidung ausgestattet, erhielten Nahkampfmittel, Granaten-, Minen- und Flammenwerfer sowie zahlreiche

Die Luftaufnahme entstand am 9. September 1916 aus 3200 m Höhe. Sie zeigt einen Ausschnitt aus dem englischen Stellungssystem nördlich von Het Sas bei Zuydschote in Flandern.

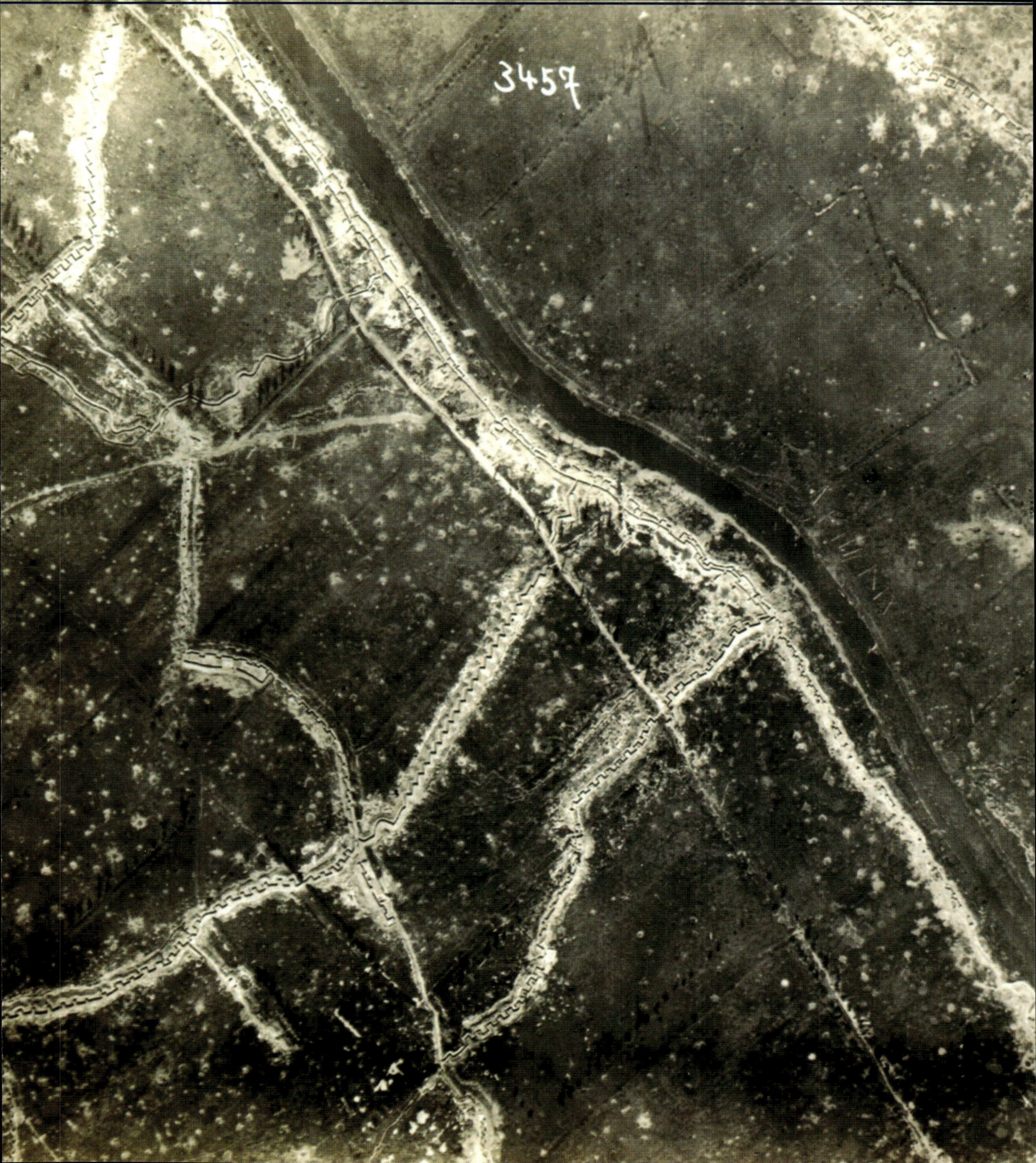
3457

andere neu entwickelte bzw. wiederentdeckte Waffen und Ausrüstungen. Feuer, künstlicher Nebel und giftige Gase sollten dabei helfen, dem Krieg zumindest etwas von der für einen Sieg notwendigen Bewegung wiederzugeben. Das Militär nutzte die neuesten Erfindungen, so auch auf dem Gebiet der Funk- und Fernsprechtechnik. Mit ihrer Hilfe wurde, Nervensträngen gleich, die Führung eines Krieges gewährleistet, von dessen Intensität, Dauer und räumlicher Ausdehnung die militärische Führung bis dahin keine konkreten Vorstellungen, geschweige denn praktische Erfahrungen besessen hatte.

Wie der militärische Kampf selbst übertrafen die Anforderungen an die logistische Sicherstellung dieses von zunehmender Technisierung geprägten Krieges alles bisher Dagewesene. Eisenbahn- und Kraftfahrzeugtechnik wurde für die Versorgung der Truppen an den Fronten unverzichtbar. Mit Hilfe der Technik war es möglich geworden, neue Schauplätze für militärische Auseinandersetzungen zu erobern. Mit Luftschiffen und Flugzeugen drang das Militär in den Luftraum vor, in Tauchbooten trug es den Krieg in die Unterwasserwelt. Einen Sieg an der entscheidenden Front, der Landfront, brachte diese Technik indes nicht – ihr fehlte die Stoßkraft.

Erst im Verlaufe des Krieges deuteten sich mit dem Auftreten eines weiteren neuen Kampfmittels Veränderungen zugunsten der Stoßkraft an. Die Rede ist von gepanzerten, bewaffneten und auf Gleisketten beweglichen selbstfahrenden Maschinen, die von den Zeitgenossen als Sturm- oder Kampfwagen bezeichnet wurden und als Tanks in die Geschichte eingegangen sind.

Bereits lange vor Ausbruch des Ersten Weltkrieges hatten ihrer Zeit vorausschauende Geister, darunter Techniker, Unternehmer und Militärs, sich darin versucht, aus den verschiedenen »Zutaten« – der Verbrennungsmaschine mit Schaltgetriebe als Antriebsanlage, dem Maschinengewehr und der Schnellfeuerkanone als Träger der Feuerkraft sowie beschussfesten Stahlplatten als Schutzkomponenten – auf Rädern oder Gleisketten bewegliche Kampffahrzeuge zu schaffen. Der Erfolg blieb ihnen bis zum Winter 1914/15 versagt, als das Militär sich nach dem Scheitern des Bewegungskrieges und von der Kraft der Defensive beeindruckt, veranlasst sah, sich ernsthaft mit dem Gedanken geländegängiger »Maschinengewehrzerstörer« zu beschäftigen.

Der erste Einsatz englischer Tanks während der Schlacht an der Somme traf am 15. September 1916 die deutschen Verteidiger bei Flers. Obwohl die Tanks nur in geringer Zahl am Angriff teilnahmen und ihr Einsatz überdies von taktisch-technischen Mängeln begleitet war, überraschten sie die Deutschen. Es war die Geburtsstunde einer neuen Waffe, die es zunächst schwer hatte, sich auf dem Schlachtfeld zu behaupten. Die weitere Entwicklung hing mehrfach an seidenem Faden. Dafür gab es viele Gründe: Die Kampfwagentechnik stand am Anfang, Offizieren und Mannschaften fehlten Ausbildung und Erfahrung, die Zusammenarbeit mit anderen Waffengattungen zeigte Schwächen. Vor allem mangelte es Teilen der militärischen Führungselite am Verständnis für die neue Waffe und deren zweckmäßige Verwendung. Diese Ignoranz war nicht nur im englischen Heer zu finden, sie war auch unter den deutschen Militärs verbreitet, mit bald spürbaren negativen Auswirkungen auf den Aufbau einer eigenen Kampfwagentruppe, vor allem aber für eine wirksame Kampfwagenabwehr.

Bei allen Rückschlägen zeigten Kampfwagen, dass sie dank der in einer Konstruktion verbundenen Beweglichkeit, Feuerkraft und Schutzwirkung Gefechtseigenschaften besaßen, mit denen das Militär die verlorengegangene Stoßkraft zurückgewinnen konnte. Sie erfüllen diese Aufgabe heute noch. Sie sind in allen modernen Streitkräften die für die bewegliche Kampfführung in Angriff und Abwehr vorgesehene Schwerpunktwaffe.

Aus gegebenem Anlass wird in diesem Band über die Anfänge dieser Waffe im Ersten Weltkrieg und einige durch ihr Auftreten in Gang gesetzten Veränderungen im Militärwesen berichtet.

Stellungskrieg ist der ohne Entscheidung auf dem Schlachtfeld erstarrte Bewegungskrieg. Während des Ersten Weltkrieges entstanden deshalb ganze Systeme unregelmäßiger, aus mehreren Linien durchlaufender Gräben, Verbindungsgräben, Unterstände und Hindernisse bestehender Stellungen. In Verbindung mit der Feuerwirkung der Maschinengewehre und der Artillerie machten sie die Stärke der Verteidigung aus. Auf dem Bild ist ein solches Stellungssystem zu sehen.

KAPITEL I

# DIE VORFAHREN DER TANKS

## »Landpanzerkreuzer«, »Maschinengewehrzerstörer«, »Überfallfahrer«

*Der Erfolg hat viele Väter*
*Der Mißerfolg ist ein Waisenkind*
Richard Cobden (englischer Nationalökonom, 1804–1965)

Nachweise über die Verwendung gepanzerter Streit- oder Kriegswagen findet man schon in den Überlieferungen des Altertums. Vergleichbare Fahrzeuge begegnen uns in den verschiedenen darauf folgenden Epochen immer wieder.

Um ihre Entstehung während des Ersten Weltkrieges und die Bedeutung, die gepanzerte Fahrzeuge für den militärischen Kampf im Gesamten erlangt haben, darzustellen und bewerten zu können, muss man in der Zeit nicht soweit zurückgehen. Es genügt, an einige der vielen Ideen, Projekte und Konstruktionen zu erinnern, die seit der Jahrhundertwende in den großen Industrieländern entstanden sind. Darunter befanden sich viele abenteuerlich anmutende Entwürfe.

Unabhängig von der technischen Machbarkeit blieb die entscheidende Frage: Erkannten die führenden Militärs die Notwendigkeit, gepanzerte Kampfwagen in ihre Kriegsrüstung aufzunehmen und engagierten sie sich schließlich dafür? Nein, das war nicht der Fall, obwohl die verschiedenen Kriege seit dem ausgehenden 19. Jahrhundert eines deutlich gezeigt hatten: Die Stoßkraft der Angreifer hatte es als entscheidungsförderndes Element des Kampfes immer schwerer, sich gegen die gesteigerte Feuerkraft mit modernen Waffen ausgerüsteter Verteidiger durchzusetzen. Erfolge wurden mit großen Verlusten erkauft.

### Russland

In Russland arbeitete der Konstrukteur W. D. Mendelejew, jüngster Sohn des berühmten Gelehrten D. I. Mendelejew, zwischen 1911 und 1915 an Kampfwagenprojekten. Eines davon – 170 t schwer und stark gepanzert – sollte acht Mann Besatzung aufnehmen und mit einer 120-mm-Kanone sowie einem Maschinengewehr bewaffnet werden. Dazu gehörte ein hydraulisch absenkbares Panzergehäuse, um beim Schießen mit dem großkalibrigen Geschütz die Belastungen für das Fahrgestell zu vermindern.

Eine ganz andere Richtung verfolgte der Konstrukteur A. A. Porochowstschikow mit seinem kleinen und schnellen Kampfwagen, den er im August 1914, unmittelbar vor Ausbruch des Ersten Weltkrieges, vorgeschlagen hatte. Weil er sich auf Straßen und im Gelände gleichermaßen fortbewegen konnte, erhielt er die Bezeichnung »Wesdechod« (Überallfahrer). Der Bau des Prototyps erfolgte mit der Unterstützung des Sonderkomitees der Luftstreitkräfte, wurde mit freiwilligen Spenden finanziert und am 18. Mai 1915 in Riga fertiggestellt. Bei der bis Jahresende durchgeführten Erprobung erreichte der Kleinkampfwagen, der eine kugelsichere Panzerung und ein Maschinengewehr erhalten sollte, bemerkenswerte 26,6 km/h. Trotzdem kam eine Serienproduktion nicht zustande. Vom »Wesdechod« Nr. 2 ist nur noch ein Modell gebaut worden. Die zuständigen

Diese Zeichnung zeigt grundlegende konstruktive Merkmale der Kriegsmaschine von N. N. Lebedenko. In der russischsprachigen Literatur wird er auch als »Königspanzer« bezeichnet. Zumindest hinsichtlich seiner Abmessungen übertraf er alle anderen Kampfwagen.

Skizze des Kampfwagenentwurfes von W. D. Mendelejew.

Militärs der russischen Armee sahen keine Notwendigkeit, so komplizierte Kriegsmaschinen zu beschaffen.

Dennoch wurden sie mit immer neuen Projekten konfrontiert. Dazu gehörte die 40 t schwere, dreirädrige Kriegsmaschine N. N. Lebedenkos. Sie fiel in jeder Hinsicht aus dem Rahmen. Die beiden Vorderräder hatten einen Durchmesser von 9 m; das dritte Rad im Heck besaß einen wesentlich geringeren Durchmesser und diente der Lenkung – eine Schwachstelle des Kolosses. Der Bau des Prototyps wurde mit der für damalige Verhältnisse gewaltigen Summe von 210.000 Rubeln finanziert. Bei der Erprobung im Jahr 1917 zeigten sich die Mängel bei der Lenkung. Diese und die offensichtliche Empfindlichkeit des Riesenpanzers gegen Artilleriefeuer führten zur Einstellung der Arbeiten am Fahrzeug. Man hat es 1923 unweit der Stadt Dmitrow verschrottet.

Ab 1916 fertigten die Putilow-Werke in Sankt Petersburg eine Serie von insgesamt 60 Panzerwagen mit Halbkettenfahrwerk, die allgemein als »russischer Panzertyp« bezeichnet wurden. Sie erfüllten Gefechtsaufgaben, vergleichbar denen des leichten französischen Panzers Renault.

## Leichter Kampfwagen »Wesdechod«

Im August 1914 hatte der Konstrukteur A. A. Porochowstschikow sein Projekt für einen schnellen, leichten Kampfwagen vorgestellt. Er erhielt die Bezeichnung »Wesdechod«. Bezüglich der Fortbewegung schlug Porochowstschikow zwei Varianten vor:

1. Das Fahrzeug war mit einer sehr breiten Gleiskette unter dem Wagenkasten ausgestattet, zwei an den Seiten des Vorderteils angebrachte Räder dienten auf Straßen und Wegen wie bei normalen Kraftfahrzeugen der Lenkung. Beim Fahren auf weichen Böden im Gelände drangen die Räder tiefer in die Erde als die Gleiskette. Hierbei konnte beim Schwenken der lenkbaren Vorderräder der Widerstand für die gewünschte Richtungsänderung erzeugt werden.
2. Die zweite Variante sollte mit einem Antrieb aus zwei Gleisketten ausgestattet werden.

Da man in konstruktiver und herstellungstechnischer Hinsicht die erste Variante als insgesamt einfacher bewertete, war der Bau eines Versuchsfahrzeuges dieser Version nach Prüfung durch verschiedene Militärdienststellen am 15. Januar 1915 in Auftrag gegeben worden. Zuständig waren speziell ausgestattete Werkstätten in Riga, zu denen der Chef der Technischen Versorgung an der Nordwestfront qualifiziertes Personal abkommandierte.

Am 18. Mai 1915 konnte der Versuchswagen erstmals erprobt werden. Der Bericht der Prüfungskommission fiel nach der Vorführung des Kampfwagens »Wesdechod« am 20. Juli des Jahres sehr positiv aus. Der Wagen befuhr mit Leichtigkeit Sandstrecken, überwand alle Unebenheiten des Truppenübungsplatzes mit hoher Geschwindigkeit und war sehr wendig; »der Geländewagen passierte Boden und Gelände, das für normale Kraftwagen unpassierbar ist.«

| | |
|---|---|
| Baujahr | 1915 (nur Projekt) |
| Besatzung | 2 Mann |
| Gefechtsgewicht | 3,5–4 t |
| Länge | 3600 mm |
| Breite | 2000 mm |
| Höhe | 1500 mm (ohne Turm) |
| Kletterfähigkeit | 680 mm |
| Geschwindigkeit | 26,6 km/h |
| Motor | 4-Takt-Otto, 4 Zylinder |
| Leistung | 20 PS |
| Kühlung | Wasser |
| Bewaffnung | 1 Maschinengewehr, Kaliber 7,62 mm |
| Panzerung | 8 mm |

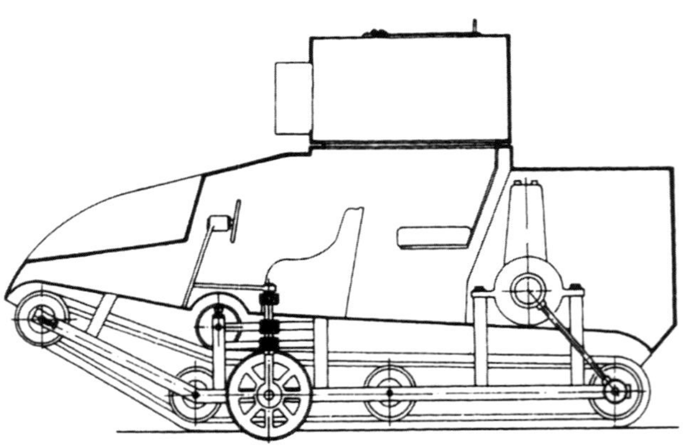

## Schwerer Kampfwagen von W. D. Mendelejew

Ein erstaunliches Projekt für einen schweren Kampfwagen entwickelte der auf den Petersburger Werften mit dem Kriegsschiffbau befasste Konstrukteur W. D. Mendelejew. Den Entwurf dieses über 150 Tonnen schweren Kampfwagens stellte er 1916 fertig. Er zeigt eindeutig technische Lösungen, die im Kriegsschiffbau verwendet wurden, wie z. B. das mit außergewöhnlich starken Platten geschützte Panzergehäuse. Im Fahrzeuginneren waren der 4-Takt-Otto-Motor, das Getriebe, der 51 Geschosse umfassende Munitionsvorrat, Inneneinrichtungen und Teile des Fahrwerkes untergebracht. Die Benzintanks befanden sich in mehreren isolierten Zellen. Der Motor sollte mit geringem Aufwand umgesteuert werden, so dass er rückwärts laufen konnte.

Die Federung zeigt ein erstaunliches Detail: sie war so ausgelegt, dass ihre pneumatischen Stoßdämpfer unterschiedlich auf langsame und rasche Fahrbewegungen reagieren konnten. Das Panzergehäuse ließ sich teilweise oder völlig herablassen, um das empfindliche Fahrwerk vor gegnerischem Feuer zu schützen wie auch vor den beachtlichen Rückstoßkräften der großkalibrigen Kanone, ihr Abfeuern erfolgte erst nach dem Aufsetzen des Gehäuses auf dem Boden. Mit diesen technischen Details erinnert das Fahrzeug stark an ein gepanzertes mobiles Küstengeschütz.

Für den Eisenbahntransport über größere Entfernungen schlug Mendelejew eine Spezialvorrichtung mit Eisenbahnradsätzen vor, da Landstraßen und Pontonbrücken das Gewicht nicht tragen würden. Weiterhin ist bemerkenswert: Der um 360° schwenkbare Maschinengewehrturm auf der Fahrzeugdecke sollte pneumatisch aus- und eingefahren werden können.

| | |
|---|---|
| Baujahr | 1916 (nur Projekt) |
| Besatzung | 8 Mann |
| Gefechtsgewicht | 173,2 t |
| Geschwindigkeit | 24 km/h |
| Motor | 4-Takt-Otto |
| Leistung | 250 PS |
| Bewaffnung | 1 Kanone, Kaliber 120 mm<br>1 Maschinengewehr, Kaliber 7,62 mm |
| Panzerung | 100–150 mm |

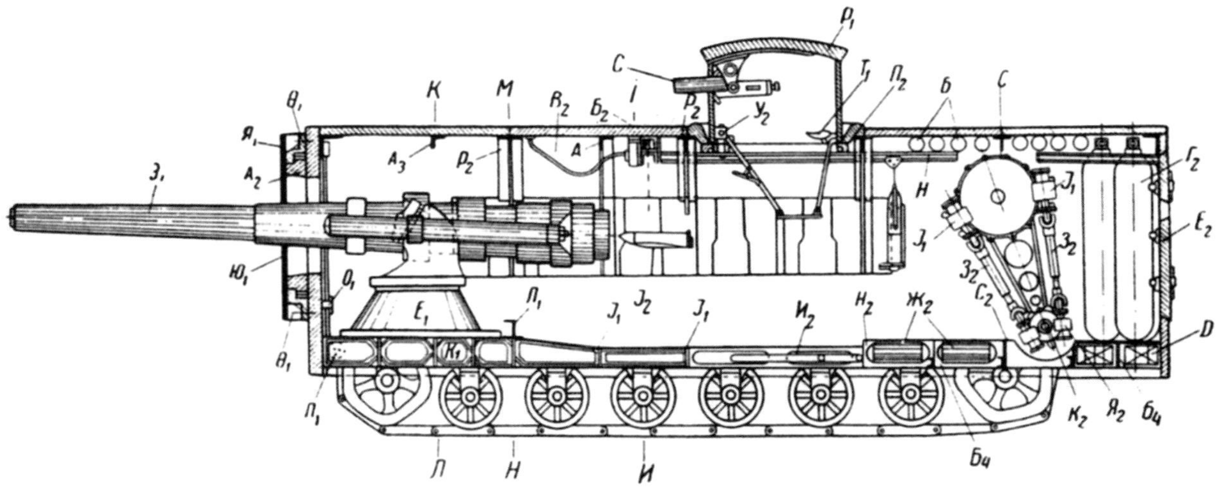

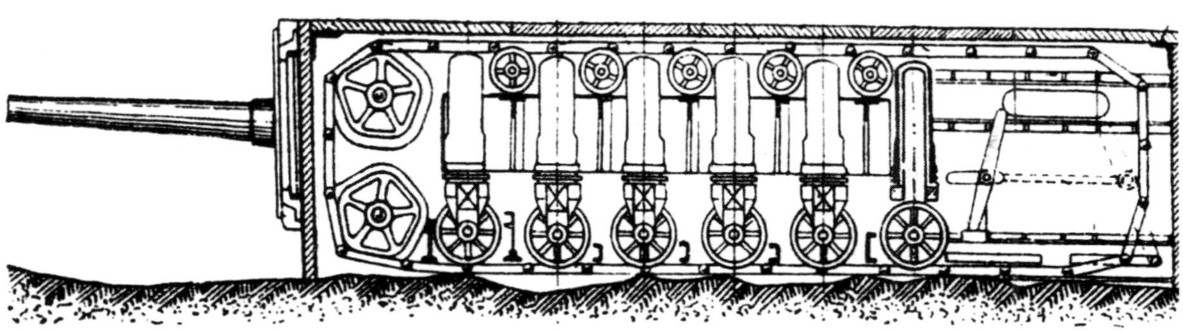

## Schwerer Kampfwagen 20 t

| | |
|---|---|
| Baujahr | 1915 (nur Projekt) |
| Besatzung | 4 Mann |
| Gefechtsgewicht | 20 t |
| Länge | 5000 mm |
| Breite | 2000 mm |
| Geschwindigkeit | 7 km/h |
| Motor | 4-Takt-Otto, 6 Zylinder |
| Bewaffnung | 1 Kanone, Kaliber 107 mm<br>1 Maschinengewehr, Kaliber 7,62 mm |
| Panzerung | 10–12 mm |

In Russland entstand 1915 ein weiteres Projekt, das allgemein als schwerer Kampfwagen 20 t bezeichnet wurde. In seiner Anlage zeigt es Ähnlichkeit mit den Char d' aussaut, den französischen Sturmwagen Schneider und St. Chamond. Bei dem Projekt war vorgesehen, den 6-Zylinder-Motor mit Betriebsstoffbehältern in der Fahrzeugmitte unterzubringen. Das verhinderte zwar bei laufender Maschine eine Beeinträchtigung der Besatzung durch Abgase, Lärm und Wärmeentwicklung. Aber der Fahrerraum (vorn, mit Maschinengewehr) und der Kampfraum (hinten, mit Kanone) wären voneinander getrennt gewesen, was Nachteile für die Kommunikationsmöglichkeiten der Besatzung hatte. Außerdem hätte der Kampfwagen erst gewendet werden müssen, um mit der 107-mm-Kanone schießen zu können.

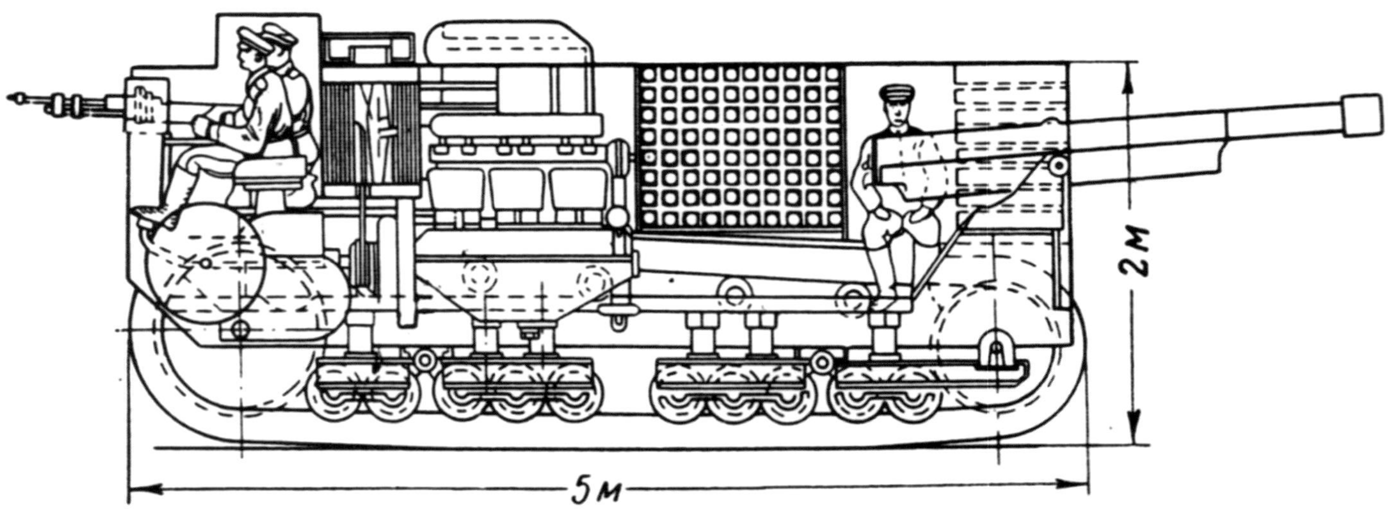

## Schwerer Kampfwagen N. N. Lebedenko

Zwischen 1915 und 1917 beschäftigte sich der Erfinder N. N. Lebedenko zusammen mit den Gelehrten N. E. Shukowski und B. S. Steschkin nahe der 80 km vor Moskau entfernten Stadt Dmitrow mit einem wahrhaft gigantischen Kampfwagenprojekt. Die Arbeiten finanzierten der Städteverband und die Hauptverwaltung Militärtechnik der russischen Armee. Das 40 Tonnen schwere Fahrzeug, dessen Äußeres an eine übergroße Geschützlafette erinnerte, sollte mittels der beiden großen Vorderräder, die einen Durchmesser von 9 m besaßen, seine Geländegängigkeit erreichen. Jedes der Räder wurde von einem Maybach-Motor angetrieben, den man aus dem Zeppelin-Bau übernommen hatte. Die Lenkung erfolgte über das am Heckteil angeordnete kleinere Rad.

Das Versuchsmuster wurde in einem Wald bei der Eisenbahnstation Orudiewo, nahe der Stadt Dmitrow, montiert; im Sommer 1917 waren die Arbeiten abgeschlossen. Bei der Erprobung blieb das Hinterrad stecken und das Fahrzeug konnte nicht weiterfahren. Eine sachliche Bewertung aus militärischer Sicht zeigte, dass das auffällige Fahrzeug auf dem Gefechtsfeld schnell erkannt und beschossen werden würde. Seine empfindliche Konstruktion bot keinen zuverlässigen Schutz gegen den Beschuss aus Geschützen der Feldartillerie. Außerdem war die Bewaffnung im Verhältnis zu Gewicht und Größe des Fahrzeuges zu schwach. Weitere Arbeiten sind an Lebedenkos Kriegsmaschine nicht ausgeführt worden. Sie blieb bis 1923 in der Nähe der Bahnstation stehen und ist dann verschrottet worden.

| | |
|---|---|
| Baujahr | 1915–1917 (nur Projekt) |
| Besatzung | 5 Mann |
| Gefechtsgewicht | 40–44 t |
| Länge | 13.500 mm |
| Breite | 11.000 mm |
| Höhe | 9000 mm |
| Bodenfreiheit | 1000 mm |
| Geschwindigkeit | 17–20 km/h |
| Motor | 2 x 4-Takt-Otto, 6 Zylinder |
| Typ | Maybach |
| Leistung | 2 x 250 PS |
| Drehzahl | 1300 U/min |
| Kühlung | Wasser |
| Bewaffnung | 1 Kanonen, Kaliber 37 mm<br>4 Maschinengewehre, Kaliber 7,62 mm |

# Österreich-Ungarn

Auch in Österreich-Ungarn, wo man 1905 den Austro-Daimler-Panzerwagen als erstes Panzerautomobil gebaut und im Herbst 1906 im Kaisermanöver mit Erfolg erprobt hatte, gab es verschiedene Kampfwagenprojekte. Dazu zählten die Vorschläge der Offiziere M. Ritter von Henriquez und L. Haba sowie des Ingenieurs H. Kuranda aus den Jahren 1913–1914. Bemerkenswert ist der Vorschlag des k.u.k. Oberleutnant im Eisenbahnregiment G. Burstyn, den er im April 1912 dem Technischen Militärkomitee vorgelegt hatte. Er war bis in das kleinste Detail ausgearbeitet. Burstyn wies den Gedanken, dass er sich bei den als Gleitbänder bezeichneten Gleisketten für seinen gepanzerten Rad-Kettenpanzerwagen vom amerikanischen Holt-Caterpiller-Traktor hat inspirieren lassen, ausdrücklich zurück. So kann man es zumindest in seinem Beitrag »Fünfundzwanzig Jahre Tank« in der in Berlin verlegten Zeitschrift »Die Kraftfahrkampftruppe« nachlesen. Auf die österreichisch-ungarischen Wurzeln dieses Beitrages zur Kampfwagenentwicklung ging man zu dieser Zeit ohnehin nicht ein. Das Burstyn-Projekt war längst als deutsche Entwicklung vereinnahmt worden – ein Versuch, die Versäumnisse propagandistisch zu verschleiern.

## Panzerkraftwagen Austro-Daimler

In der Donaumonarchie arbeitete nach der Jahrhundertwende die Austro-Daimler-Motoren-Gesellschaft, angeregt durch Veröffentlichungen über französische gepanzerte Kraftfahrzeuge, an der geheimen Entwicklung eines Straßenpanzerwagens. Erprobt wurde er zusammen mit einem Austro-Daimler-Straßenlastzug des Hauptmanns R. Wolf von der k.u.k. österreichisch-ungarischen Armee. Ab Mitte März 1905 absolviert der Austro-Daimler-Straßenpanzerwagen – das erste Panzerautomobil der Welt – eine umfassende Erprobung durch das Technische Militärkomitee.

Der Austro-Daimler verfügte über den ersten brauchbaren Allradantrieb, was ihm eine beachtliche Geländegängigkeit verlieh. Lenkung und Fahrersitz waren in der Höhe verstellbar, so dass Fahrer und Beifahrer auf dem Marsch aus Deckenluken ungehinderte Sicht hatten. Der Turm war von Hand um 360° schwenkbar. Im März 1906 war das Fahrzeug auf der VI. Internationalen Automobilausstellung in Wien zu sehen, wo es in Anwesenheit von Kaiser Franz-Josef auch vorgeführt wurde. Schließlich kam der Panzerkraftwagen während des Kaisermanövers 1906 in Schlesien mit großem Erfolg zum Einsatz. Er wurde für Aufklärungszwecke verwendet. Bis dahin war der Austro-Daimler-Straßenpanzerwagen ein Beispiel dafür, wie Österreich-Ungarn mit Tatkraft und bemerkenswerter Voraussicht die Entwicklung der Heeresmotorisierung lange vor Ausbruch des Ersten Weltkrieges gefördert hat. Das sollte sich nun ändern. Nachdem es bei der Manöverbesprechung, bei einer nochmaligen Demonstration der Leistungen des Fahrzeuges, zu einem unangenehmen Zwischenfall gekommen war (nach der Überlieferung erschreckten die Pferde, gingen durch und warfen ihre hochrangigen Reiter ab), schätzte man ein, dass es für eine militärische Verwendung nicht zu gebrauchen sei. Der Antrag des Technischen Militärkomitees zum Ankauf wurde abgelehnt. Ende 1906 genehmigte das k.u.k. Kriegsministerium seine Ausstellung in Berlin, anschließend wurde der Austro-Daimler-Straßenpanzerwagen nach Frankreich verkauft.

| | |
|---|---|
| Baujahr | 1903–1905 |
| Besatzung | 4–5 Mann |
| Gefechtsgewicht | 3 t |
| Länge | 4600 mm |
| Breite | 1760 mm |
| Höhe | 2740 mm |
| Bodenfreiheit | 220 mm |
| Geschwindigkeit | 24–45 km/h |
| Motor | 4-Takt-Otto, 4 Zylinder |
| Typ | Daimler |
| Leistung | 45 PS |
| Kühlung | Wasser |
| Bewaffnung | 1–2 Maschinengewehre, Kaliber 8 mm |
| Panzerung | 4 mm |

## Panzerkampfwagen Burstyn (auch Motorengeschütz)

Zu den bemerkenswertesten Projekten aus der Frühzeit der Kampfwagenentwicklung gehörte ohne Zweifel die zum Patent angemeldete Erfindung des k.u.k. Oberleutnant im Eisenbahnregiment, G. Burstyn, aus dem Jahr 1911. Das für die Fortbewegung auf Rädern und Gleisketten vorgesehene, mit Spezialstahl gepanzerte Fahrzeug sollte mit speziellen Auslegern auch Hindernisse oder breite Gräben überwinden. Obwohl viele der vorgeschlagenen technischen Lösungen ihre Brauchbarkeit in der Praxis noch nicht unter Beweis gestellt hatten, ging der Entwurf Burstyns weit über das hinaus, was vergleichbare zeitgenössische Konstruktionen zu leisten versprachen.

Seinen Dienstherren verpflichtet, legte Burstyn seine Erfindung 1911 dem k.u.k. Kriegsministerium vor. Von einem Automobilreferenten begutachtet, wurde der Entwurf als unbrauchbar abgelehnt. Die militärische Tragweite hat man dabei völlig verkannt. Ähnlich reagierte das Königlich Preußische Kriegsministerium. So blieb dem Erfinder nur die Patentierung seiner Arbeit, die am 28. Februar 1912 beim Kaiserlichen Patentamt in Berlin in der Klasse 63 c, Gruppe 26, unter der Nummer 252815 registriert wurde. Auch die Veröffentlichung in der Berliner »Kriegstechnischen Zeitschrift« brachte Burstyn nicht die erhoffte Unterstützung. In diesem Beitrag beschrieb er das Fahrzeug übrigens erstmals unter der Überschrift »Das Motorengeschütz«.

| | |
|---|---|
| Baujahr | 1911 (nur Projekt) |
| Besatzung | 3–4 Mann |
| Gefechtsgewicht | 4–7 t |
| Länge | 3500 mm |
| Breite | 1900 mm |
| Höhe | 1900 mm |
| Geschwindigkeit | 5–8 km/h auf Gleiskettenführung<br>26–30 km/h auf Rädern |
| Bewaffnung | 1 Kanone, Kaliber 37 mm |
| Panzerung | 3–8 mm |

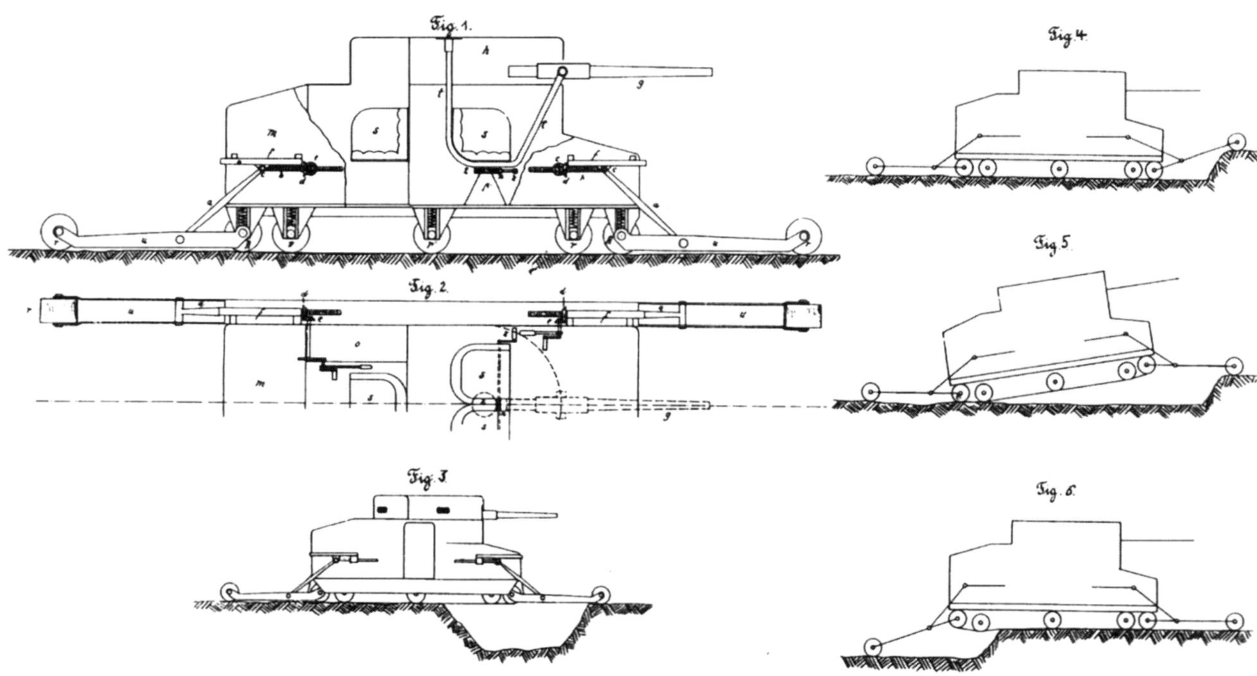

## Deutschland

In Deutschland beschäftigten sich Konstrukteure und Unternehmer vergleichsweise spät mit dem Gedanken, gepanzerte und geländegängige Kampfwagen zu schaffen, sieht man von der 5-cm-Ballonabwehrkanone L/30 auf gepanzertem Lastkraftwagen ab, den der als Konstrukteur und Erfinder bekannt gewordene Geheimrat H. Ehrhardt 1906 vorgestellt hatte. Einen sehr abenteuerlichen Eindruck vermittelt auch heute noch der Vorschlag des Mechanikers F. Goebel, dessen »Landpanzerkreuzer« sich auf drei durch Ketten bewegten Kufen, ähnlich einem Menschen oder einem Schreitbagger, vorwärts gehen sollte. Goebel hat es tatsächlich geschafft, diesen Wagen zu bauen. Er wurde im Mai 1914 auf einem Gelände unweit von Posen (Poznan) vorgeführt. Der Erfinder erklomm mit seinem Wagen eine Holzbahn, die in einem Winkel von 45° bis 30 m Höhe anstieg und ebenso steil wieder abfiel. Das sorgte für Aufsehen. Letztlich blieb Goebel aber der Erfolg versagt, auch wenn er immer wieder neue Konstruktionen herausbrachte. Die letzte sollte eine 38 m lange Kriegsmaschine werden.

Beachtlich unter den deutschen Entwicklungen war der Vorschlag des Ingenieurs A. Flettner aus Frankfurt a.M., der 1915 eine ferngesteuerte, mit Flammenwerfern bestückte Dampfmaschine entworfen hatte. Weiterhin ist die Konstruktion des Oberingenieurs K. Golliasch zu erwähnen, auch wegen ihrer Parallelität zu der Entwicklung des russischen Konstrukteurs N. N. Lebedenko. Dem unter der Tarnbezeichnung »Treffass-Wagen« bekannt gewordenen Fahrzeug lag die Idee einer großen Trommel von 3 m Durchmesser zugrunde, die nach hinten in einem Schwanz mit lenkbarer Rolle auslief. An dem vom Kriegsministerium mit 100.000 Reichsmark geförderten Projekt wurde 1916/17 bei Hansa-Loyd in Bremen gearbeitet, die zehn Fahrzeuge umfassende Bestellung war allerdings auf eins reduziert worden. Der Prototyp absolvierte zwischen dem 27. Februar und 21. Oktober 1917 mehrere Versuchsfahrten und wurde danach verschrottet.

Einen gänzlich anderen Weg wählte der Ingenieur H. E. Bremer aus Neheim/Westfalen. Sein Überland-Panzerwagen basierte auf dem Fahrgestell des normalen 4-t-Lastkraftwagens, der statt der Räder zwei Gleisketten-Laufpaare erhielt. Das Kriegsministerium hatte zunächst dringenden Bedarf an solchen Fahrzeugen als Nachschubschlepper angemeldet, auch wenn die Erprobung im Herbst 1916 wenig erfolgreich verlaufen war. Zwischenzeitlich übte die Oberste Heeresleitung erheblichen Druck aus – die Engländer hatten im September 1916 an der Somme erstmals mit Tanks angegriffen. In einem Bericht vom 30. Januar 1917 wurde festgelegt, dass zehn der

Schon 1912 hatte der Mechaniker F. Goebel einen »Wagen auf Füßen« gebaut. Sein »Landpanzerkreuzer«, der sich auf sich wechselseitig überholenden Schreitkufenpaaren bewegte, beschäftigte noch 1916 die Militärbehörden.

Überland-(Sturm-)Panzerwagen gebaut werden sollten. Verwunderlich, denn auch bei diesem Fahrzeug hatten Versuchsfahrten gravierende konstruktive Mängel zutage gefördert. Gleiches galt für den Marienwagen der Firma Benz.

Mittlerweile hatte die Oberste Heeresleitung im Irrglauben, das Kampfwagenproblem an der Front gelöst zu haben, das Interesse an eigenen Projekten dieser Art verloren. Das war das vorläufige Ende, auch für den Orion-Panzerwagen vom April 1917. Gänzlich wollte und konnte man auf deutscher Seite aber nicht auf Kampfwagen verzichten. In diesem Zusammenhang ist interessant, dass die deutsche Heeresverwaltung in Verbindung mit dem Auftrag zur Entwicklung eines Sturmpanzerwagen (dem späteren A.7.V) im November 1916 einen Holt-Caterpillar-Traktor aus k.u.k. österreichisch-ungarischen Heeresbeständen erworben hat. Sein Fahrwerk diente als Vorbild.

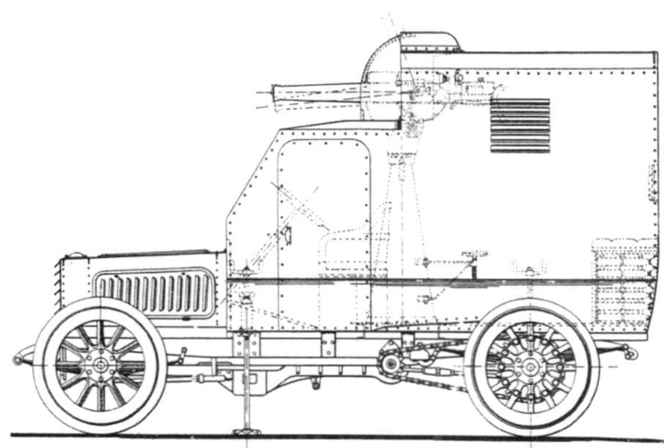

5-cm-Ballonabwehrkanone L/30 (Rheinmetall)

## 5-cm-Ballonabwehrkanone L/30 (Rheinmetall) auf gepanzerten Lastkraftwagen Modell 1906 (Ehrhardt)

Dieses Fahrzeug ist ein gutes Beispiel, zu welchen technischen Lösungen private Unternehmer, Erfinder und Konstrukteure auf der Suche nach neuen Absatzmärkten kamen. Es zeigt zwei bemerkenswerte Eigenschaften: es war ein gegen Infanteriemunition und Granatsplitter gepanzerter Lastkraftwagen mit einem drehbaren Turm und einer auf einem Sockel montierten Ballonabwehrkanone für die Bekämpfung von Luftzielen. Seiner Zeit um Jahre voraus, fand er bei den militärischen Dienststellen keine Anerkennung. Es blieb bei der Präsentation auf der Internationalen Automobilausstellung Berlin im Herbst 1906.

| | |
|---|---|
| Baujahr | 1906 |
| Besatzung | 5 Mann |
| Gefechtsgewicht | 3,1 t |
| Länge | 5250 mm |
| Höhe | 3150 mm |
| Bodenfreiheit | 150 mm |
| Steigfähigkeit | 22° |
| Geschwindigkeit | 45 km/h |
| Motor | 4-Takt-Otto-Motor, 4 Zylinder |
| Typ | Ehrhardt |
| Leistung | 60 PS |
| Drehzahl | 1300 U/min |
| Kühlung | Wasser |
| Bewaffnung | 1 Ballonabwehrkanone L/30, Kaliber 50 mm |
| Panzerung | 3 mm (rundum) |

## England

In England war es ein Mann namens Pennington gewesen, der 1896 mit erheblichem Werbeaufwand auf den von ihm erfundenen vierrädrigen Panzerwagen mit zwei Maschinengewehren aufmerksam machte. 1902 legte er Pläne für einen Kampfwagen mit drei Schnellfeuergeschützen und einer sehr modern anmutenden, abgerundeten Panzerung vor. Der Konstrukteur F. R. Simms stellte im gleichen Jahr einen schiffsförmigen Panzerwagen mit Räderfahrgestell und zwei Drehtürmen vor. Dagegen zeichnete sich das de-Mole-Landschiff von 1912 durch ein Gleiskettenfahrwerk aus.

Nach Ausbruch des Ersten Weltkrieges stieg die Zahl der Vorschläge für Kampfwagen erheblich an. Zu nennen wären der Hope-Traktor aus dem Jahre 1915 oder der Creeping Grip-Traktor. Letzterer besaß ein Gleiskettenfahrwerk mit elefantenähnlichen Stützfüßen. Bei anderen Konstruktionen nahm man Anleihen im Kriegsschiffbau. Überhaupt ist festzustellen, dass in dieser Zeit von der Königlichen Marine starke Impulse für die Entwicklung gepanzerter Landfahrzeuge kamen. Beeindruckt von den hohen Verlusten während der Kämpfe an der flandrischen Küste, nahm das Projekt eines gepanzerten Landschiffes auf Gleiskettenfahrgestellen Gestalt an. Es gab aber auch andere, wesentlich realistischere Entwürfe, wie den Killen-Strait-Traktor. Das Fahrzeug mit drei Gleiskettenfahrwerken und einem Panzeraufbau war sogar am 30. Juni 1915 dem damaligen englischen Munitionsminister G. Loyd Georg vorgeführt worden. An diesem Tage begann in England die systematische Entwicklung gepanzerter Kampfwagen.

Der Killen-Strait-Traktor mit Panzeraufbau und dem Drehturm eines Rolls-Royce-Panzerkraftwagens mit einem wassergekühlten schweren Maschinengewehr Vickers, Kaliber 7,71 mm.

Der Ingenieur Tritton von der Firma W. Foster Ltd. & Metropolitan Carriage and Wagon Works aus Birmingham entwickelte zusammen mit dem Leutnant Wilson im August 1915 die No. 1 Lincoln Machine, die 14,2 t schwer war und eine Geschwindigkeit von 2,2 km/h erreichen konnte. Bereits Ende November 1915 wurde eine verbesserte Konstruktion vorgestellt, der über 18 t schwere »Little Willie«. Von da an ging alles etwas schneller. Bereits im Januar 1916 konnte im Hatfield Park im Norden Londons der als Mother-Tank bezeichnete Prototyp des ersten englischen Kampfwagen Mk-I vorgeführt werden. Es folgte ein Serienauftrag zur Lieferung von 100 Fahrzeugen dieses Typs, später aufgestockt auf 150.

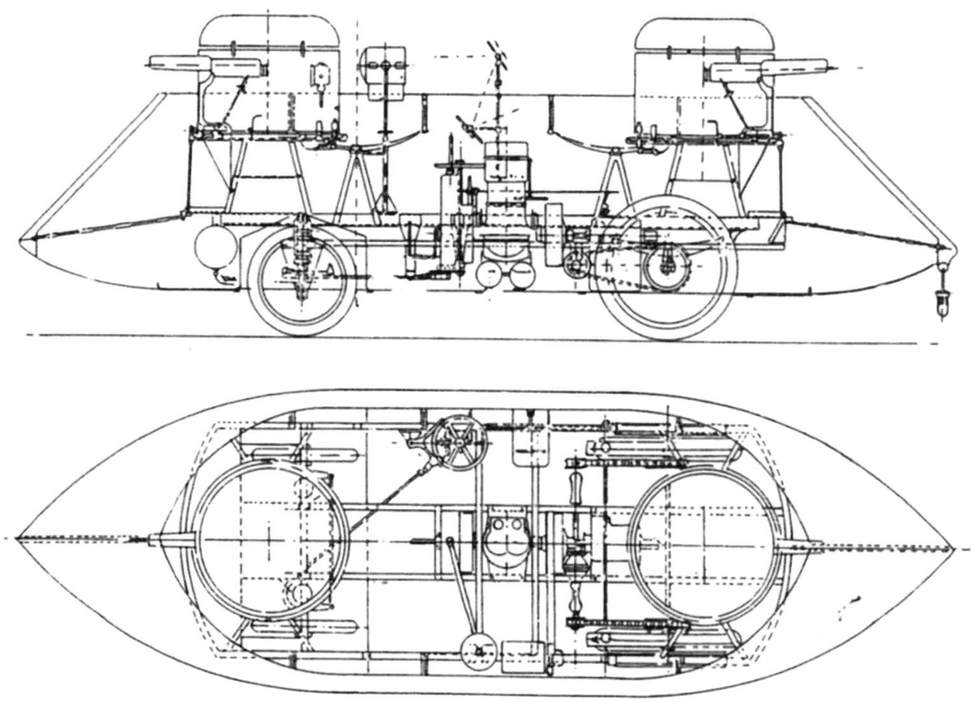

Konstrukteur F. R. Simms hatte schon Erfahrungen mit der Entwicklung und dem Verkauf schienengebundener Panzerfahrzeuge sammeln können. Sein »Motor-War-Car«, von dem es verschiedene Ausführungen gab, wurde allerdings kein Geschäftserfolg.

## Gepanzertes Landschiff mit Gleisketten der Pedrail Transport Companie

Die Entwicklung dieses Panzerfahrzeuges wurde von der Marine stark beeinflusst. Federführend waren der Leiter der Fliegerabteilung in der Royal Navy, Admiral Sir M. F. Sueter, der Erste Lord der Admiralität, Sir W. Churchill und das »Landschiffkomitee«. Sueter hatte als Deckung für die Infanterie ein fahrbares Panzerschild vorgeschlagen. Bereits die ersten Versuche an der Torpedoschule Vernon zeigten, dass Radfahrzeuge schwere Panzerplatten auf weichen Böden nur mit Mühe transportieren konnten. Gleisketten, bereits vor Jahren erfunden und erprobt, boten einen Ausweg. Im Januar 1915 erhielt der einzige Hersteller in England, die Pedrail Transport Companie, den Auftrag für ein erstes Gleiskettenfahrgestell. Bei seiner Vorführung am 16. Februar 1915 trug es lediglich einen mit Feldsteinen beladenen Eisenrahmen und wurde von einem Pferd gezogen. Prinzipiell zeigte sich aber, dass diese Idee richtig war. Das Projekt eines gepanzerten Landschiffes mit zwei Gleiskettenfahrgestellen kam nicht mehr zur Ausführung.

| | |
|---|---|
| Baujahr | 1915 (Projekt, nur Komponenten geliefert und erprobt) |
| Besatzung | 8 Mann |
| Gefechtsgewicht | 24 t |
| Länge | 9000–11500 mm |
| Breite | 3600 mm |
| Höhe | 3260 mm (mit Turm) |
| Geschwindigkeit | 5–8 km/h auf Gleiskettenführung<br>26–30 km/h auf Rädern |
| Motor | 2 x 4-Takt-Otto, je 6 Zylindern |
| Typ | Rolls Royce |
| Leistung | 92 PS (2 x 46 PS) |
| Kühlung | Wasser |
| Bewaffnung | 3 Kanonen |

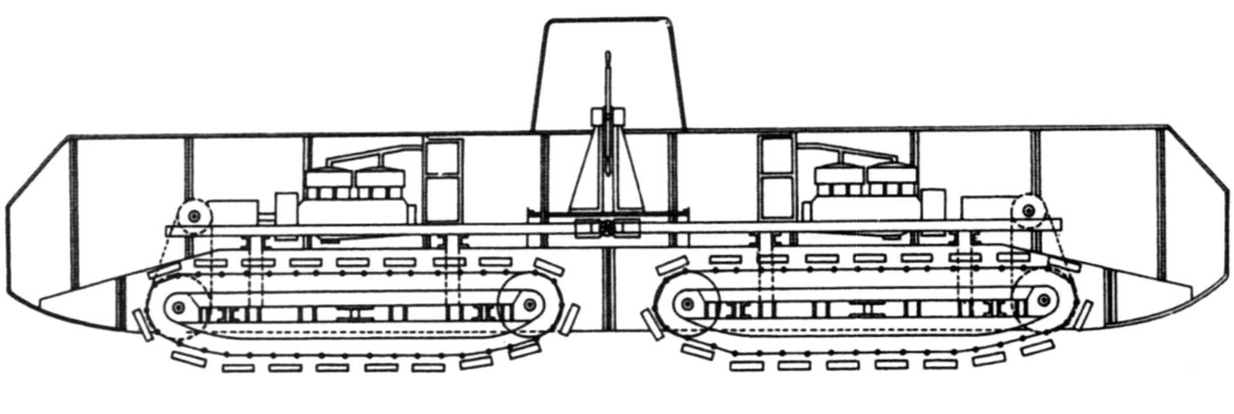

## Schwerer Kampfwagen »Little Willie«

Im Oktober 1914 hatten die Engländer erstmals darüber gesprochen, den als Artillerie-Zugmaschine verwendeten amerikanischen Holt-Traktor zu einem Kampfwagen zur Bekämpfung feindlicher Maschinengewehre umzubauen. Nach mehreren Anläufen, die alle am Kriegsminister Lord H. H. Kitchener scheiterten, gelang das Vorhaben mit Unterstützung des Ersten Lord der Admiralität, W. Churchill. Nach mehreren Vorführungen von Fahrzeugen der Holt Tractor Company gewannen die Militärs allmählich konkrete Vorstellungen. Die Entwicklung führte über den mit Panzeraufbau und Turm versehenen, ebenfalls aus den USA importierten Killen-Strait-Tractor, den man am 30. Juni 1915 vorgeführt hat. Im August des Jahres wurden mit der No. 1 Lincoln Machine Erprobungen durchgeführt. Im September folgte der »Little Willie«. Bei diesem zweiten Prototypen hatte man die während der Erprobung der Lincoln Machine gesammelten Erfahrungen ausgewertet und Verbesserungen an Fahrwerk und Antriebsrädern vorgenommen. Allerdings war der Aufbau immer noch viel zu hoch, die Spurweite zu gering, was die Geländegängigkeit auf dem von Granattrichtern und Schützengräben zerfurchten Schlachtfeld nachteilig beeinflusste.

Bei einem weiteren Prototyp, dem »Mother«-Tank, verlängerten die Konstrukteure der Firma W. Foster Ltd & Metropolitan Carriage and Wagon Company Ltd. die Kettenauflage und reduzierten die Fahrzeughöhe. So entstand die bekannte Rhombenform mit dem vorn hochgezogenen Leitrad. Der »Little Willie« war der Vorläufer des »Mother«-Tank, des ersten in England serienmäßig hergestellten schweren Kampfwagens.

| | |
|---|---|
| Baujahr | 1915 |
| Besatzung | 4–6 Mann |
| Gefechtsgewicht | 28 t |
| Länge | 4540 mm |
| Breite | 2100 mm |
| Höhe | 3190 mm |
| Geschwindigkeit | 3,5 km/h |
| Motor | 4-Takt-Otto, 6 Zylinder |
| Typ | Foster Daimler |
| Leistung | 105 PS |
| Drehzahl | 1000 U/min |
| Kühlung | Wasser |
| Bewaffnung | keine (projektiert waren 2 Kanonen, Kal. 57 mm) |
| Panzerung | 10 mm |

# Frankreich

Auch in Frankreich beschäftigten sich vorausschauende Ingenieure, Unternehmer und Militärs, sogar Mitglieder der Nationalversammlung, mit Entwürfen für gepanzerte Kriegsmaschinen. Dazu gezählt werden muss der Drahthinderniszerstörer Breton-Prèlot aus dem Jahr 1914, eigentlich ein Radschlepper aus der Landwirtschaft mit einem hinten montierten Schild als Abweiser und einer Vorrichtung zum Zerschneiden von Drahthindernissen. Auch bei anderen Fahrzeugen, wie dem gepanzerten Traktor Filz STG »Foudroyant« (der Überwältigende), handelte es sich um Radfahrzeuge. Er befand sich im Dezember 1915 in der Erprobung.
Ungewöhnlich war auch der Aubriot-Gabet, ein dreirädriges Panzerfahrzeug, das zunächst mit einer 37-mm-Marinekanone in einem Drehturm bewaffnet werden sollte, später jedoch ein Maschinengewehr in einem Kasemattaufbau erhielt. Ebenfalls als Radfahrzeug entstand der Panzerwagen Frot-Laffly, dessen Fahrgestell von der Firma Ets. Laffly aus Aisnières (Seine) kam. Er erinnerte an eine fahrbare Panzerbatterie und lief erstmals im Januar 1915.

Um die geforderte Beweglichkeit auf dem Schlachtfeld zu erreichen, wand man sich auch in Frankreich Fahrzeugen mit Gleiskettenfahrgestellen zu. Dazu zählten das Projekt eines gepanzerten Landschiffes von Poix, die selbstfahrende Panzerfestung Aubriot-Gabet mit zwei Gleiskettenfahrwerken und die Kriegsmaschine STA-Fouche, die Anfang 1916 vorgestellt wurde. Zu den eigenwilligsten Konstruktionen gehörte zweifellos ein Fahrzeug, das im Dezember 1914 von der Boirault Company vorgeschlagen worden war. Die 8 m lange und 4 m hohe Boirault-Maschine Nr. 1 erinnerte an ein Skelett mit einer rhombusförmigen, umlaufenden Gleiskette. Der Antriebs- und Fahrerraum befand sich im Innern, aufgehängt an einem v-förmigen Tragegerüst.

Versuche fanden im April 1915 statt und führten im November des Jahres zum Bau eines weiteren Fahrzeuges, der Boirault-Maschine Nr. 2. Ihre Form erinnerte an einen englischen Tank Mk-I, allerdings bestand die gewaltige, umlaufende Kette aus sechs mit Scharnieren verbundenen Platten.

Das Fahrzeug ging als »Diplodocus Militaris« in die Geschichte ein. Bei der Erprobung im August 1916 zeigte es erhebliche Mängel; allein der Wenderadius war mit 100 m viel zu groß. Die Entwicklung wurde zugunsten anderer Konstruktionen mit größeren Aussichten auf Erfolg eingestellt.

Die Firma Rochet-Schneider SA in Lyon-Monplaisir (Rhone) verwendete für ihre Konstruktionen den amerikanischen Caterpiller-Traktor als Vorbild. Der Einfluss dieser Konstruktion auf die Fahrwerksgestaltung der ersten serienmäßig hergestellten französischen Kampfwagen Schneider und St. Chamond ist unverkennbar. Von beiden waren 1916 je 400 Stück bestellt worden. Die bei weitem eleganteste Lösung entstand 1916 mit dem Char legère Renault FT der Firma Renault SA in Billancourt (Seine). Darüber wird später berichtet.

## Straßenpanzerwagen Frot-Laffly

Der gepanzerte Kampfwagen entstand in Zusammenarbeit des bekannten Unternehmers P. Flot mit der Firma Laffly, die dem Kriegsministerium bereits im Dezember 1914 einen Vorschlag vorgelegt hatte. Ein Exemplar wurde Ende März 1915 unter strengster Geheimhaltung vorgeführt. Eine Serienfertigung kam nicht zustande. Der kastenförmige Aufbau überragte das Fahrgestell. Ein kleinkalibriges Geschütz und zwei Maschinengewehre waren so eingebaut, dass ihre Feuerkraft vor allem nach den Seiten hin entfaltet werden konnte.

| | |
|---|---|
| Baujahr | 1915 |
| Besatzung | 4–6 Mann |
| Gefechtsgewicht | cirka 10 t |
| Länge | 7000 mm |
| Breite | 2000 mm |
| Höhe | 2300 mm |
| Geschwindigkeit | 3–5 km/h |
| Motor | 4-Takt-Otto, 4 Zylinder |
| Typ | Foster Daimler |
| Leistung | 20 PS |
| Kühlung | Wasser |
| Bewaffnung | 2 Kanonen, 5–6 Maschinengewehre |
| Panzerung | 10 mm |

Schnittzeichnung des Panzerkraftwagens der französischen Firma Charron, Girardot & Voigt, wo man zwischen 1902 und 1908 an solchen Fahrzeugen arbeitete. Die vier Mann starke Besatzung erhielt einen Schutz aus 4,5 mm dicken Panzerplatten. 1906 erfolgte die Erprobung in Russland.

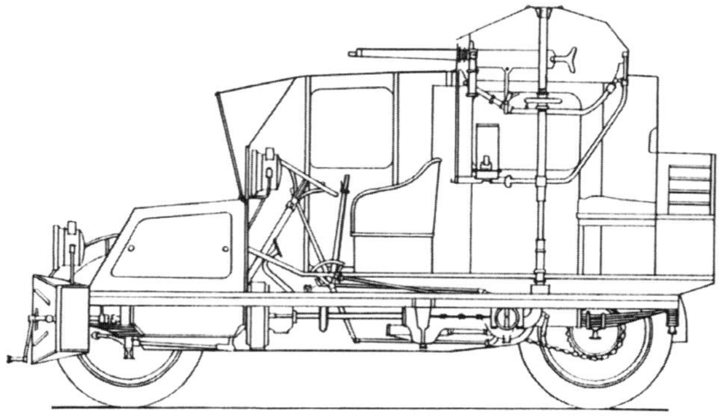

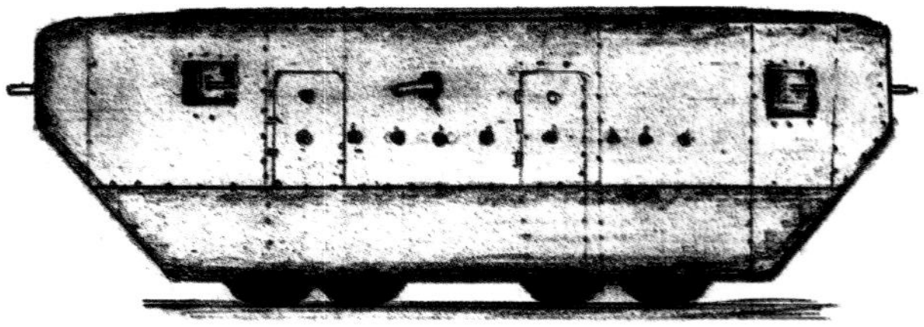

# USA

Entwürfe für Kampfwagen gab es auch in den USA. Bekannt geworden sind Projekte der C. L. Best Tractor Company sowie der Holt Tractor Company aus den Jahren 1915/16, weiterhin der Shaffer-Panzer-Traktor und der Automatic Land Cruiser. In Zusammenarbeit mit General Electric entstand ab April 1917 der Holt Gas-Electric-Tank. Er wog 25,4 t, war mit einer 75-mm-Haubitze und zwei Maschinengewehren bewaffnet und konnte 9,65 km/h schnell fahren. Eine Besonderheit war der benzinelektrische Antrieb. Nachdem die USA am 6. April 1917 auf Seiten der Alliierten in den Krieg eingetreten waren, konzentrierte man sich auf den Nachbau englischer und französischer Kampfwagenmodelle.

## Schwerer Kampfwagen Holt-Gas-Electric (auch Holt-Gas-Electric-Tank)

Die ersten amerikanischen schweren Kampfwagen waren reine Versuchsmuster. Das traf auch auf den Holt-Gas-Electric-Tank zu, der Anfang 1917 als Gemeinschaftsprojekt der Holt Tractor Company / Peoria (Illinous) und der General Electric Company / Schenectady (New York) entwickelt wurde. Das Besondere an dem Fahrzeug war der benzinelektrische Antrieb: der 4-Zylinder-4-Takt-Ottomotor vom Typ Holt übertrug seine Kraft auf zwei Elektromotoren, die wiederum über Schneckengetriebe und Zahnräder die Antriebsräder in Bewegung hielten. Die Bremsen arbeiteten mechanisch. Als Bewaffnung verwendete man eine in der Front eingebaute 75-mm-Gebirgshaubitze, in Erkern an beiden Seiten waren Vickers-Maschinengewehre untergebracht.

Vom Holt-Gas-Electric-Tank wurde nur ein Prototyp gebaut und getestet. Seine Weiterentwicklung hat die Armeeverwaltung – wie auch die Weiterentwicklung des mit einer Dampfmaschine angetriebenen Steam-Tanks (Dampf-Kampfwagen) – zugunsten englischer schwerer Tanks aufgegeben.

Bereits 1917 erprobte die US-Army auf dem Versuchsgelände Aberdeen einen englischen Mk-IV der männlichen Ausführung. Das 301. Tankbataillon der US-Army in Frankreich erhielt die verbesserten Modelle Mk-V und Mk-V*.

| | |
|---|---|
| Baujahr | 1917 |
| Besatzung | 6 Mann |
| Gefechtsgewicht | 25,4 t |
| Länge | 5160 mm |
| Breite | 2761 mm |
| Höhe | 2150 mm |
| Geschwindigkeit | 9,65 km/h |
| Motor | 4-Takt-Otto, 4 Zylinder |
| Typ | Holt |
| Leistung | 90 PS |
| Kühlung | Wasser |
| Bewaffnung | 1 Gebirgshaubitze, Kaliber 75 mm<br>2 Maschinengewehre Vickers |
| Panzerung | 6,3–16 mm |

# Italien

In Italien beschäftigte man sich vor allem vor dem Hintergrund der Verwirklichung kolonialer Interessen mit gepanzerten Kraftfahrzeugen. Erstmals unter kriegsmäßigen Bedingungen eingesetzt wurden sie im Jahr 1913 gegen Tripolis. Weiterhin entstanden Entwürfe für gepanzerte Kampfwagen mit Räder- und Kettenfahrwerk. Die Firma Ansaldo aus Genua schlug zuerst ein gepanzertes Radfahrzeug mit Drehturm vor, das als Ansaldo-Turrinelli bekannt geworden ist. Als Fahrgestell diente der bereits in Serie gefertigte Traktor Pavesi-Tolotti A. Später legte das Unternehmen Projekte von Kampfwagen mit Gleiskettenfahrgestellen vor. Dazu zählten zwei Fahrzeuge Ansaldo-Turrinelli, eins mit einer Länge von 6 m und zwei an einem in der Mitte gelagerten Tragrahmen angeordneten Gleisketten. Noch größere Ausmaße zeigte eine mehrtürmige fahrbare Festung mit zwei Gleiskettenpaaren, deren Panzerhaube eine auffällige Ähnlichkeit mit einem Schildkrötenpanzer aufwies. Im Jahre 1915 war ein zweitürmiger Panzer Pavesi-Tolotti auf dem Fahrgestell eines Gleiskettentraktors vorgeschlagen worden. Zur Ausrüstung gehörten zwei vorn angebrachte Vorrichtungen zum Zerschneiden von Stacheldraht. Die bei weitem bemerkenswerteste Konstruktion italienischer Herkunft war der 65 t schwere Fiat 2000, über den an anderer Stelle noch ausführlicher berichtet wird. Letztlich entschied man sich in Italien, eigene Projekte zurückzustellen und erwarb französische Kampfwagenmodelle Schneider und Renault.

Die Vielzahl der bis 1916 entstandenen Kampfwagenprojekte und Versuchsmuster, auf deren vollständige Darstellung in diesem Rahmen verzichtet werden musste, ist erstaunlich. Gepanzerte Kampfwagen standen hinsichtlich ihrer technischen Entwicklung, der Ausbildung und Schulung ihrer Besatzungen und militärischen Führung wie auch in der taktischen und operativen Verwendung erst am Anfang. Das änderte nichts daran, dass sie erfolgreich waren und das Kampfgeschehen beeinflusst haben. Mit dem ersten Einsatz englischer Tanks im September 1916 in der Schlacht an der Somme nahm eine Erfolgsgeschichte ihren Anfang. Angesichts der länderübergreifenden Wurzeln »gepanzerter Kriegsmaschinen« fehlte es seither nicht an Versuchen, diese Erfolgsgeschichte als Verdienst einzelner Personen, Personengruppen oder Länder zu vereinnahmen. Dazu gehört auch der Österreicher G. Burstyn, Erfinder aus dem Jahr 1911.

Generalbaurat a. D. Ing. G. Burstyn schrieb 1937 im Heft 1 der deutschen Zeitschrift »Kampfwagentruppe«: *»Es war nicht schwer, sich vorzustellen, wie bitter es für mich war, als ich im Felde die Nachricht vom ersten Auftauchen der neuen, von mir zuerst* (Hervorhebung vom Verfasser) *erfundenen Waffe vernahm, und später als die Erfolge der Kampfwagen immer größer wurden, bis sie dann den Ausgang des Krieges entschieden. Jeder Erfinder muß mit der Ablehnung seiner Entwürfe rechnen ...; daß aber die Ablehnung eines lebenswichtigen Entwurfes so furchtbare Folgen für das ganze Volk brachte, ist in der Geschichte der Erfindungen wohl einzig dastehend.«*

In der Zeit des Kalten Krieges war den Autoren auf beiden Seiten des Eisernen Vorhanges, die sich in ihren Arbeiten mit der Geschichte des Panzerbaues beschäftigten, noch stärker daran gelegen, dieses Thema aus einer propagandistischen-nationalistischen Perspektive zu vermitteln. Aufschlussreich ist in diesem Zusammenhang die Arbeit des Kandidaten der Technischen Wissenschaften und Dozenten, dem Oberst der Sowjetarmee W. D. Mostowenko.

Mostowenko leitete seine Sicht auf die Geschichte gepanzerter Kampfwagen in dem 1958 in Moskau veröffentlichten Buch »Tanki« mit der Erfindung des Russen A. A. Porchowstschikow ein. Wörtlich schrieb er:
*»Am 18. Mai 1915 verließ das erste Versuchsmuster eines Panzerfahrzeuges, der Wesdechod, ein Rigaer Werk zu seiner ersten Probefahrt. Es traf aber bei der militärischen Führung ... weder auf Billigung noch gar auf Begeisterung.*

*Im September 1916 setzten die Engländer in den Kämpfen an der Somme erstmals Tanks gegen die Deutschen ein. Obwohl diese militärische Erfindung von der Presse mit großem Lärm begrüßt wurde, verhielten sich die militärischen Oberkommandos aller Länder noch lange Zeit hindurch den Panzern gegenüber außerordentlich skeptisch. Nichtdestoweniger war die Erfindung der Panzerwagen für das Militärwesen ein Ereignis von erstrangiger Bedeutung.«*

*Unter Hinweis auf eine hochentwickelte Schwerindustrie einschließlich eines starken Maschinenbaus führte Mostowenko weiter aus: »Getreu dem Vermächtnis Lenins verwirklichte das Sowjetvolk unter Führung der Kommunistischen Partei die Industrialisierung seines Landes und schuf eine mächtige Schwerindustrie, die Basis der Verteidigungskraft der UdSSR ist. Bereits zu Anfang der dreißiger Jahre verfügte die Sowjetarmee über die besten Panzer.«*

So einfach ist es, die Geschichte zu fälschen; man vernachlässigt die Chronologie der Ereignisse und lässt große Lücken in der Darstellung. Auch auf der anderen Seite neigten die Autoren dazu, die Entwicklung der Panzerwaffe als Pionierleistung einer Nation zu vereinnahmen, bedienten sich dabei aber subtilerer Mittel. Als Beispiele sollen K. Macksey und I. Hoog genannt werden, die zahlreiche Bücher und Zeitschriftenbeiträge über Panzer und gepanzerte Fahrzeuge verfasst haben. Unabhängig voneinander veröffentlichten sie in den 1970er Jahren in London »The Tank Story«. Beide vermitteln den Eindruck, dass die Wurzeln der neuen Waffe ausschließlich in England zu suchen sind. Die Rolle Frankreichs wurde auf die eines Juniorpartners reduziert, der auf diesem Gebiet erstmals mit den Sturmwagen Schneider und St. Chamond in Erscheinung getreten wäre. Andere Länder spielen eine noch geringere oder gar keine Rolle.

Die Tatsachen vermitteln ein anderes Bild. Fest steht, dass zu Beginn des 20. Jahrhunderts in allen Industriestaaten die ingenieur- und produktionstechnischen Voraussetzungen zur Herstellung gepanzerter Kampfwagen vorhanden waren. Interessant ist die Vielfalt der Fahrzeugkonstruktionen in den Ländern. Sie reichte von Zwei-, Drei- und Vierräderwagen über Fahrzeuge mit einem oder mehreren Gleiskettenfahrwerken bis hin zu solchen mit Ansätzen biomechanischer Fortbewegungstechniken (Schreitkufen beim »Landpanzerkreuzer« des Mechanikers F. Goebel [1]).

Spätestens bei der Erprobung der ersten Kampfwagen auf Räderfahrgestellen wurde den Verantwortlichen klar, dass ihre Geländegängigkeit mit dem Gewicht der Panzerung und Bewaffnung auf den Schlachtfeldern des Ersten Weltkrieges nicht mehr ausreichen würde. Folgerichtig wand man sich Fahrgestellen mit Gleisketten zu; von ihnen versprach man sich bessere Leistungen. Erste Gleiskettentraktoren waren Ende des 19. Jahrhunderts in Russland und in den USA bekannt geworden. Als Hersteller ausreichend betriebssicherer Gleisketten, Fahrgestelle und Antriebe hatte sich auf dem nordamerikanischen Kontinent die Firma Holt-Caterpillar etabliert. Das Unternehmen lieferte Traktoren mit 4- bzw. 6-Zylinder-Motor, 75 bis 100 PS Leistung und einer Zugkraft bis 20 t. Ihr Einsatz in den Streitkräften erfolgte beim Transport schwerer Geschütze und Rad- oder Gleiskettenanhängern für Nachschubgüter.

Die Nordamerikaner verwendeten sie bereits im Sommer 1914 während ihrer Intervention im Mexikanischen Bürgerkrieg. Fast zeitgleich kamen Bestellungen aus Europa; z. B. orderte das französische Kriegsministerium Holt-Caterpillar-Traktoren. Bis zum November 1918 belief sich die Lieferung auf 370 Fahrzeuge. England kaufte während des Ersten Weltkrieges 1051, Russland 80 Traktoren. Österreich-Ungarn hatte vor Ausbruch des Krieges ein Versuchsmuster erworben. Die Konstruktion der Holt-Caterpillar-

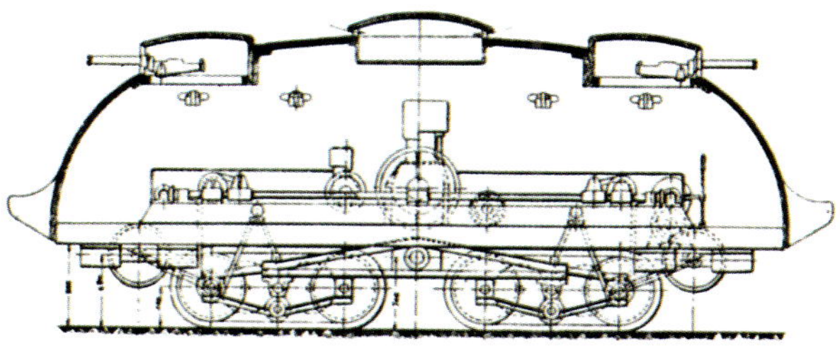

Das Projekt eines mehrtürmigen Kampfwagens Ansaldo Turrinelli.

Modellaufnahme des 1911 vom k.u.k. Oberleutnant G. Burstyn vorgeschlagenen »Motorgeschützes«. In der sehr detaillierten Beschreibung des Projektes waren spezielle ausklappbare Ausleger zum Überwinden von Hindernissen vorgesehen.

[1] Goebel war seiner Zeit weit voraus. In den 1960er Jahren vergab die US-Army einen Studienauftrag, dessen Ziel die Entwicklung eines Schreit-Fahrzeuges, des sogenannten Pedipulators, war. Anstelle von Rädern sollte es 3,65 m lange Füße erhalten, Geschwindigkeiten bis 55 km/h erreichen und sich selbst wieder aufrichten können, falls es umkippt. Die Maschine war mit den Bewegungsabläufen des Bedieners gekoppelt.

Holt-Caterpillar-Traktoren gab es mit 18, 45, 55, 60, 75 und 120 PS starken Motoren. Allein von der Ausführung mit dem 75-PS-Motor waren bis 1918 1362 Stück nach England geliefert worden. Sie fanden als Zugmittel für schwere Kanonen und Haubitzen Verwendung.

Traktoren nahm damit bei der Entwicklung gepanzerter Kampfwagen eine Schlüsselstellung ein. Auf diesem Weg und über die Auswertung erbeuteter Fahrzeuge erhielt auch die deutsche Heeresverwaltung Kenntnis von den Konstruktionen von Gleiskettenfahrwerken. Damit hatten die wichtigsten am Ersten Weltkrieg beteiligten Staaten auf beiden Seiten Zugriff auf diese Technologie und sie nutzten diese Möglichkeit.

Interessant ist weiterhin, dass in fast allen Ländern Ideen aus dem Kriegsschiffbau übernommen wurden, unabhängig davon, ob man dabei auf Erfahrungen im U-Boot-Bau, auf Torpedoboote oder Panzerschiffe zurückgriff. Der Erfinder G. Burstyn erinnerte sich später, wie ihn schon 1903 die schnelle Fahrt von Torpedobooten beeindruckt hatte. Wörtlich: »So muß man auch an Land an den Feind heranfahren!« Die Bezeichnung gepanzerter Kampfwagen als »Landschiffe« oder »Landpanzerkreuzer« ist in fast allen Ländern zu finden und ein Beleg dafür, dass auf der Suche nach brauchbaren taktisch-technischen Lösungen für ein neues Kampfmittel Anleihen bei den Seestreitkräften genommen wurden.

Es sind weitere Gemeinsamkeiten erkennbar: fast alle Projekte scheiterten. Gründe dafür sind in der technischen Unvollkommenheit, aber auch in der fehlenden Einsicht der Konstrukteure in militärische Belange zu suchen. Entscheidend blieb die Rolle der zuständigen Militärbehörden, deren Unverständnis, die Streitkräfte als Bedarfsträger gepanzerter Kampfwagen zu erkennen.

Der englische Kriegsminister Lord, Feldmarschall H. H. Kitchener vertrat noch 1916 die Meinung, dass mit diesen Maschinen kein Krieg zu gewinnen sei. In England gab es jedoch Protagonisten wie den Oberstleutnant E. D. Swinton, die Obersten J. F. C. Fuller und W. Elles (im November 1917 General und Kommandeur des Tankkorps) und in Frankreich war es Oberst J. B. Estienne, die in enger Zusammenarbeit mit führenden Rüstungsunternehmen die Kampfwagenentwicklung voranbrachten. Dort, wo ihre Bemühungen zu scheitern drohten, machten namenhafte Förderer ihren Einfluss geltend. Sie wurden schon genannt: der Munitionsminister G. Loyd George und der Erste Lord der Admiralität, Sir W. Churchill. In Russland und Deutschland fehlte diese persönliche Einflussnahme. In diesen Ländern erkannte man erst mit zeitlicher Verzögerung, dass »Landpanzerkreuzer«, »Maschinengewehrzerstörer« und »Überallfahrer«, kurz dass gepanzerte Kriegsmaschinen geeignet waren, dem Militär die auf den Schlachtfeldern verlorengegangene Stoßkraft und damit dem Krieg die Bewegung zurückzugeben.

Russland erhielt 60 Traktoren Holt-Caterpillar 75. Das Bild zeigt deutsche Soldaten Ende 1916 mit einem an der Ostfront erbeuteten Fahrzeug.

Die Verwaltung der k.u.k. österreichisch-ungarischen Armee erwarb einen der 9,6 t schweren Holt-Caterpillar für Erprobungszwecke.

Kapitel 2

# DER SIEGESZUG DES ROYAL TANK CORPS

## Von Flers bis Amiens

*Bis zum Januar 1917* weitete sich der Krieg auf dem europäischen Kontinent zu einer weltumspannenden militärischen Auseinandersetzung aus. Hauptkriegsschauplatz blieb Europa. Hier waren alle Angriffsoperationen der Streitkräfte beider Koalitionen gescheitert. Im Westen erstarrten die Kämpfe im Stellungs- und Grabenkrieg.

Die Feuerwirkung der Maschinengewehre und modernen Rohrrücklaufgeschütze beherrschte die Schlachtfelder und erstickte jede Angriffsbewegung in den in immer größerer Tiefengliederung angelegten Stellungen der Verteidiger unter großen Verlusten. Die Zahl der Kriegstoten und Verwundeten erreichte ein bis dahin nicht gekanntes Ausmaß. So verloren die Franzosen schon in den ersten Kriegsmonaten durchschnittlich etwa 8000 Soldaten pro Tag. Das deutsche Heer hatte im September 1914 Verluste in Höhe von 260.000 Toten und Verwundeten.

Auswege sahen die militärischen Führungsspitzen beider Seiten in der gewaltigen Konzentration von Menschen und Material auf vergleichsweise schmalen Angriffsstreifen und der stereotypen Wiederholung der von tagelanger Artillerievorbereitung begleiteten Angriffe der Infanterie und Pioniere. Das Dauerfeuer der Artillerie verwandelte die Schlachtfelder in nur schwer passierbare Landstriche, nahm den Angriffstruppen die Überraschung und wurde so zu einer der Hauptursachen für das blutige Scheitern aller Durchbruchsversuche. Neue Kampfmittel – Gas oder Flammenwerfer – brachten langfristig keine durchschlagenden Erfolge. Das Potential eines weiteren neuen Kampfmittels, dessen technische Anfänge im vorhergehenden Kapitel beschrieben sind, ist von den Zeitgenossen anfänglich nicht erkannt worden.

Gepanzerte Kampfwagen hatten durch die Verbindung von Beweglichkeit, Feuerkraft und Panzerschutz gute Aussichten, die im Stellungskrieg festgefahrenen Kämpfe wieder in Bewegung zu bringen. Sie konnten Stoßkraft entwickeln. Die Tragweite solcher Überlegungen hat das englische Militär zuerst erkannt, nicht ohne Widersprüche und vor allem nicht ohne die weitsichtige Einflussnahme des Ersten Lords der Admiralität, Sir W. Churchill. Fortan verfolgten sie die Kampfwagenentwicklung mit großer Zielstrebigkeit. Zunächst handelte es sich um gepanzerte Traktoren. Über den Little Willie entstand der Mother-Tank, der am 26. Januar 1916 von Marinesoldaten des Royal Naval Air Service (RNAS) vorgeführt wurde.

Wichtigste Neuerung war das rhombusförmige Panzergehäuse mit umlaufenden Gleisketten – eine Voraussetzung, um das durch Gräben zerfurchte und durch Granattrichter in eine Mondlandschaft verwandelte Gefechtsfeld überwinden zu können. Vom Mk-I bestellte man 150 Stück in zwei Varianten. Ihre Feuertaufe erlebten die englischen Tanks in der zweiten Septemberhälfte 1916, während der Schlacht an der Somme. Über die Zweckmäßigkeit dieses Einsatzes gab es geteilte Meinungen, vor allem wegen der kurzen Ausbildungszeit für die Besatzungen und der vorzeitigen Preisgabe des Überraschungsmomentes. Da bei der Auslieferung Verzögerungen aufgetreten waren, standen nur die 59 Tanks zur Verfügung, die zwischen dem 18. und 20. August 1916 auf das Festland gelangt waren. 49 davon wurden auf die drei Armeekorps der 4. Armee und die 5. Armeereserve mit

Ein Mk-I (männlich), der durch Treffer der Artillerie schwer beschädigt worden war. Für den ersten Angriff am 15. September 1916 hatte man 59 Tanks einsatzbereit gemeldet. Sie sind wie folgt verteilt worden: 17 Fahrzeuge erhielt die C-Kompanie beim XIV. Armeekorps, weitere 17 die D-Kompanie beim XV. Armeekorps und einen Zug mit acht Tanks der D-Kompanie beim III. Armeekorps. Als Armeereserve verblieb ein Zug der C-Kompanie mit sieben Wagen, Zehn Mk-I, die mechanisch nicht einsatzfähig waren, gehörten zur Reserve des Hauptquartiers.

Im Bewusstsein der deutschen Öffentlichkeit kam das neue Kampfmittel der Engländer, der Tank, erst mit zeitlicher Verzögerung an. Diese französische Darstellung wurde im März 1917 in einer der führenden deutschen Illustrierten mit folgender Bildunterschrift abgedruckt: »Englischer Angriff in der Sommeschlacht mit Unterstützung der sogenannten »Tanks« (Illustrierte Zeitung Nr. 3846 (Kriegsnummer 137) vom 15. März 1917).

einer Frontbreite von insgesamt rund 25 km aufgeteilt. An dem Angriff am 15. September nahmen aber nur die 36 einsatzbereiten Fahrzeuge teil, deren Beitrag zum Erfolg dieses Tages sehr unterschiedlich ausfiel. Einige fuhren sich fest, andere wurden durch Artillerietreffer beschädigt und zerstört.

Beim III. Armeekorps verloren zwei Tankbesatzungen zwischen Martinpurch und Flers sogar die Orientierung, fuhren in die falsche Richtung und feuerten eine Zeitlang auf die eigenen Truppen, bevor sie sich ebenfalls festfuhren.

Am 15. September unterstützten 14 Tanks die Divisionen des XV. Armeekorps im Zentrum der englischen Angriffsgruppierung. Auf Seiten der Verteidiger waren zwischen dem 26. und 28. August Teile der 4. Bayerischen Infanteriedivision – die ursprünglich zur 6. Armee weiter nördlich gehört hatte – als Verstärkung zwischen Foureaux und Delville-Wald in die deutschen Stelllungen eingeschoben worden. Die Angehörigen der Infanterieregimenter 5 und 9 (7. Bayerische Infanteriebrigade) hatten bereits am frühen Morgen unter heftigem englischen Artilleriefeuer – Brisanz- und Gasbeschuss – zu leiden. Bald griffen die Engländer in der Stärke von drei Divisionen, begleitet von Tanks, an. Ihre Vorwärtsbewegung wurde nur von einigen Widerstandsnestern behindert. Diesen widmeten sich die Kampfwagen mit Erfolg und fuhren, mit Kanonen und Maschinengewehren feuernd, die deutschen Gräben entlang. Die Bayern hatten dem nichts entgegenzusetzen; ihre Wehrlosigkeit gegen die »gepanzerten Ungetüme« wirkte demoralisierend. Den Engländern gelang im Abschnitt des Infanterieregiments 9 ein 3 km tiefer Einbruch – Flers musste aufgegeben werden. Allein dieses Infanterieregiment erlitt mit 197 gefallenen, 776 verwundeten und 560 vermissten Offizieren und Soldaten schwere Verluste. Am Angriff in den Ort hatten noch vier Mk-I-Tanks teilgenommen, alle anderen waren durch Artillerietreffer und technische Defekte verlorengegangen oder hatten sich im Gelände fest gefahren.

## Schwerer Kampfwagen Mk-I (männlich)

Nachdem der »Mother«-Tank im Januar 1916 im Londoner Hatfield Park mit Erfolg vorgeführt worden war, bestellte das Kriegsministerium eine erste Serie von 100 der unter der Tarnbezeichnung Tank geführten schweren Kampfwagen. Der Auftrag wurde kurze Zeit später auf 150 erhöht. Aus taktischen Erwägungen teilte man den Auftrag in 75 mit zwei 57-mm-Kanonen und vier Maschinengewehren bewaffnete (»männliche«) und 75 nur mit Maschinengewehren bewaffnete (»weibliche«) Tanks.

Inzwischen hatte man aus dem Kraftfahrzeugtechnischen Personal eine Truppe zusammengestellt, die Ende 1915 unter dem Kommando von Oberst E. D. Swinton als Schwere Sektion des Maschinengewehrkorps zusammentrat. Sie war die Keimzelle des Royal Tank Corps.

Noch bevor die ersten serienmäßig hergestellten Tanks gefechtsbereit gemeldet worden waren, forderte der englische Oberbefehlshaber in Frankreich, Sir D. Haig, den Einsatz der neuen Waffe in der für den Sommer 1916 geplanten Offensive. Es sollte unter Preisgabe der Geheimhaltung erst einmal seine Brauchbarkeit beweisen. In der zweiten Augusthälfte trafen die ersten Tanks in Frankreich ein; es waren nur zwei Kompanien. Sie kamen im Rahmen der Fortsetzung der Schlacht an der Somme am 15. September 1916 bei Flers zum Einsatz. Zu ihren taktischtechnischen Mängeln gehörte die geringe Beweglichkeit, die auf Grund des geringen Motorisierungsgrades von 3,75 PS pro Tonne auch nicht besser sein konnte.

So waren die Geländeverhältnisse in Verbindung mit konstruktiven und antriebstechnischen Schwachstellen sowie der hohe Verschleiß die Hauptursachen für Ausfälle ohne gegnerische Einwirkung. Für diese war die Panzerung zu schwach, was die Fahrzeuge empfindlich gegen Artilleriefeuer machte; große Splitter von in unmittelbarer Nähe detonierenden Sprenggranaten verursachten bereits Schäden. Außerordentlich schwierig blieb die Situation für die achtköpfige Besatzung. Ihre Sicht war begrenzt, dazu war sie dem Lärm und der Hitze im Fahrzeuginnern ausgesetzt, musste unter diesen Bedingungen die vielfältigen und bedrohlichen, von außen einwirkenden Einflüsse verarbeiten und taktisch richtige Entscheidungen fällen.

Zu den technischen Erfahrungen gehörte die Erkenntnis, dass die zur Lenkung vorgesehenen Spornräder am Heck unnötig waren. Fazit: Lenkung, Geschwindigkeit und Betriebssicherheit dieser Kampfwagen waren ungenügend. 1917/1918 wurden Mk-I-Tanks ohne Bewaffnung noch für Nachschubzwecke genutzt.

| | |
|---|---|
| Baujahr | 1916 |
| Besatzung | 8 Mann |
| Gefechtsgewicht | 28,4 t |
| Länge | 8050 mm (9910 mm mit Spornrädern) |
| Breite | 4260 mm |
| Höhe | 2450 mm |
| Bodenfreiheit | 420 mm |
| Watfähigkeit | 1000 mm |
| Kletterfähigkeit | 1200 mm |
| Steigfähigkeit | 22° |
| überschreitet | 3050–3450 mm |
| Geschwindigkeit | 6,5 km/h |
| Fahrbereich | 36 km |
| Motor | 4-Takt-Otto, 6 Zylinder |
| Typ | Daimler |
| Leistung | 105 PS |
| Drehzahl | 1000 U/min |
| Kühlung | Wasser |
| Bewaffnung | 2 Kanonen Hotchkiss L/40, Kaliber 57 mm<br>3 Maschinengewehre, Kaliber 7,71 mm<br>bzw. 5 Maschinengewehre, Kaliber 7,71 mm<br>bei Mk-I (weiblich) |
| Panzerung | 6–12 mm |

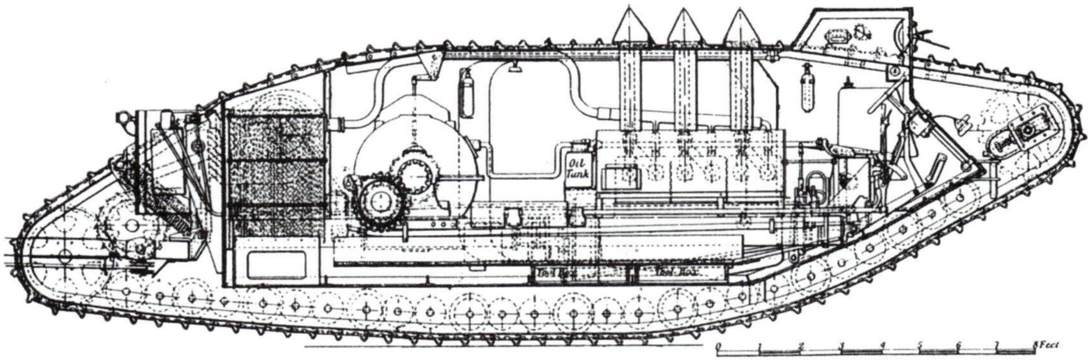
Oil Tank
0
1
2
3
4
5
6
7
8 Feet

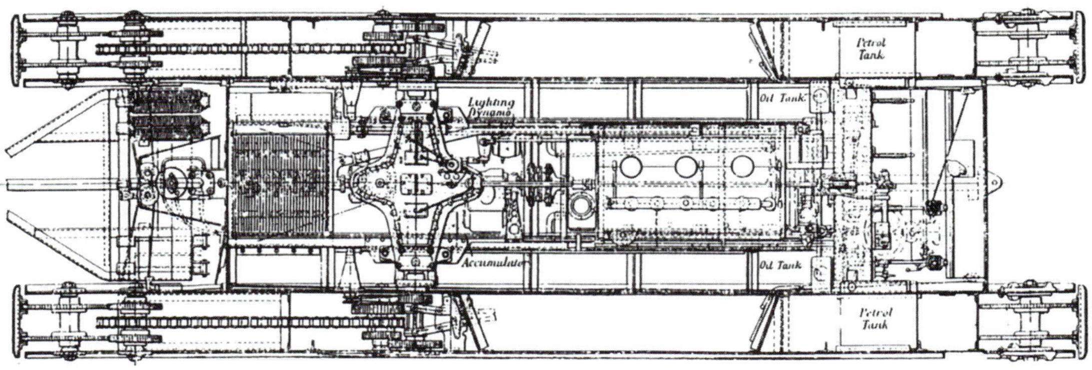
Petrol Tank
Lighting Dynamo
Oil Tank
Accumulator
Oil Tank
Petrol Tank

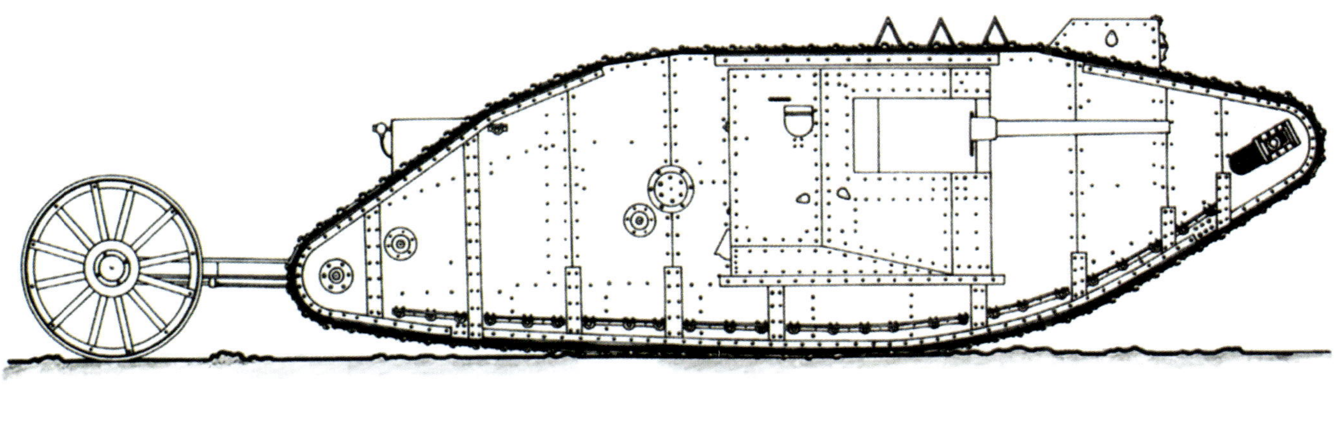

Trotz zahlreicher Mängel zeigten die ersten Einsätze, dass der Truppenführung ein geeignetes technisches Kampfmittel zur Verfügung stand, das den im Wirkungsbereich des Maschinengewehrfeuers erstarrenden Angriff der Infanterie nach vorn reißen und Sturmgassen in das feindliche Hauptkampffeld brechen konnte. Kampfwagen wurden in Einzelfällen bereits zum Rückgrat der Stoßtrupptaktik, waren so aber auch an die Kampfweise der Infanterie gefesselt. Bei einem neuerlichen Angriff von acht Tanks auf Thiepval am 26. September 1916 – ohne die übliche Artillerievorbereitung – konnte das Überraschungsmoment gewahrt werden. Die begleitende Infanterie machte, beim Verlust von nur drei eigenen Tanks, 350 Gefangene.

Die Wahrnehmungen der Deutschen von dem neuen Kampfmittel ihrer Gegner blieben zunächst nebulös. Es fiel ihnen schwer, aus den vorliegenden Beobachtungsergebnissen klare Erkenntnisse zu gewinnen. Häufig wurden die Tanks als gepanzerte »Eier« oder 5–6 m lange eiförmige Panzerautomobile beschrieben, die mit Hilfe vorn angeordneter Schaufeln die Erde beiseite beförderten und sich so den Weg durch die Stellungen bahnten. Verbindliche Angaben über den Tank Mk-I standen erst ab 21. Oktober 1916 mit dem vermutlich auf Aussagen eines Gefangenen beruhenden Berichts des Armeeoberkommandos 6 zur Verfügung. Klar war, dass Gewehr- und Maschinengewehrfeuer gegen die gepanzerten Kampfwagen wirkungslos blieb, mit Handgranaten bzw. daraus hergestellten geballten Ladungen nur geringe Erfolgsaussichten bestanden und lediglich mit dem Feuer der Artillerie wirksame Treffer erzielt werden konnten. Einig war man sich darin, dass die Wirkung der Tanks zu einem Großteil auf dem Faktor Überraschung beruhte.

Wörtlich hieß es in einem Bericht:
*»Die Wagen haben den Engländern einige Vorteile gebracht. Hauptsächlich sind diese aber der Überraschung zuzuschreiben. ... Wie bei jedem technischen Hilfsmittel das Ungewohnte zuerst wirkt, so geschah es auch hier. Die Truppe missachtete oder verlachte zuerst die vorkriechenden Ungetüme. Als sie dann, scheinbar unverwundbar, näher kamen, entstand sogar stellenweise eine Panik.«*

Die Kräfte der vier Kampfwagenkompanien waren in den Kämpfen zwischen dem 15. und 26. September 1916 im

Wesentlichen verbraucht, zumal sie schon davor bei Demonstrationen und Vorführungen beansprucht worden waren. 1916 fanden sie noch zweimal, am 16. November bei Beaumont-Hamel (drei Tanks) und am folgenden Tag südlich davon im Tal der Ancre (ein Tank), Verwendung. Sie fuhren sich schnell im Schlamm des durch das andauernde Artilleriefeuer unpassierbar gewordenen Schlachtfeldes fest, erfüllten aber mit ihren Waffen noch Aufgaben bei der Unterstützung der angreifenden Infanterie.

Für die Angriffsoperationen des Frühjahrs 1917 sollten bereits 240 Tanks vom verbesserten Typ Mk-IV bereitstehen. Haig hatte, trotz seiner Vorbehalte, am 16. Oktober 1916 einem weiteren Auftrag über 1000 Fahrzeuge seine Zustimmung gegeben. Ihre Auslieferung verzögerte sich. So kam es, dass für die Osterschlacht bei Arras im April 1917 lediglich 60 Tanks Mk-II und eine Anzahl instandgesetzter Mk-I bereitgestellt und auf 25 km Frontbreite den fünf Armeekorps der 5., 3. und 1. Armee verteilt werden konnten. Ihr Einsatz stand unter keinen günstigen Vorzeichen, obwohl man im Vorfeld der Schlacht einiges in die Ausbildung in den Kampfwagenkompanien und der Besatzungen investiert hatte.

In einer von Fuller selbst verfassten Vorschrift waren bisherige Erfahrungen zur Organisation und Taktik der Tanks, zu ihrem Zusammenwirken mit den anderen Waffen, zum Nachschub und zu vielen anderen Fragen ausgewertet und für zukünftige Einsätze erstmals niedergeschrieben worden.

Der erste Tag der Schlacht war der 9. April 1917. Allein im Abschnitt der 3. Armee fielen von 40 verfügbaren Tanks 33 aus, davon mindestens elf durch die Wirkung der deutschen Abwehr, viele andere fuhren sich fest. Tatsächlich nahm die deutsche Infanterie die Tanks vor ihren Stellungen nur einzeln oder in kleineren Gruppen wahr, die mit unterschiedlichem Erfolg operierten. Im Grunde war sie aber auch ihnen schutzlos ausgeliefert; sie wirkten demoralisierend. Dramatische Eindrücke hinterlassen noch heute die nach dem Krieg verfassten Berichte von den Kämpfen am 11. April im Abschnitt Monchy le Preyx – Wancourt, längs der Nationalstraße Arras–Cambrai, wo Angehörige der 17. und 18. Reservedivision im Einsatz standen:

*»Während der ganzen Nacht hatte das englische Geschützfeuer in großer Stärke angehalten. Besonders das Dorf Monchy le Preyx war ... das Ziel schwerer Granaten gewesen. ... Um 5.50 Uhr morgens plötzlich auf der ganzen Front ... gelbe und rote Leuchtzeichen. Der erwartete, breit angelegte, von starken Kräften getragene, von Tanks unterstützte Angriff gegen die gesamte Monchy-Dorfstellung hat begonnen. ... donnernd bahnen die Kampfwagen ... den Weg in das Herz der deutschen Stellung und rollen die von den Bayern gehaltenen Linien von Süden herauf. Vergebens bemüht sich in verzweiflungsvollem Kampf der junge bayerische Ersatz, ... die feindlichen Massen zum Stehen zu bringen. Infanteristen und MG-Schützen nehmen die Tanks unter Feuer, Handgranaten in ganzen Bündeln fliegen unter die Raupenketten – ohne Erfolg. Nutzlos auch das kühne, opferfreudige Beginnen, die Tanks zu erklettern, um durch Öffnungen und Klappen ins Innere zu schießen oder Sprengkörper hindurchzuzwängen. ... Endlich gegen 6.00 Uhr morgens werden die Ungetüme von der deutschen Artillerie entdeckt und unter rasendes Schnellfeuer genommen. Die Granaten schonen weder Freund noch Feind. ...«*

Zur selben Zeit stehen noch nicht abgelöste Teile der Infanterieregimenter 162 und 163 (17. Reservedivision) südlich Monchy an dem Weg nach Wancourt *»... in schwerem Kampfe mit mehreren Tanks, die ihre Linien durchbrochen haben – auch hier ein ungleiches Ringen mit Gewehr, Handgranate und Maschinengewehr gegen die Panzerwände der mit vollen Breitseiten feuernden Kampfwagen. Erst durch das Feuer der Batterien der Feldartillerie-Gruppe ...* (4., 6. und 7. Batterie / Feldartillerieregiment 11 – der Verfasser), *von denen zwei zu diesem Zwecke bis dicht hinter die Infanteriekampflinie vorfahren, werden Tanks unter direkter Beobachtung außer Gefecht gesetzt und gehen in Flammen auf.«*

Rechts der Nationalstraße stand das I. Bataillon / Reserveinfanterieregiment 84 (18. Reservedivision) in einem verzweifelten Abwehrkampf. *»Die Tanks waren auf Schußnähe herangekommen. Immer wieder ruckte der erste Koloß vorwärts und jagte seine Breitseiten in die schutzlos daliegenden 84er, deren Geschosse machtlos an den Panzerwänden abprallten. Vergebens ist das Opfer des Leutnant Schnells, ... der mit einigen Leuten dem ersten Ungetüm mit Handgranaten zu Leibe rückt. Die Maschinengewehre des Tanks fegen den Offizier und seine tapferen Begleiter dahin. Unheimlich stampft der Kampfwagen über die Gefallenen seinen Weg ...«*

Aus deutscher Sicht gestalten sich die ersten Tage der Osterschlacht zu einer schweren, mit großen Verlusten verbundenen Niederlage. Die englischen Tanks hatten darauf allerdings nur begrenzten Einfluss. Im ersten Band des »Handbuches der Neuzeitlichen Wehrwissenschaften«, Berlin 1936, wurde die Schlacht wie folgt charakterisiert: »Als erstes brachen die Engländer am 9. April beiderseits Arras in 25 km Breite vor. Ihr Angriff zeigte außer der

Die Bilder zeigen verschiedene Ansichten des Mk-II (männlich) Nr. 799, der am 11. April 1917 südwestlich von Riencourt-lès-Cagnicourt vom Grenadierregiment 123 (27. Infanteriedivision) erbeutet worden war. Die Engländer verloren bis Mittag infolge deutscher Gegenangriffe neun Kampfwagen. Bei der Nr. 799 wurde die 6-pdr-Kampfwagenkanone L/40 auf der linken Fahrzeugseite offensichtlich noch auf dem Schlachtfeld ausgebaut.

Der Mk-II (weiblich) Nr. 586 musste ebenfalls während der Osterschlacht bei Arras bewegungsunfähig von den Engländern zurückgelassen werden. Die fünf Maschinengewehre sind ausgebaut.

Verwendung einer beschränkten Anzahl von Tanks keinerlei neue Gedanken. Es war die übliche Durch- oder besser Einbruchsschlacht mit einem nicht unbedeutenden, aber noch nicht entscheidenden Anfangserfolg und einer Reihe von wochenlang sich hinziehenden Nachstößen. Auf deutscher Seite gelang es nicht, die Abwehrschlacht den neuen Grundsätzen entsprechend offensiv zu führen. Die in genügender Zahl bereitstehenden Eingreifdivisionen kamen zu spät. … Der Angreifer hatte wieder einmal eine „ordinäre" Abnutzungsschlacht geschlagen …«

Die Notwendigkeit einer wirksamen Tankabwehr hat man klar erkannt. Mit der Möglichkeit einer gründlichen Auswertung erbeuteter Kampfwagen gab es dafür auch bessere Voraussetzungen. Besonderen Anteil an der Tankabwehr hatten Nahkampfgeschütze und Geschütze der Feldartillerie, auch wenn in den Kämpfen nur die herkömmliche Sprengmunition zur Verfügung gestanden hatte. Vorteilhaft war die Verwendung der 7,7-cm-Feldkanonen, deren Kanonengranaten 15 mit langem Kopfzünder und Zündverzögerung mühelos die 10 mm starken Panzerplatten der Mk-I und Mk-II zu durchschlagen vermochten. Andere Geschosse zerschellten vor der Panzerung. Bewährt hatten sich weiterhin Nahkampfgeschütze und die in der Einführung befindliche Stahlkernmunition (SmK) für Maschinengewehre. Sie durchschlug auf 400 m 8,5 mm und unterhalb 100 m 10 mm starke Panzerplatten bester Qualität (bei einem Auftreffwinkel von 90 Grad, sonst weniger). Allerdings standen sie im Frühjahr 1917 noch nicht überall zur Verfügung. Große Bedeutung erhielt die Zusammenarbeit der verschiedenen Waffengattungen in der Tankabwehr, vorrangig die Unterstützung der Infanterie durch die Artillerie. Abwehrerfolge sollten nicht den Eindruck der Hilflosigkeit aufkommen lassen.

Zu den Einsatzerfahrungen der Engländer gehörte erneut die Erkenntnis, dass die Tankmodelle weder in taktisch-technischer Hinsicht noch in der verfügbaren Stückzahl ausreichten.

Das Festhalten an den üblichen taktischen Methoden in der Operationsplanung und Angriffsdurchführung verlieh diesen Mängeln ein besonderes Gewicht. Die in den Kämpfen um Arras schon spürbar bessere Ausbildung der Tankbesatzungen hatte zu keiner grundsätzlichen Änderung geführt. Das sollte sich in den kommenden Monaten ändern.

## Schwerer Kampfwagen Mk-II (männlich)

Tanks Mk-II wurden ab Anfang 1917 bei der Firma W. Foster Ltd & Metropolitan Carriage and Wagon Company Ltd. ausgeliefert. Wichtigstes äußeres Merkmal war der Wegfall der gefederten Spornräder am Fahrzeug. Auch den Mk-II gab es in der männlichen (mit 57-mm-Kanonen und Maschinengewehren bewaffneten) und weiblichen (nur mit Maschinengewehren armierten) Ausführung. Die Aufträge für beide waren sehr schematisch verteilt. Die kanonentragenden Kampfwagen sollten der feindlichen Infanterie durch Weitschüsse Verluste beibringen, sie aus dem Grabensystem herausdrängen. Die Maschinengewehrkampfwagen hatten die Aufgabe, die aus der Deckung fliehenden Soldaten zu bekämpfen.

Tanks Mk-II bestimmten die Kampfwageneinsätze im Frühjahr und Sommer 1917. Sie wurden über die Zwischenlösung Mk-III im Herbst gänzlich von dem wesentlich verbesserten Modell Mk-IV abgelöst und als bewaffnete Nachschubfahrzeuge aufgebraucht.

| | |
|---|---|
| Baujahr | 1917 |
| Besatzung | 6–8 Mann |
| Gefechtsgewicht | 28 t |
| Länge | 8050 mm |
| Breite | 4260 mm |
| Höhe | 2450 mm |
| Bodenfreiheit | 420 mm |
| Watfähigkeit | 1000 mm |
| Kletterfähigkeit | 1200 mm |
| Steigfähigkeit | 22° |
| überschreitet | 3050 mm |
| Geschwindigkeit | 6 km/h |
| Fahrbereich | 36 km |
| Motor | 4-Takt-Otto, 6 Zylinder |
| Typ | Daimler |
| Leistung | 105 PS |
| Drehzahl | 1000 U/min |
| Kühlung | Wasser |
| Bewaffnung | 2 Kanonen Hotchkiss L/40, Kaliber 57 mm<br>3 Maschinengewehre, Kaliber 7,71 mm |
| Panzerung | 6–10 mm |

## Schwerer Kampfwagen Mk-II (weiblich)

Die weibliche Ausführung des schweren Kampfwagen Mk-II verfügte über fünf Maschinengewehre mit einem Kampfsatz von insgesamt 30.080 Patronen. Die seitlichen Erker waren in Größe und Ausführung baugleich denen der männlichen Tanks. Sie unterschieden sich nur durch die beiden Blenden zum Einbau von zwei schwenkbaren Maschinengewehren je Erker. Neu war, dass ab Baureihe Mk-II zusätzliche Klauen für die Gleisketten zum Einsatz kamen. Sie erhöhten ihre Griffigkeit in aufgeweichtem Gelände.

| | |
|---|---|
| Baujahr | 1917 |
| Besatzung | 6–8 Mann |
| Gefechtsgewicht | 27 t |
| Länge | 8050 mm |
| Breite | 4260 mm |
| Höhe | 2450 mm |
| Bodenfreiheit | 420 mm |
| Watfähigkeit | 1000 mm |
| Kletterfähigkeit | 1200 mm |
| Steigfähigkeit | 22° |
| überschreitet | 3050 mm |
| Geschwindigkeit | 6 km/h |
| Fahrbereich | 36 km |
| Motor | 4-Takt-Otto, 6 Zylinder |
| Typ | Daimler |
| Leistung | 105 PS |
| Drehzahl | 1000 U/min |
| Kühlung | Wasser |
| Bewaffnung | 5 Maschinengewehre, Kaliber 7,71 mm |
| Panzerung | 6–10 mm |

Am 4. Mai 1917 fassten die Alliierten in Paris den Entschluss, die deutsche Front mit einer Reihe von Angriffsoperationen unter Druck zu setzen. Die Initiative lag vor allem bei den Engländern, die sich nach den missglückten Frühjahrsoperationen entschlossen, in Flandern anzugreifen. Von der ursprünglichen Absicht, den Durchbruch mit Hilfe der Überraschung und der Konzentration einer großen Zahl von Tanks zu erzwingen, blieb nicht viel übrig. Der englische Oberbefehlshaber, Marschall A. Haig, entschloss sich wiederum, ganz systematisch vorzugehen. Auch der Plan, die deutsche Front durch eine amphibische Landungsoperation bei Middelkerke zum Einsturz zu bringen (Operation »Hush« (Stille, Geheimhaltung)) wurde aufgegeben. Das Bemerkenswerte an der Operation war, dass mit der Anlandung von neun Mk-IV erstmals gepanzerte Kampfwagen von See aus zum Einsatz kommen sollten.

Während der ersten Phase der Angriffsoperation, der Wegnahme flankierender deutscher Stellungen im Wytschaete-Bogen am 7. Juni 1917, leisteten die Tanks ihren Beitrag zum Erfolg der Engländer. Von dem in Aussicht gestellten Masseneinsatz der Kampfwagen war man wieder abgekommen. 76 Mk-IV und ein Dutzend zu Nachschubtanks umgebaute Mk-I und II sind auf die Angriffsverbände verteilt worden. Schon beim Anmarsch blieben 26 (= 36%) im Morast stecken. Bemerkenswert: an diesem Tag gelang es der deutschen Feldartillerie, nur zwei der tatsächlich angreifenden 46 Kampfwagen durch Volltreffer außer Gefecht zu setzen.

Deutsche Infanterie beim Ausbau ihrer Stellungen in unmittelbarer Nachbarschaft zu dem außer Gefecht gesetzten Mk-II (weiblich) Nr. 586. Aufnahme aus der Osterschlacht bei Arras im April 1917.

Die Operationsziele der nun folgenden Phase der Flandernschlacht lagen nördlich, in Richtung Ostende-Brügge. Für den am 31. Juli 1917 beginnenden Großangriff beiderseits Ypern standen die 1., 2. und 3. Tankbrigade des vier Tage zuvor offiziell in die Reihen der Waffengattungen des Heeres aufgenommenen »Royal Tank Corps« bereit. Das waren 216 Tanks Mk-IV, 36 unbewaffnete Nachschubwagen und erstmals zwei Funkkampfwagen Mk-IV. Von den 136 Tanks, die direkt am Angriff beteiligt waren, blieben 70 in dem verschlammten Gelände liegen und wurden Opfer der deutschen Artillerie. Wegen der Misserfolge stand die Tankwaffe erneut in der Kritik.

Der Oberkommandierende der 5. Armee, General H. Gough, vertrat in einem Abschlussbericht sogar die Auffassungen:

1. Tanks kann man in schlechtem Gelände nicht verwenden.
2. Schlachtfelder sind immer schlechtes Gelände.
3. Tanks sind nicht gut für das Schlachtfeld, für die weitere Kriegführung.

Eine schwere Krise. Dem am 28. Juli 1917 eben erst aufgestelltem Tankkorps drohte die Auflösung. Bis dahin war die Zahl der Kampfwageneinheiten beständig angewachsen. Aus den ursprünglich sechs Kompanien entstanden neun Bataillone zu je drei Kompanien mit jeweils 16 Tanks. Ab Juli 1917 hatte man daraus das Royal Tank Korps (RTC) mit drei Brigaden gebildet. Es stand unter dem Kommando von General W. Ellis. Die Zahl der Tanks stieg – einschließlich 98 unbewaffneter Nachschubfahrzeuge – auf über 400. Fast alle Kampfwagen waren vom verbesserten Typ Mk-IV mit SmK-sicherer Panzerung.

Dieser weibliche Mk-II wurde von Treffern der deutschen Artillerie förmlich auseinandergerissen. Sie war die wirksamste Waffe zur Kampfwagenabwehr; Kurzschüsse richteten allerdings, wie es in einem Bericht der 17. Reservedivision vom 21. April 1917 heißt, »... bei der eigenen Infanterie Schaden an ...«.

## Schwerer Kampfwagen Mk-IV (männlich)

Unter Berücksichtigung aller bisher gesammelten Einsatzerfahrungen war im Oktober 1916 mit der Entwicklung eines verbesserten schweren Kampfwagens begonnen worden. Das neue Modell erhielt die Bezeichnung Mk-IV. 1015 Stück waren bestellt, die ab März 1917 im Verhältnis zwei männliche (mit zwei neuen 57-mm-Kanonen Hotchkiss L/23 (vorher L/40) und vier Maschinengewehren) zu drei weiblichen (mit sechs Maschinengewehren) Kampfwagen gefertigt und im Sommer an das Royal Tank Corps geliefert wurden.

Für den Großangriff in Flandern Ende Juli 1917 waren 216 Mk-IV bereitgestellt worden. Auch für das geplante amphibische Landungsmanöver Anfang August 1917 bei Middelkerke waren neun Mk-IV vorgesehen, die zu je drei Fahrzeugen über die Großrampe von Großpontons an die Küste rollen sollten. Es blieb bei dem Plan.

Den größten Einsatz hatten Mk-IV-Tanks am 20. November 1917 bei Cambrai. 378 Kampfwagen hatte man bereitgestellt, bedingt durch Pannen nahmen tatsächlich nur 362 an der Tankschlacht teil. Ihr überraschender Massenangriff wurde ein voller Erfolg, auch in technischer und taktischer Hinsicht: sie ließen sich leichter fahren, waren technisch zuverlässiger und besaßen eine SmK-sichere Panzerung. Trotzdem wurden die Fahreigenschaften als ungenügend eingeschätzt, höhere Geschwindigkeiten und vor allem leichtere Kampfwagen für die Verfolgung gefordert. Bewährt hatte sich die neue 57-mm-Kanone L/23 von Hotchkiss. Sie löste ab Januar 1917 die bis dahin verwendete 57-mm-Kanone L/40 als Hauptbewaffnung der »männlichen« Mk-IV ab.

1918 wurde als Abart der fast 11 m lange Mk-IV »Tadpole« (Kaulquappe) gebaut, der auf einer Plattform zwischen den beiden nach hinten verlängerten Gleisketten einen Granatwerfer Kaliber 152,4 mm aufnahm.

| | |
|---|---|
| Baujahr | 1917 |
| Besatzung | 6–8 Mann |
| Gefechtsgewicht | 28 t |
| Länge | 8050 mm |
| Breite | 4011 mm |
| Höhe | 2460 mm |
| Bodenfreiheit | 420 mm |
| Watfähigkeit | 1000 mm |
| Kletterfähigkeit | 1200 mm |
| Steigfähigkeit | 22°–35° |
| überschreitet | 3000 mm |
| Geschwindigkeit | 6,7 km/h |
| Fahrbereich | 56 km |
| Motor | 4-Takt-Otto, 6 Zylinder |
| Typ | Daimler |
| Leistung | 105 PS |
| Drehzahl | 1000 U/min |
| Kühlung | Wasser |
| Bewaffnung | 2 Kanonen Hotchkiss L/23, Kaliber 57 mm<br>4 Maschinengewehre, Kaliber 7,71 mm |
| Panzerung | 6–12 mm |

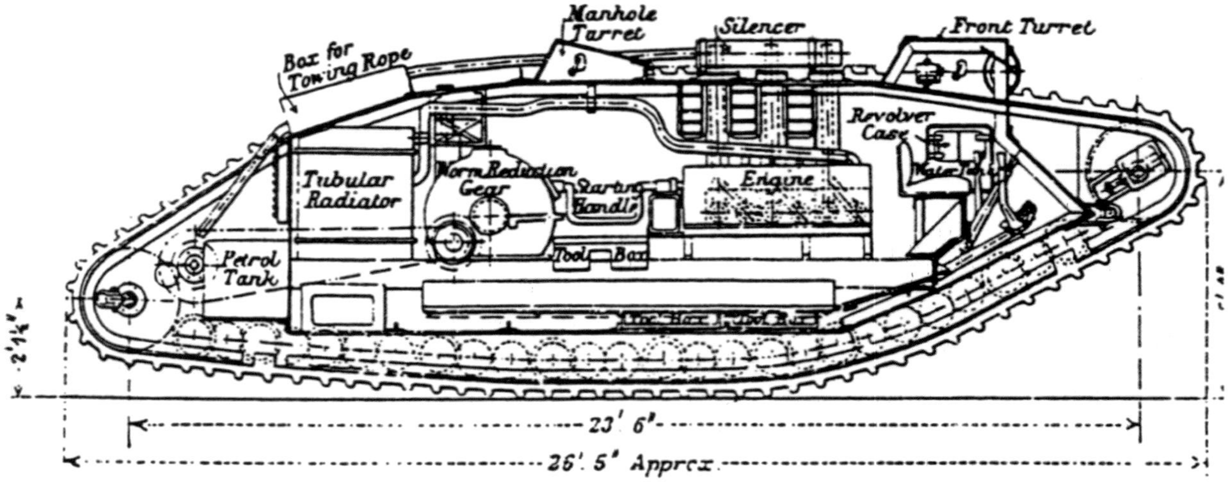
Manhole Turret
Silencer
Front Turret
Box for Towing Rope
Revolver Case
Tubular Radiator
Worm Reduction Gear
Starting Handle
Engine
Petrol Tank
Tool Box
23' 6"
26' 5" Approx.

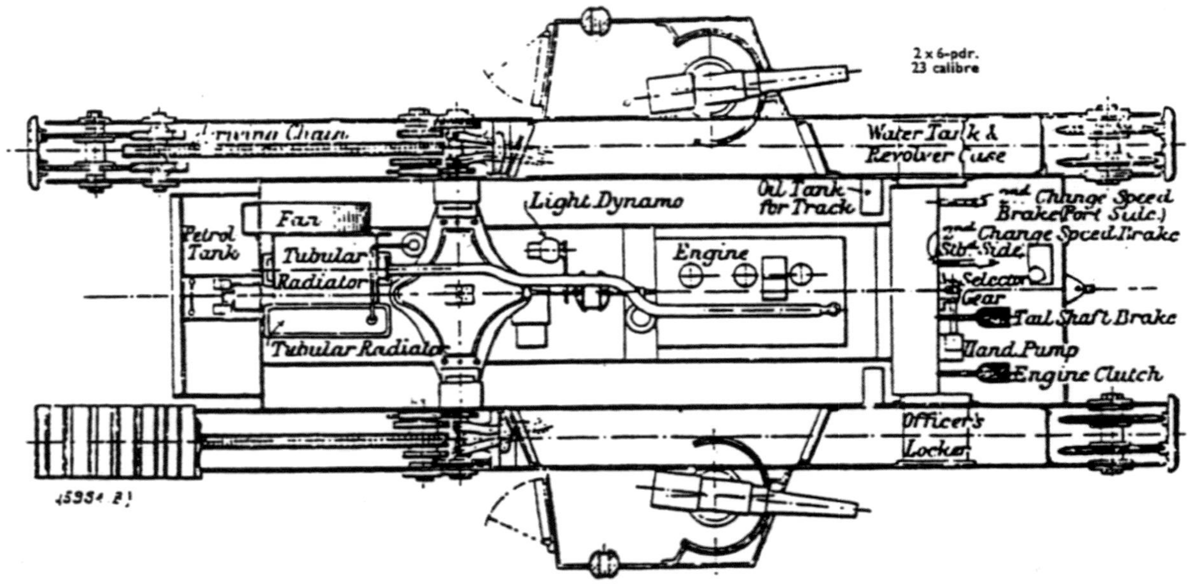
2 x 6-pdr.
23 calibre
Water Tank &
Revolver Case
Light Dynamo
Oil Tank for Track
Fan
Petrol Tank
Tubular Radiator
Engine
Selector Gear
Tail Shaft Brake
Hand Pump
Engine Clutch
Tubular Radiator
Officer's Locker

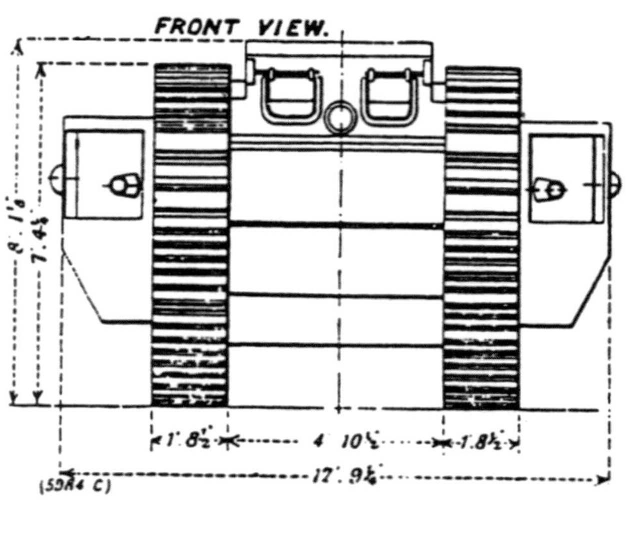
FRONT VIEW.
1' 8½"
4' 10½"
1' 8½"
17' 9¼"

## Schwerer Kampfwagen Mk-IV (weiblich)

Von den 1015 bestellten Mk-IV war der größere Teil nur mit Maschinengewehren vom Typ Lewis bewaffnet, für die ein Kampfsatz von je 30.080 Patronen zur Verfügung stand.

Kampfwagen männlicher und weiblicher Ausführung kamen gemischt in Zügen zu vier Fahrzeugen zum Einsatz. Eine Kompanie bestand aus vier Zügen mit insgesamt 16 Mk-IV. Ein Bataillon hatte neben dem Stab und einer motorisierten Werkstatt drei Kompanien; eine Brigade des Royal Tank Corps gliederte sich in drei Bataillone.

Mk-IV-Tanks wurden zu Studien- und Ausbildungszwecken an die Streitkräfte der USA abgegeben. Das deutsche Heer erbeutete bis zum 30. April 1918 150 englische Kampfwagen, setzte einen großen Teil davon wieder instand, um sechs Beutekampfwagen-Abteilungen damit auszustatten. Kurzzeitig erwog die deutsche Heeresverwaltung sogar den Nachbau des Mk-IV.

| | |
|---|---|
| Baujahr | 1917 |
| Besatzung | 6–8 Mann |
| Gefechtsgewicht | 27 t |
| Länge | 8000 mm |
| Breite | 3200 mm |
| Höhe | 2460 mm |
| Bodenfreiheit | 420 mm |
| Watfähigkeit | 1000 mm |
| Kletterfähigkeit | 1200 mm |
| Steigfähigkeit | 22°–35° |
| überschreitet | 3000 mm |
| Geschwindigkeit | 6,7 km/h |
| Fahrbereich | 60 km |
| Motor | 4-Takt-Otto, 6 Zylinder |
| Typ | Daimler |
| Leistung | 105 PS |
| Drehzahl | 1000 U/min |
| Kühlung | Wasser |
| Bewaffnung | 5 Maschinengewehre, Kaliber 7,71 mm |
| Panzerung | 6–12 mm |

Mitte September 1917 wurden die 2. und 3. Tankbrigade aus den Kämpfen in Flandern herausgelöst und auf ein Übungsgelände westlich von Arras verlegt. Die 1. Tankbrigade blieb mit ihrem Restbestand an Kampfwagen an dieser Front. Sie stand in Gruppen von 2, 4, 12 oder 18 Fahrzeugen bis Anfang Oktober nach dem bisher üblichen, im Wesentlichen erfolglosen Verfahren im Fronteinsatz. Danach wurde auch diese Brigade verlegt.

Die 10 Grundsätze für Tankbesatzungen nach der Flandernschlacht (31. Juli bis 10. November 1917)

1. Gelände, welches stark beschossen wurde, muß von Tanks langsam befahren werden. Vom Regen aufgeweichter Boden darf nicht befahren werden.
2. In Regionen, die starkem Beschuß unterliegen, können Tanks nicht mit Infanterie kooperieren.
3. Tanks können in Dunkelheit und Dämmerung kein Gelände sicher passieren, welches Gräben oder Trichter enthält, bevor eine Erkundung statt gefunden hat.
4. Nebel und Rauch veranlassen den Tank zum Anhalten. Von Granateinschlägen oder Tankketten hochgeschleuderter Dreck kann dem Fahrer ins Gesicht fliegen. Hinweis auf Schutzbrillen für Fahrer und Kommandant.
5. An heißen Tagen steigt die Temperatur im Tankinnern bis auf 120° Fahrenheit = 49° C im Schatten an. Diese exzessive Hitze verursacht beim Menschen Erbrechen und Erschöpfung. 8 Stunden ununterbrochenen Einsatzes ist das Limit für die körperliche Belastung. Danach bedarf die Besatzung einer Ruhepause von 48 Stunden.
6. Ein Tankeinsatz ist mit 8 Meilen (rund 13 km – der Verfasser) zu veranschlagen, entsprechend 8 Stunden bei dem (damaligen – der Verfasser) Schneckentempo inclusive Ruhezeit.
7. Der Tank kann weder in dichtem Wald operieren noch in einem mit Baumstümpfen übersäten Gelände. Tankoffiziere sind am ehesten geeignet, das Einsatzgelände zu beurteilen. Infanteriekommandeuren sollte das begreiflich gemacht werden.
8. Tanks können gesicherte Sperren nicht passieren. Hochexplosive Sperren sind die gefährlichsten.
9. Infanterie sollte davor gewarnt werden, sich hinter dem Tank anzusammeln oder die eigenen Angriffsziele aufzugeben, wenn der Tank sich schräg zur Front bewegt.
10. Die größte Unterstützung in der Lokalisierung des Tanks während des Gefechtes geht von den Flugzeugen aus. Sitzt ein Tank fest, sollte ein weißes Quadrat auf dem Tankdach ausgebreitet werden.

Angesichts der Bedrohungen für den Fortbestand der eben erst aus der Taufe gehobenen Kampfwagentruppe entwickelte ihre Führung verschiedene Pläne zur Durchführung erfolgreicher Angriffsoperationen. Über die Voraussetzungen für den Erfolg der Tanks bestand Klarheit:

1. die Konzentration einer großen Zahl von Kampfwagen an einem vergleichsweise schmalen Frontabschnitt,
2. die Auswahl eines für die Tank geeigneten, von vorgehenden Materialschlachten noch nicht verwüsteten Angriffsgeländes,
3. der Verzicht auf die übliche wochenlange Artillerievorbereitung und dadurch
4. die Wahrung des Überraschungsmomentes,
5. die Nutzung aller Möglichkeiten für einen gedeckten Aufmarsch und Tarnung, u. a. durch natürlichen oder künstlichen Nebel,
6. kühnes und entschlossenes Handeln.

Letztlich fanden die von Fuller und Ellis entwickelten Einsatzkonzepte beim englischen Oberkommando Gehör. Nach den Misserfolgen des Jahres 1917 gab es eine größere Bereitschaft, auf die unkonventionellen Vorschläge der Protagonisten des Royal Tank Corps einzugehen. Als Ziel des Unternehmens wurde Cambrai ausgewählt. Auf dem festen Boden des wenig zerschossenen Hügelgeländes westlich und südwestlich von Cambrai sollte das Tankkorps seine Stoßkraft unter Beweis stellen.

General H. Ellis erließ einen Sonderbefehl:

1. Morgen wird das Tankkorps die seit Monaten erwartete Gelegenheit haben, unter günstigen Umständen im Kampf zu stehen.
2. Was harte Arbeit und Erfindungsgeist zur Vorbereitung tun konnten, ist getan worden.
3. Es ist Sache der Unterführer und der Tankbesatzungen, dieses Werk durch Umsicht und Schneid in der Schlacht zu vollenden.
4. Auf Grund früherer Erfahrung lege ich den guten Namen des Korps vertrauensvoll in Eure Hände.
5. Ich beabsichtige den Angriff im Zentrum persönlich zu führen.

Nach einem kurzen Feuerüberfall von 1000 Geschützen und 160 Minenwerfern traten die Tanks in den frühen Morgenstunden des 20. November zum Angriff an. 378 Mk-IV, neun Funk-, ein Fernsprech- und zwei Pioniertanks nahmen daran teil. Außerdem standen 32 Mk-IV als Reserve und 54 Nachschubtanks bereit.

Der Kommandeur des H-Bataillons der 2. Tankbrigade, Oberstleutnant C. Willoughby, berichtete später:

*»Im „Hadrian" kochten zu früher Stunde auf einem Primuskocher Würstchen und der Duft von heißem Tee verbreitete sich. Zehn Minuten vor sieben Uhr starteten die Tanks mit möglichst leise laufenden Motoren, um sehr langsam, und mit dem geringen Lärm vorwärts zu kommen. Zehn Minuten später ist Uhrzeit o* (Beginn des feststehenden Sperrfeuers mit Brisanz- und Nebelmunition – der Verfasser), *als die Feuerwalze losging. Die Kanonen hallten wie ein unaufhörlicher Donnerschlag. Wir waren dritte Welle und fuhren in unsere Ausgangsstellung gegenüber Beaucamp. Unser erster Hulper kam sehr bald. Wir erkletterten einen kleinen Wall, krachten durch die Hecke auf seiner Spitze und fielen schwer auf die andere Seite. Ein gewiefter Tankführer würde seinen Tank auf dem Grad balancieren und ihn im richtigen Augenblick sanft herunter gleiten lassen. Aber sogar geübte Tankführer waren aufgeregt, und es war gut, daß ein Tank keine Federn hat, daß seine höchste Geschwindigkeit nur drei Meilen in der Stunde betrug. Wenn er durch das Gelände schlingerte, warf er seine Mannschaft wie Erbsen durcheinander und sie mußten sich an irgendwelchen Dingen festhalten, wenn wir über unebenen Grund gingen. Jedes Stück der Ausrüstung, das nicht fest an seinem Platze war, flog umher und machte einen Lärm ...«*

Aus Kampfberichten von weiteren Angehörigen des Tankkorps:

*»Der erste Tank, der überhaupt angriff, bereits eine Stunde vor Zero Time = 06.15 Uhr, war der D1 unter Führung von Captain H. W. Mortimore. Er klärte gegen Delville Wood nach Ginchy auf, zusammen mit einer Kompanie unter Major Charlesworth, um den Weg zu bahnen für den Hauptangriff. Dieser Tank war der erste, der flankierend in einen deutschen Schützengraben hineinschoß. Es gehörte bald zur Routine, vor dem Überschreiten am Graben entlang zu fahren, um die deutschen Infanteristen niederzuhalten.«*

*»Einer der Tanks wies 43 MG-Einschüsse auf, einige gingen durch beide Seiten. Aber nur ein einziger Soldat war am Finger verletzt.«*

Die Schießscharten waren weder schuss- noch feuerfest. *»Als eine Lyddite-Granate (Lyddit: Pikrinsäure-Sprengstoff, benannt nach dem engl. Artillerieschießplatz Lydd/Kent) gegen die Panzerung meiner Kanone prallte, schlugen Flammen durch die Schießscharte und blendeten mich für etwa 1 Minute, während Splitter mein Gesicht trafen.«*

*»Der Beschuß wurde intensiv, und wir schlossen alle Klappen und Sehscharten. Aber 1 MG-Schuß kam durch die Schießscharte der Kanone im Erker und riß den Unterarm des Ladeschützen in der Längsrichtung auf.«*

*»Wir fuhren bergab und beschleunigten die Geschwindigkeit. Eine ohrenbetäubende Explosion war hinten rechts zu hören. Eine Kette flog durch die Luft und auf uns. Der Tank sank nach rechts, da zog ein kurzer Sog das Dach vom Tank hinweg. Ein dritter Schuß schlug durch die hintere Tür ins Getriebe, und wir waren out of action.«*

*»Dann kam unser erster Ausfall. Eine Granate durchschlug die seitliche Panzerung und verwundete den MG-Schützen an beiden Beinen. Die Kanone bäumte sich über seinem Kopf auf und die scharfen Granaten stürzten auf ihn.«*

*»Der Tank stand in Schräglage. Dadurch wurde das Anvisieren erschwert. Als der Schuß fiel, gab es draußen einen noch lauteren Knall. Ein großer grober Splitter durchschlug die Schießscharte und traf den Kanonier mitten in Gesicht und Brustbein. Der Gearsmen* (Mechaniker, verantwortlich für das Schalten des Vorgelegegetriebes – der Verfasser), *der den Tank durch die linke Erkertür verlassen hatte, um Kletterbalken zu kontrollieren, war überfällig. Mit Gewalt mußte die Tür geöffnet werden. Der Gearsmen lag tot gegen die Tür gelehnt und auf ihm der unditching beam. Versuche, den Tank aus der Schräglage zu befreien, hatten eine wüste Beschießung zur Folge. Der Tank rutschte tiefer in den Krater und saß fest. Mit plötzlichem Ruck sank der Tank auf der rechten Seite tiefer in den Matsch. Die Rohrmündung der rechten 6 pdr. schlug im Matsch auf, riß die Kanone aus ihrer Richtung. Im Tankinnern schlug der Verschluß dem Nebenstehenden den Brustkorb ein.«*

*»Die Ketten waren leicht zu zerstören. Eine einzelne Handgranate konnte der Kette nichts anhaben, aber ein Bündel Handgranaten, vor die Kette geworfen, war eine sehr effektive Waffe.«*

*»Deutsche Soldaten waren neben dem Tank und auf dem Dach. Man hörte schwere Stiefel. Die linke Erkertür wurde aufgebrochen, der Umriß eines deutschen Infanteristen erschien in der Dunkelheit. Revolverschüsse*

*streckten ihn nieder. Er fiel außenbords. Die Tür wurde von innen verriegelt. Unter dem Erker gab es eine Explosion, vermutlich durch Handgranate. Die 4 starken Arretierschrauben des ausschwenkbaren Geschützerkers sprangen aus der Halterung und schlugen einem der Besatzung gegen Schulter und Kopf, während der Tank ruckartig noch mehr auf die Seite kippte.«*

*»Ein Reserve-Benzinkanister auf dem Dach wurde getroffen, und das brennende Benzin lief in den Tank hinein. Die Besatzung versuchte, das Feuer zu löschen, wurde vermutlich durch den Rauch vertrieben und suchte Zuflucht in einem Granattrichter. Die Deutschen wollten den Tank besetzen, aber einer von der Besatzung sprang von hinten in den Tank und hielt den Gegner mit Revolverschüssen nieder. Er brachte das Feuer unter Kontrolle und rief die Mannschaft zurück.«*

*»Die Fahrt ist schwierig wegen der zahlreichen Baumstämme und -stümpfe, auch infolge Stacheldrahts. Der letzte Graben war der schlimmste, denn gerade als wir über einer großen Grube standen, setzte die Zündung des Motors aus, an einem mißlichen Platz, weil 3 Baumstümpfe die freie Beweglichkeit der Kanonen einschränkten.«*

*»Das unebene Gelände brachte es mit sich, daß Besatzungsmitglieder, wie z. B. der Gearsmen und die Kanoniere, gegen den freistehenden heißen Motor geworfen wurden.«*

*»Der Tank saß im weichen Boden auf. Je mehr der Fahrer den Motor antrieb, desto tiefer versank der Tank. Vermutlich wurde die dünne Bodenplatte eingedrückt und blockierte das Schwungrad, sodaß der Motor abwürgte.«*

*»Der Tank übernahm die Aufgabe, den Stacheldraht plattzuwalzen. Aber gelegentlich verfing der Stacheldraht sich in den Ketten, sodaß der Tank regelrecht von Stacheldraht umsponnen wurde. Dann mußte der Tank anhalten. Die Gearsmen schnitten das immer größer werdende Stacheldrahtbündel ab.«*

*»Wir hatten irgendwie Stacheldraht mitgezogen, die Menge wurde immer größer, so groß wie ein Haus. Das erklärte die langsame Fahrt. Die beiden Gearsmen stiegen aus und schnitten den Draht ab.«*

*»Der Motor des Führungstanks ist stehengeblieben. Der Fahrer meint, daß die Zündkerzen verrußt sind. Die Besatzung wechselte die Zündkerzen in der Dunkelheit des Tanks. Nicht der schmalste Lichtschein ist erlaubt. Die Handkurbel wird gedreht, der Motor springt an. Die Fahrt geht weiter.«*

*»Der Offizier hat eine Kartenablage vor sich. Zu beiden Seiten des Motors bleibt eine schmale Passage zu den Gearsmen nach hinten. Es ist auch Platz für ein MG nach hinten, es wird aber selten gebraucht. Elektrische Lampen beleuchten das Innere. Alle Anordnungen im Innern werden durch Zeichen gegeben, denn wenn der Tank in Bewegung ist, übertönt der Krach die menschliche Stimme.«*

*»Wenn die Tanks ohne Infanterie angriffen, waren sie einem Hagel von MG-Feuer ausgesetzt, penetrierende Geschosse verursachten Verletzungen der Tanksoldaten. Auch schoß man aus erhöhter Position (1. Etage) auf die Tanks, die oben schwächer gepanzert waren. Es gehörte viel Mut dazu, einen Tank aus 150 yards* (137 m – der Verfasser) *Entfernung zu beschießen.«*

*»Wenn die Tanks ohne Begleitung in Dörfer eindrangen, schossen Scharfschützen von günstigen Positionen aus in die Beobachtungsschlitze der Tanks und verursachten Verwundungen.«*

*»Die Deutschen leisteten lebhaften Widerstand, sie erkletterten diejenigen Tanks, die auf dem Dach Benzinkanister mitführten. Die Kanister wurden perforiert und das auslaufende Benzin in Brand gesteckt, es lief dann in das Innere des Tanks und vertrieb die Besatzung aus dem Fahrzeug.«*

Wie man den Angriff auf deutscher Seite wahrnahm, vermittelt der nachfolgende nach dem Krieg verfasste Bericht:

*»"Raus! Der Tommy kommt!" brüllt es durch den Unterstand ... Schwerfällig schieben sich gewaltige Ungetüme aus dem brodelnden Gemisch von Rauch und Nebel. Drei, vier, acht, zehn und dort rechts und da links! Tanks, überall Tanks, nur Tanks, kein Tommy ist zu sehen.*

*Einen Augenblick geht es wie lärmendes Entsetzen durch die deutschen Verteidiger; es ist als versage aller Wille zum Widerstand. ... Einen Augenblick nur, dann schlägt aus allen Läufen ein prasselndes Feuer auf die angreifenden Tanks. Im weiten Bogen fliegen die ersten Handgranaten. Doch jetzt zuckt es aus den dunklen Panzerwänden, die Tankkanonen schießen, und unzählige Tank-MG jagen ihre Geschoßgarben auf die deutschen Gräben. ... Ohne zu stocken durchwalzen sie die festen Drahtverhaue, wuchten mit donnernden Motoren, kra-*

*chenden Geschützen und hämmernden MG. über die vorderste deutsche Stellung. Verzweifelt wehren sich die letzten Verteidiger des ersten Grabens. Da stellen sich Tanks quer über den Graben und schießen den letzten Widerstand zusammen.«*

Weiter heißt es an anderer Stelle: *»Die 20 bis 30 Meter breiten Drahtverhaue zerknirschen unter der gewaltigen Last der rollenden Stahlfestungen.«* Auch der mehrere Meter breite Hauptgraben ist kein Hindernis; die Engländer sind darauf vorbereitet. *»Jeder Tank trägt auf seinem Dach ein riesiges Faschinenbündel. ... Jetzt lassen die Tanks, die die Hauptstellung erreicht haben, ihre Riesenbündel nach vorn abrollen, daß die krachend in den Graben poltern. Langsam schieben sich die Tanks vorwärts, ragen weit über den Graben ins Leere, kippen vornüber und schlagen mit den Vorderteilen schwer auf die jenseitige Grabenböschung. Aufbrummend dröhnen die Motoren, die Raupenbänder zerren und schieben. Ein Tank nach dem andern rutscht nun mit dem Hinterteil in den Graben, findet auf dem Faschinenbündel Halt und kann mit seiner Hilfe den Graben überklettern. Unaufhaltsam vorwärts wälzt sich die Front der feuerspeienden Ungeheuer.«*

Allein die 54. Infanteriedivision verzeichnete bei diesem Kampf 526 Tote, 845 Verwundete und die unverhältnismäßig hohe Zahl von 3785 Vermissten. Ihre Artillerie verlor sämtliche Geschütze.

Zu dieser Zeit waren Tanks für die deutschen Soldaten nicht mehr unbekannt; sie erzeugten nicht mehr die Überraschung wie ein Jahr zuvor. In den grauen, nebligen Morgenstunden dieses 20. November 1917 mag manchem von ihnen unter dem Eindruck des gut vorbereiteten Masseneinsatzes aber dann doch das Gefühl beherrscht haben, gegen eine Armee von Maschinen kämpfen zu müssen.

Mittags hatte die deutsche Führung immer noch keine Übersicht. Auf englischer Seite wurde dagegen bereits eine erste Bilanz gezogen. Den Tanks war es gelungen, die deutsche »Siegfried«-Linie auf 12 km Breite aufzubrechen und bis 6 km in die Tiefe vorzustoßen, wo sich lediglich noch einzelne Widerstandsnester hielten. 59 Tanks (=16,6%) waren verloren gegangen – im Vergleich zum Erfolg geringe Verluste. Bei der Ausnutzung der Ergebnisse zeigten die Angreifer jedoch erstaunliche Zurückhaltung. Dafür standen von der Infanterie nur die 29. Division mit zwölf zugeteilten Tanks, von der Kavallerie aber ein ganzes Korps mit fünf Divisionen bereit. Mit Hilfe der Tanks war im schweren Kampf eine besonders breite Gasse durch die deutschen Hindernisse geschaffen worden – sie blieb nun ungenutzt. Die Kavallerie erschien erst in den späten Nachmittagsstunden auf dem Schlachtfeld. Ihre Attacken wurden von der sich allmählich stabilisierenden deutschen Verteidigung verlustreich abgewiesen, der Durchbruch nach Cambrai vereitelt. Die goldene Zeit dieser einst schlachtentscheidenden Waffengattung gehörte, wie sich am 20. November erneut gezeigt hatte, der Vergangenheit an.

In den folgenden Tagen zerfiel die Schlacht in einzelne, mit Hartnäckigkeit und erheblichen Verlusten geführte Gefechte, an denen Tanks in Gruppen, aber auch einzeln teilnahmen. Ziel der Angreifer war es, Cambrai doch noch zu erobern. Dabei wurde der Schwerpunkt auf den linken Flügel verlagert, nach Fontaine-Notre-Dame, Bourlon und den Bourlon-Wald. Es gelang den Angreifern am 27. November, den Bourlon-Wald einzunehmen, dann erlahmte ihre Angriffskraft gänzlich. Allein in der Ortslage Bourlon und dem angrenzenden Wald blieben 20 zerstörte Kampfwagen liegen und wurden Anfang Dezember Beute der Deutschen. Am 27. November begann das Tankkorps damit, die Tanks zur gründlichen Überholung aus der Front herauszuziehen; ein Teil wurde abtransportiert.

Am 30. November traten Stoßtruppen der erheblich verstärkten 2. Armee unter dem General der Kavallerie G. K. A. von der Marwitz zum Gegenangriff an und nahmen den Engländern große Teile des eben erst gewonnenen Geländes ab. Die Kämpfe endeten am 8. Dezember.

In den kommenden Monaten dominierte an diesem Abschnitt der Westfront wieder der Stellungskrieg. Die überwundene schwere Krise und der zum Schluss noch möglich gewordene Erfolg trugen nicht unwesentlich zur Verklärung der deutschen Sicht auf die Tankschlacht bei. Sicherlich – bei der Technik und Organisation der eigenen Kampfwagenabwehr waren Mängel zutage getreten, was eine Reihe von Veränderungen nach sich zog, wie man übrigens der Entwicklung fortan mehr Aufmerksamkeit widmete. Ansonsten ging man unter dem Motto: »Wir haben unsere Tankschlacht bei Cambrai gewonnen!« zur Tagesordnung über.

Zu den Lehren auf englischer Seite gehörte u. a. die Erkenntnis, dass die Tanks für einen Massenangriff tiefer gegliedert werden mussten. Technisch hatte der neue Kampfwagentyp Mk-IV den Anforderungen nicht genügt. Die Kavallerie war nicht geeignet, Anfangserfolge der Tanks für den Stoß in die Tiefe der gegnerischen Verteidigung auszunutzen. Dafür wurden schnellere Fahrzeuge benötigt. Der Verlauf der Schlacht zeigte die Notwendigkeit, über zwei Kampfwagentypen zu verfügen: den schweren Durchbruchswagen und den schnellen, wendigeren Wagen zur Verfolgung.

Im Frühjahr 1918 standen die Alliierten zunächst vor der Aufgabe, eine Serie deutscher Großangriffe abzuwehren. Die Engländer verfügten nun über 320 Mk-IV und 50 neue, leichtere und schnellere Mk-A »Whippet«. Diese beachtliche Zahl verteilten sie aber wiederum auf die drei Armeen auf einer Frontbreite von 120 km.

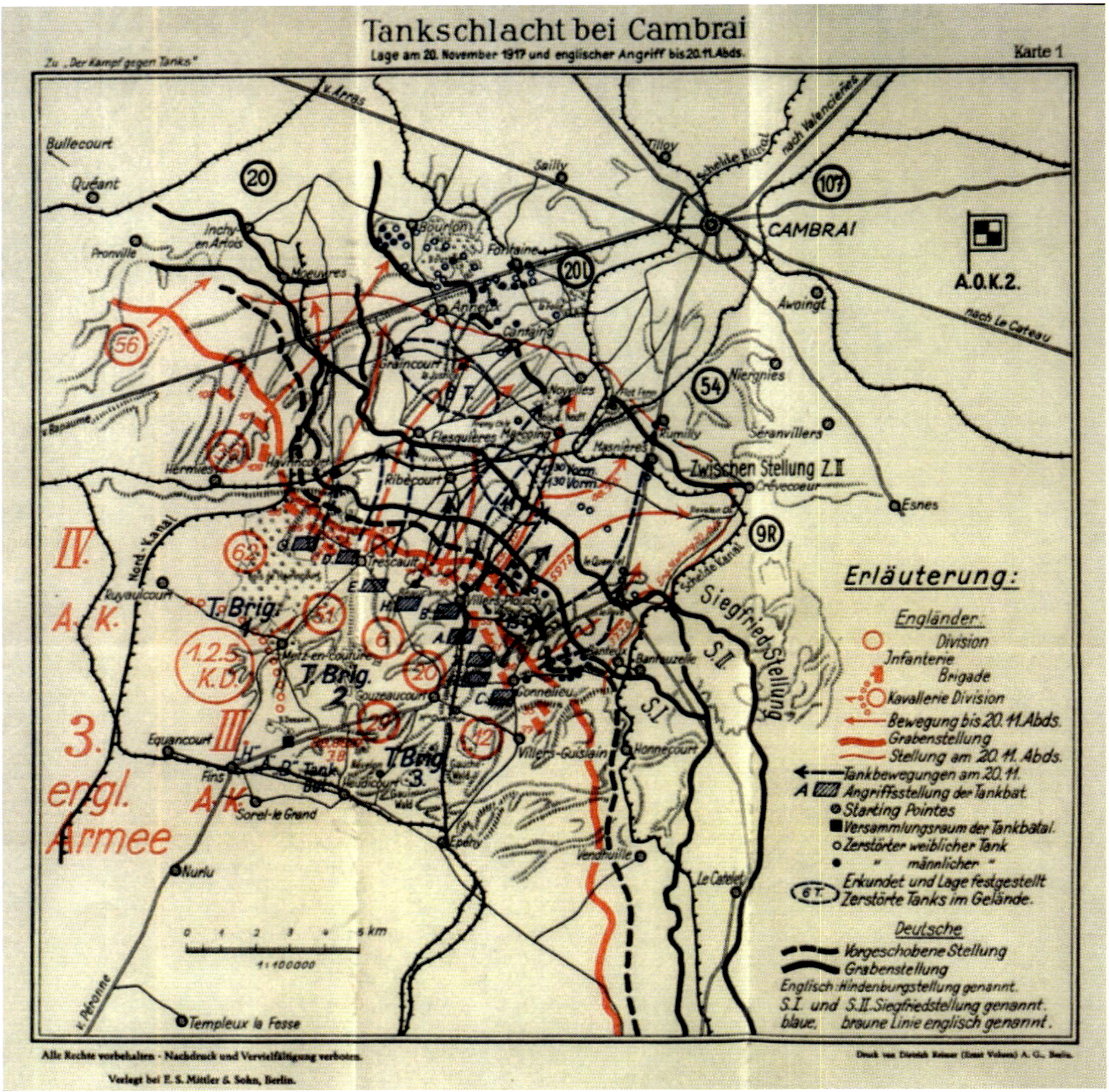
Tankschlacht bei Cambrai
Lage am 20. November 1917 und englischer Angriff bis 20.11. Abds.
Zu „Der Kampf gegen Tanks"
Karte 1
Bullecourt
Quéant
Pronville
Inchy-en-Artois
Moeuvres
Bourlon
Fontaine
Anneux
Cantaing
Graincourt
Flesquières
Marcoing
Noyelles
Masnières
Rumilly
Séranvillers
Niergnies
Awoingt
Tilloy
Sailly
CAMBRAI
A.O.K.2.
nach Valenciennes
Schelde Kanal
nach le Cateau
v. Arras
v. Bapaume
Havrincourt
Hermies
Ribécourt
Trescault
Ruyaulcourt
Nord-Kanal
Metz-en-Couture
Gouzeaucourt
Gonnelieu
Villers-Plouich
Banteux
Bantouzelle
Villers-Guislain
Honnecourt
Vendhuille
Le Catelet
Epehy
Heudicourt
Sorel-le Grand
Fins
Equancourt
Nurlu
Templeux la Fosse
v. Péronne
Crèvecoeur
Esnes
Zwischen Stellung Z.II
Siegfried-Stellung
S.I.
S.II.
IV. A. K.
III. A. K.
3. engl. Armee
T. Brig. 1
T. Brig. 2
T. Brig. 3
1.2.5 K.D.
Tank Bat.
Erläuterung:
Engländer:
Division
Infanterie Brigade
Kavallerie Division
Bewegung bis 20. 11. Abds.
Grabenstellung
Stellung am 20. 11. Abds.
Tankbewegungen am 20. 11.
Angriffsstellung der Tankbat.
Starting Pointes
Versammlungsraum der Tankbatal.
Zerstörter weiblicher Tank
" männlicher "
Erkundet und Lage festgestellt
Zerstörte Tanks im Gelände.
Deutsche
Vorgeschobene Stellung
Grabenstellung
Englisch: Hindenburgstellung genannt.
S.I. und S.II. Siegfriedstellung genannt.
blaue, braune Linie englisch genannt.
0 1 2 3 4 5 km
1:100000
Alle Rechte vorbehalten - Nachdruck und Vervielfältigung verboten.
Verlagt bei E. S. Mittler & Sohn, Berlin.

Die Bilder zeigen Aufnahmen des Mk-IV (männlich) B 28 »Black Arrow« Ende November/Anfang Dezember 1917. Der kaum beschädigte »Black Arrow« war Anfang Dezember 1917 von den Deutschen abgeschleppt und zur Auswertung und Beschreibung dieses Kampfwagentyps verwendet worden.

Ebenfalls in Fontaine-Notre-Dame außer Gefecht gesetzt wurde dieser weibliche Mk-IV, dessen Bezeichnung und Zuordnung bis jetzt noch nicht ermittelt werden konnten. Deutsche Bergungskommandos waren schon am 30. November 1917 an dem Fahrzeug, um verwertbare Teile und Baugruppen wie den Antrieb auszubauen. Bei dieser Gelegenheit entstanden diese Aufnahmen.

Tankschlacht von Cambrai
VON KURT TANZ
39
C·BERTELSMANN VERLAG GÜTERSLOH

Ein von den Deutschen auf dem Güterbahnhof von Cambrai geschleppter Tank Mk-IV (männlich). Er zeigt bis auf den Treffer auf der Walzenblende oberhalb des 57-mm-Geschützes auf der linken Fahrzeugseite kaum Schäden.

Die 6-pdr-Kampfwagenkanone L/23, wie sie ab 1917 in der männlichen Ausführung des Mk-IV zum Einbau kam. Das Kaliber ist mit 57 mm, die Rohrlänge mit 1324 mm (=L/23) angegeben. Eine Sprenggranatpatrone wog 2,7 kg, das Geschoss erreichte maximal 450 m/s und eine Höchstschussweite von 6672 m, in der Minute konnten 12–15 Schuss abgegeben werden (Kampfsatz im Mk-IV: 332 Schuss, zuzüglich der 6272 Patronen für die Lewis-Maschinengewehre).

Die beiden Ansichten zeigen die Mk-IV (männlich) mit den Fahrzeugnummern 4021 und 4057. Gut zu erkennen sind die Geschützerker auf der rechten Seite mit der 6-pdr-Kanone in Walzenblende und der Kugelblende für ein 7,71-mm-Maschinengewehr Lewis.

Karikatur aus der bedeutendsten englischsprachigen satirischen Zeitschrift »Punch«. Ausgabe vom 28. November 1917, veröffentlicht anlässlich der Erfolge des Royal Tank Corps vor Cambrai.

Zum H-Bataillon der 2. Tankbrigade unter Brigadegeneral W. Elles gehörten am 20. November 1917 vor Cambrai u. a. Kampfwagen mit den Namen »Hadrian«, »Harlequin«, »Havoc«, »Hermosa«, »Hilda«, »Hong Kong«, »Hydra« und »Hypatia«. H 48 »Hypatia« war am Nachmittag des 21. November an der Straße Bapaume–Cambrai verloren gegangen.

Der Mk-IV (weiblich) C 47 »Conqueror« war in der Ortsmitte von Fontaine-Notre-Dame außer Gefecht gesetzt worden. Auffällig ist die Karikatur eines deutschen Soldaten im hinteren Teil der rechten Fahrzeugseite. Beachte das Trommelmagazin für Lewis-Maschinengewehr an der vorderen Walzenblende des Waffenerkers. Ein weiteres liegt darunter.

Eine weitere Aufnahme des Mk-IV (weiblich) C 47 »Conqueror«

Die beiden Mk-IV (weiblich) »High Flyer« und H 46 »Hyaena« vom H-Bataillon der 2. Tankbrigade auf der Straße Bapaume–Cambrai.

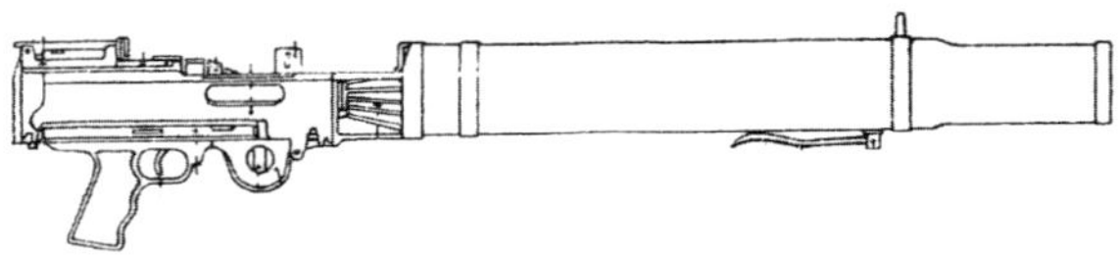

Das Lewis.303-Maschinengewehr gehörte zur Bewaffnung der Mk-IV (weiblich). Fünf Stück davon wurden eingebaut. Der Kampfsatz umfasste 30.080 Patronen für den Gasdrucklader mit luftgekühltem Lauf und Zylinderdrehverschluss. Kaliber 7,71 mm (= .303), Vnull 732 m/s, theoretische Feuergeschwindigkeit 450 Schuss/min.

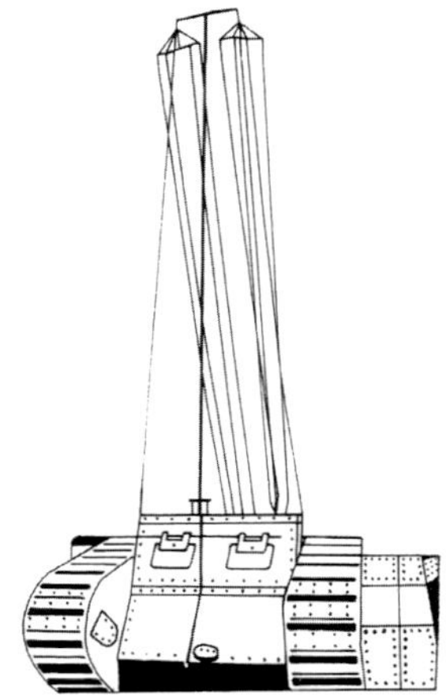

Die Antennenanordnung beim Funk-Kampfwagen Mk-IV. Er stellte eine Behelfskonstruktion auf der Grundlage ausgesonderter Mk-IV-Tanks dar. Während der Fahrt war der Mast umgelegt. Zum Funken musste angehalten und der Mast aufgerichtet werden. Die Reichweite lag bei 5000 m.

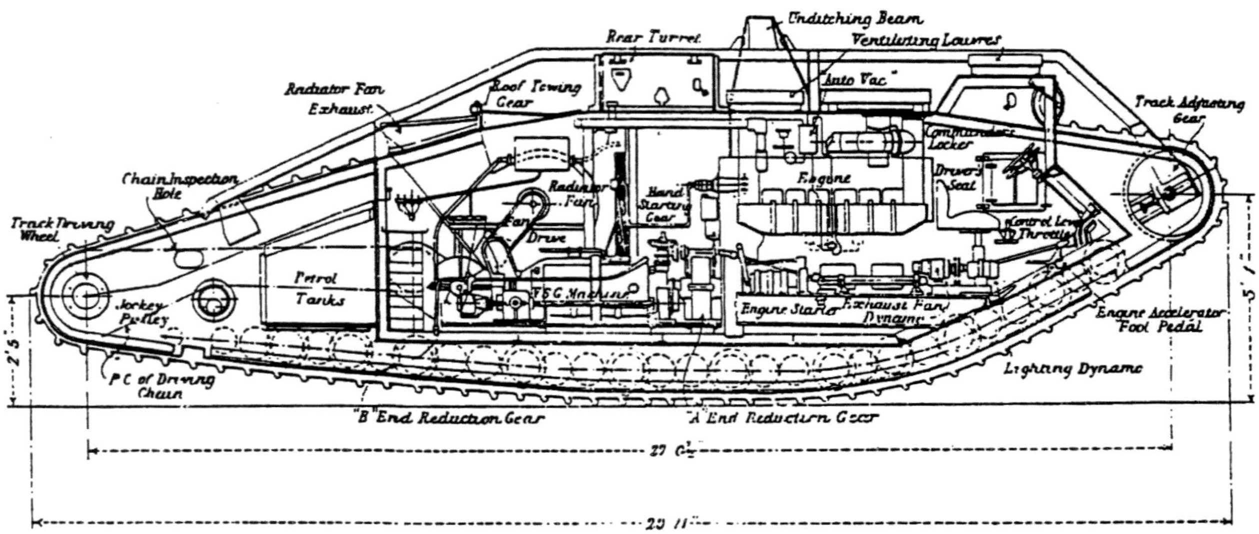


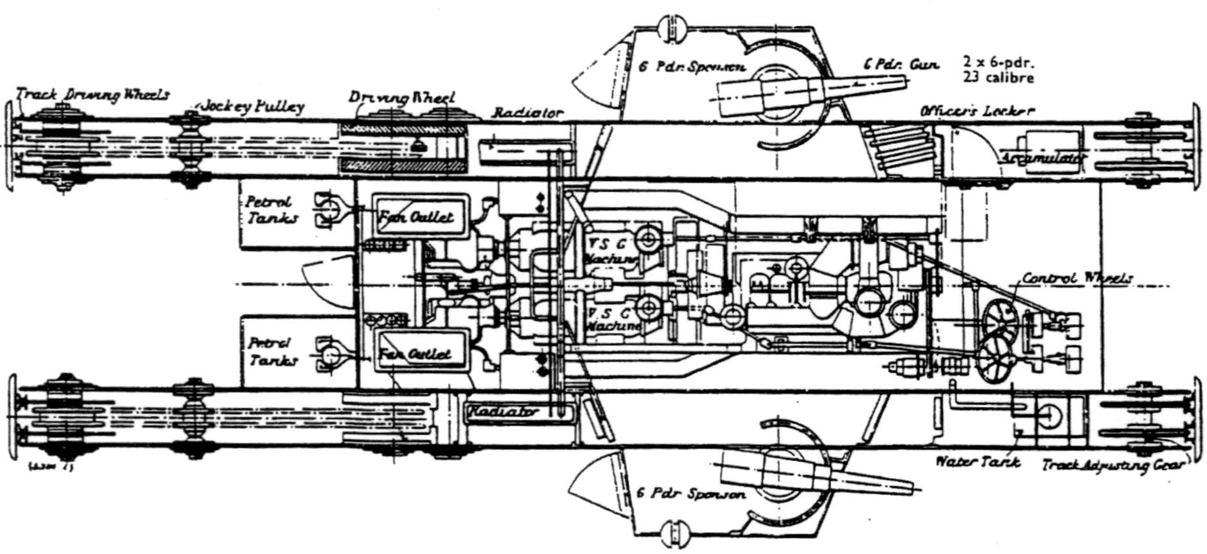


Schnittzeichnung des Mk-IV »Tadpole« (Kaulquappe). 1918 war die Zentrale Werkstatt des Tankkorps in Frankreich mit der Herstellung von Fahrwerksegmenten zur Verlängerung des Mk-IV von 8 auf 11 m beauftragt.

## Mittlerer Kampfwagen Mk-A »Whippet«

Der als »Whippet« (Windhund), zuerst auch als »Tritton Chaser« bezeichnete Mk-A war als schneller Kampfwagen konzipiert. Seine Aufgaben wurden in der Verfolgung des Gegners nach dem Durchbrechen seiner Verteidigung mit schweren Kampfwagen gesehen. Er trat an die Stelle der Kavallerie. Ursprünglich ein leichter Kampfwagen, wurde er später als mittlerer Tank klassifiziert.

Im Oktober 1917 lieferte die Firma W. Foster Ltd & Metropolitan Carriage and Wagon Company Ltd. die ersten von 200 Serienfahrzeugen aus. Eingesetzt wurde der neue Kampfwagentyp erstmals im März 1918 bei der Abwehr deutscher Angriffe. Das Royal Tank Corps verfügte zu dieser Zeit über 50 Mk-A. Den ersten selbständigen Einsatz fuhren 16 »Whippets« im Sommetal.

In technischer und taktischer Hinsicht hatte sich der Mk-A bewährt. Allerdings war er schwer zu lenken. Die Bewaffnung mit Maschinengewehren erwies sich zur Bekämpfung deutscher, mit Kanonen bewaffneter Kampfwagen als zu schwach.

Erbeutete Mk-A »Whippet« (nur Einzelstücke) wurden auf deutscher Seite instandgesetzt und für den Fronteinsatz vorbereitet. Acht Mk-A gelangten während des Bürgerkrieges 1918–1920 nach Russland. Einige fanden noch in der Roten Armee Verwendung.

| | |
|---|---|
| Baujahr | 1917–1918 |
| Besatzung | 3 Mann |
| Gefechtsgewicht | 14 t |
| Länge | 6080 mm |
| Breite | 2580 mm |
| Höhe | 2750 mm |
| Bodenfreiheit | 500 mm |
| Watfähigkeit | 800 mm |
| Kletterfähigkeit | 800 mm |
| Steigfähigkeit | 40° |
| überschreitet | 2150 mm |
| Geschwindigkeit | 13,5 km/h |
| Fahrbereich | 100–130 km |
| Motor | 2 x 4-Takt-Otto, je 4 Zylinder |
| Typ | Thaylor JBIV |
| Leistung | 2 x 45 PS |
| Kühlung | Wasser |
| Bewaffnung | 4 Maschinengewehre, Kaliber 7,71 mm |
| Panzerung | 6–14 mm |

CAESAR II

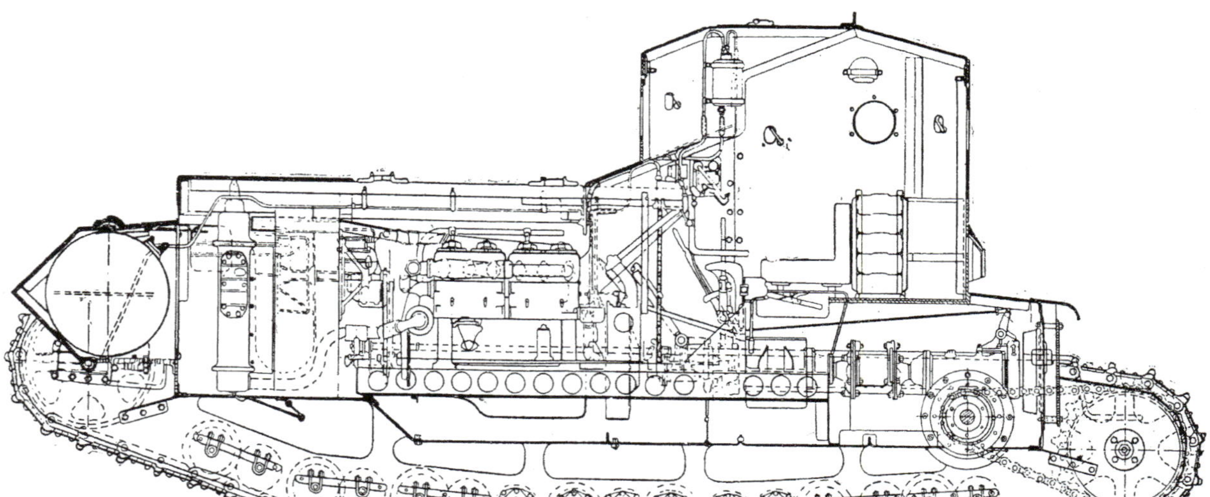

Die »Whippets« gehörten Ende März zu den etwa 170–180 noch einsatzbereiten Kampfwagen der Tankkorps. Ihre Zahl war infolge der Verluste bei Gegenstößen und durch die Aufgabe von Gelände rückläufig. Nach Fullers Angaben waren es 120 bis Ende des Monats. Unabhängig davon, dass sie als Trophäen in der öffentlichen Wahrnehmung der Deutschen dazu beitrugen, das Bild vom »besiegten Tankdrachen« aufrecht zu erhalten, waren sie willkommene Beute, um den dürftigen Bestand an eigenen Panzerwagen aufzubessern. Die Oberste Heeresleitung hatte bereits im Dezember 1917 das Bergen und Verwerten der bei Cambrai erbeuteten Tanks befohlen. Mit ihrer Hilfe wurden Beute-Kampfwagenabteilungen aufgestellt. Am 11. März 1918 gab es rund 50 wiederverwertbare Tanks. Anfang August registrierte man 170, darunter vor allem Mk-IV (vgl. hierzu Kapitel 5).

Nachdem das deutsche Heer in der ersten Hälfte des Jahres 1918 seine Kampfkraft durch aufeinanderfolgende Großangriffe weitgehend aufgebraucht hatte, vermehrten sich die Anzeichen für künftige Offensiven der Alliierten. Ihre Truppen waren bemüht, im Rahmen begrenzter Angriffe die eigenen Ausgangsstellungen zu verbessern. Dabei spielten Tanks wiederholt eine wichtige Rolle. Ein Beispiel dafür ist der Nachtangriff bei Bucqoy am 26. Juni 1918. Daran waren fünf Mk-IV (weiblich) ohne eigene Verluste beteiligt.

Seiten- und Heckaufnahme des Mk-A »Whippet« mit der Kennzeichnung der verwundbaren Bereiche des Panzergehäuses und Laufwerkes.

Einige Mk-A »Whippet« des 3. Tankbataillons stießen bei einem Angriff am 24. April 1918 in eine Bereitstellung der deutschen Infanterie und brachten ihnen schwere Verluste bei. Zeitgenössische Darstellung.

Der Mk-A »Whippet« Nr. A 249 wurde als Beute von der 2. Armee eingebracht und diente der Auswertung, insbesondere, um Erkenntnisse über die Möglichkeiten seiner Bekämpfung zu gewinnen.

## Schwerer Kampfwagen Mk-V und Mk-V* (männlich)

Mit der Entwicklung des Mk-V bei der W. Foster Ltd & Metropolitan Carriage and Wagon Company Ltd. ist im Oktober 1917 begonnen worden. Die Serienfertigung lief ab Januar 1918. Durch den Einbau des leistungsstärkeren 150-PS-Ricardo-Motors in einem besonderen Abteil und eines 4-Gang-Wilson-Planetengetriebes konnten Beweglichkeit und Bedienung vereinfacht werden; jetzt war ein Mann allein in der Lage, den Kampfpanzer zu steuern. Auch die Panzerung war verstärkt worden.

Mk-V traten in geringer Zahl an der Front zuerst am 23. Juli 1918 in Erscheinung. Wenige Tage später bei Amiens waren es schon 288 Mk-V und 72 Mk-V* und bei Bapaume 48 Mk-V und 36 Mk-V*. Äußerlich erkannte man den Mk-V am Panzeraufbau hinter dem Führerstand sowie an den geschützten Luftschächten in der Panzerung beider Seiten. Bis November 1918 verließen 400 Mk-V-Tanks die Werkhallen, zur Hälfte mit zwei 57-mm-Kanonen und vier Maschinengewehren (männliche Ausführung), zur anderen Hälfte mit sechs Maschinengewehren (weibliche Ausführung) bewaffnet. Außerdem wurde der Mk-V »Tadpole« (Kaulquappe) mit Granatwerferplattform im hinteren Fahrzeugteil gebaut.

1918 wurden Mk-V-Tanks beider Ausführungen, einer Anregung der Zentralwerkstatt des Royal Tank Corps folgend, um 1,80 m verlängert. Sie erhielten die Bezeichnung Mk-V*. Mit ihnen konnten die von den Deutschen inzwischen angelegten Panzergräben überwunden werden. 579 Mk-V* wurden hergestellt, einschließlich der umgebauten Mk-V.

Im Einsatz standen Mk-V in den Kompanien des Royal Tank Corps. Einige Mk-V wurden für Ausbildungszwecke in die USA geliefert. In Nordwesteuropa ist das 301. (US-)Panzerbataillon Ende September 1918 mit den Nachfolgemustern MK-V und Mk-V* ausgestattet worden. Auch Frankreich, Lettland und Russland erhielten diesen Kampfwagentyp. Die russischen Streitkräfte setzten sie noch bis Anfang der 1930er Jahre ein.

| | |
|---|---|
| Baujahr | 1918 |
| Besatzung | 8 Mann |
| Gefechtsgewicht | 29 t / 32 t (Mk-V*) |
| Länge | 8050 mm / 9970 mm (Mk-V*) |
| Breite | 3950 mm |
| Höhe | 2640 mm |
| Bodenfreiheit | 420 mm |
| Watfähigkeit | 1000 mm |
| Kletterfähigkeit | 1500 mm |
| Steigfähigkeit | 35° |
| überschreitet | 3000 mm / 4500 mm (Mk-V*:) |
| Geschwindigkeit | 7,4 km/h |
| Fahrbereich | 72 km |
| Motor | 4-Takt-Otto, 6 Zylinder |
| Typ | Ricardo |
| Leistung | 150 PS |
| Drehzahl | 1250 U/min |
| Kühlung | Wasser |
| Bewaffnung | 2 Kanonen Hotchkiss L/23, Kaliber 57 mm<br>4 Maschinengewehre, Kaliber 7,71 mm |
| Panzerung | 6–16 mm |

Zur Erhöhung der Überschreitfähigkeit wurden für Mk-V-Tanks an Stelle der Faschinenbündel stabile Rollkörper aus Holz mit Stahlstreben gefertigt. Aufnahme vom Sommer 1918.

Der Mk-V in der männlichen Ausführung.

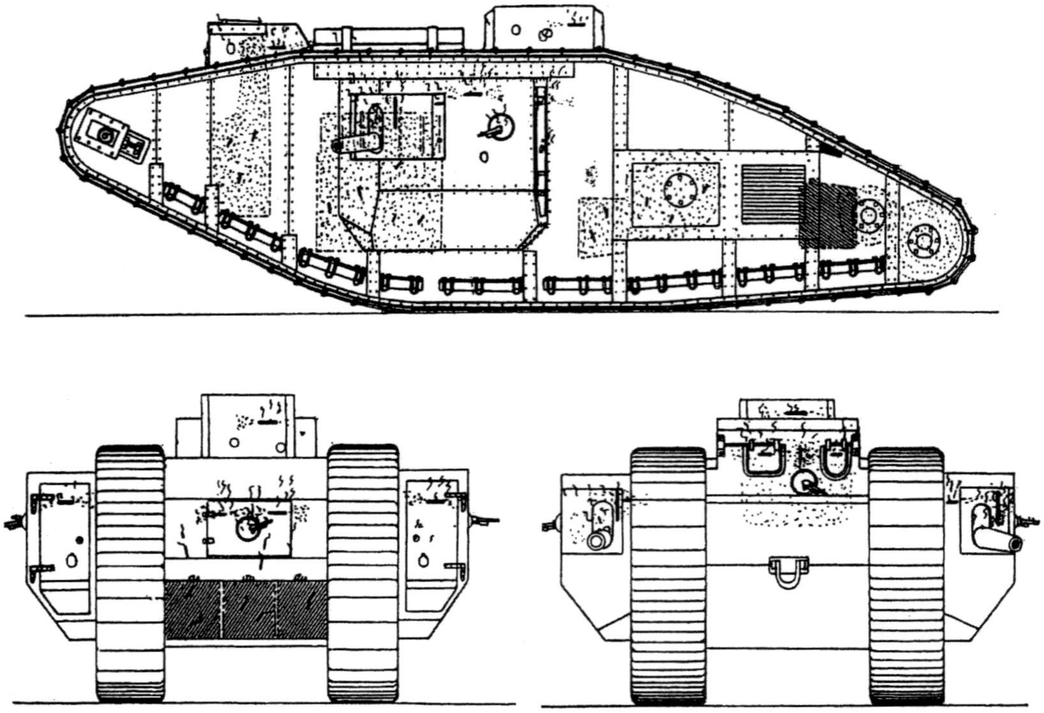

Der Mk-V* war fast einen Meter länger als der Mk-V. Die Zeichnung zeigt die männliche Ausführung.

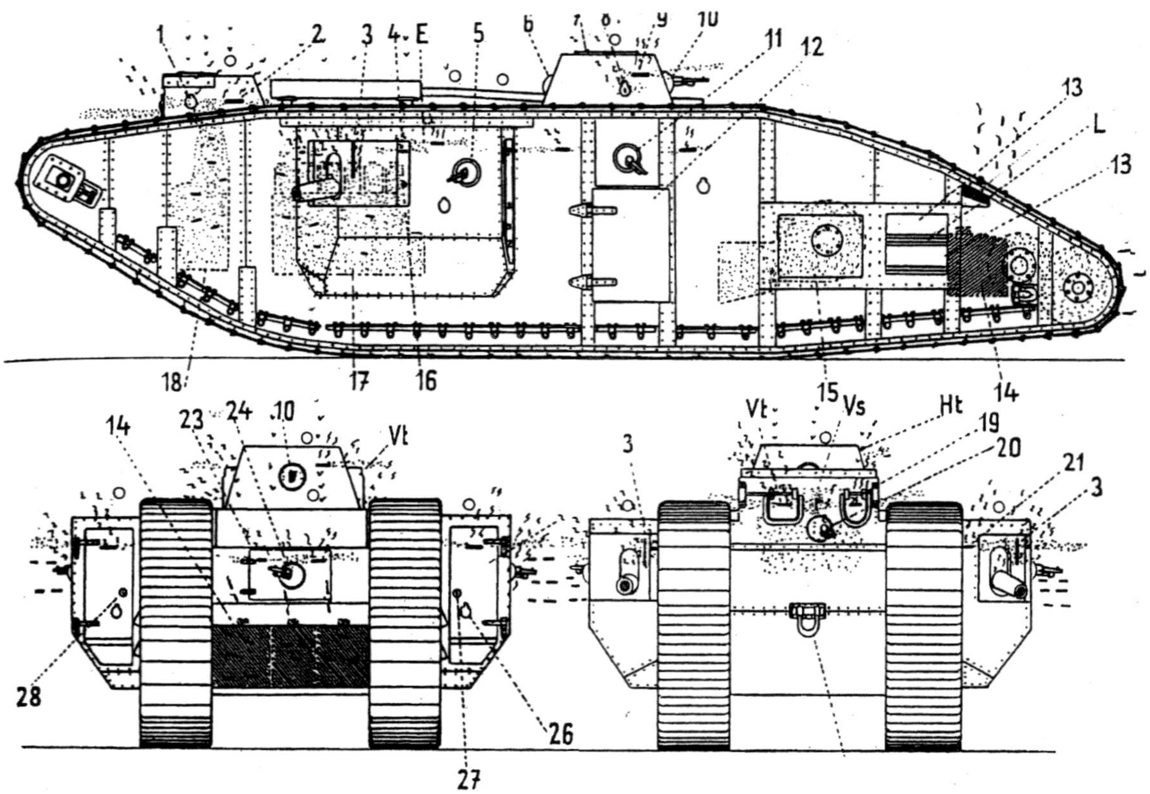

## Schwerer Kampfwagen Mk-V und Mk-V* (weiblich)

Wie bei allen anderen Kampfwagen des Royal Tank Corps wurden Mk-V und Mk-V* auch in einer weiblichen Ausführung mit sechs bzw. sieben Maschinengewehren ausgeliefert. Ihre Schwäche war die fehlende Fähigkeit, mit ihren Maschinengewehren gegnerische Panzer bekämpfen zu können. Das zeigte der Panzerkampf am 4. April 1918 bei Villers-Bretonneux. Während des Gefechts hatten zwei deutsche A.7.V.-Kampfwagen zwei nur mit Maschinengewehren bewaffnete Tanks (einen allerdings noch vom Vorgängermodell Mk-IV (weiblich) und einen Mk-A) zerstört und drei weitere Mk-A beschädigt. Deshalb erhielten einige Mk-V (weiblich) an Stelle eines Erkers für zwei Maschinengewehre einen Geschützerker. Sie wurden als Composite-Ausführung bezeichnet; bei der Truppe erhielten sie den Spitznamen »The perfect Lady«. Einzelstücke des Mk-V der weiblichen Ausführung wurden als Mk-V** zu Brückenlege- und Minenräumpanzern umgebaut.

| | |
|---|---|
| Baujahr | 1918 |
| Besatzung | 8 Mann |
| Gefechtsgewicht | 29 t / 32 t (Mk-V*) |
| Länge | 8050 mm / 9970 mm (Mk-V*) |
| Breite | 3200 mm |
| Höhe | 2640 mm |
| Bodenfreiheit | 420 mm |
| Watfähigkeit | 1000 mm |
| Kletterfähigkeit | 1500 mm |
| Steigfähigkeit | 35° |
| überschreitet | 3000 mm / 4500 mm (Mk-V*:) |
| Geschwindigkeit | 7,4 km/h |
| Fahrbereich | 72 km |
| Motor | 4-Takt-Otto, 6 Zylinder |
| Typ | Ricardo |
| Leistung | 150 PS |
| Drehzahl | 1250 U/min |
| Kühlung | Wasser |
| Bewaffnung | 6 Maschinengewehre, Kaliber 7,71 mm |
| Panzerung | 8–16 mm |

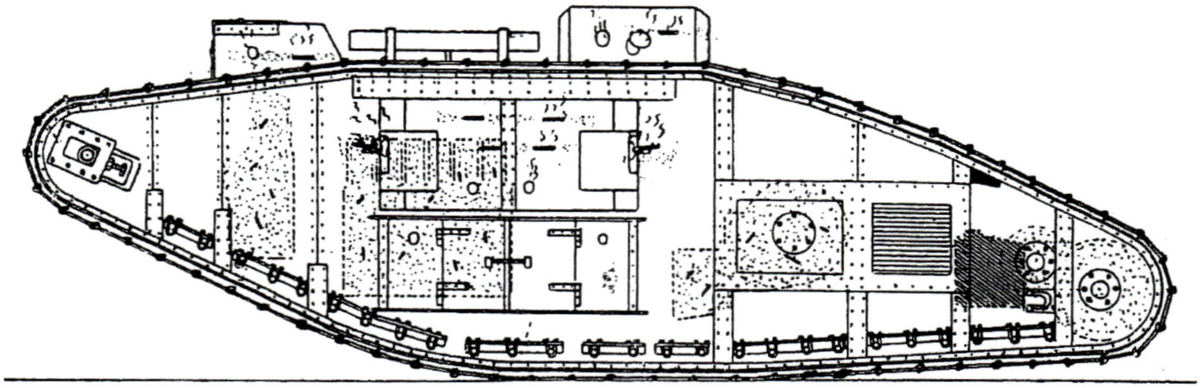

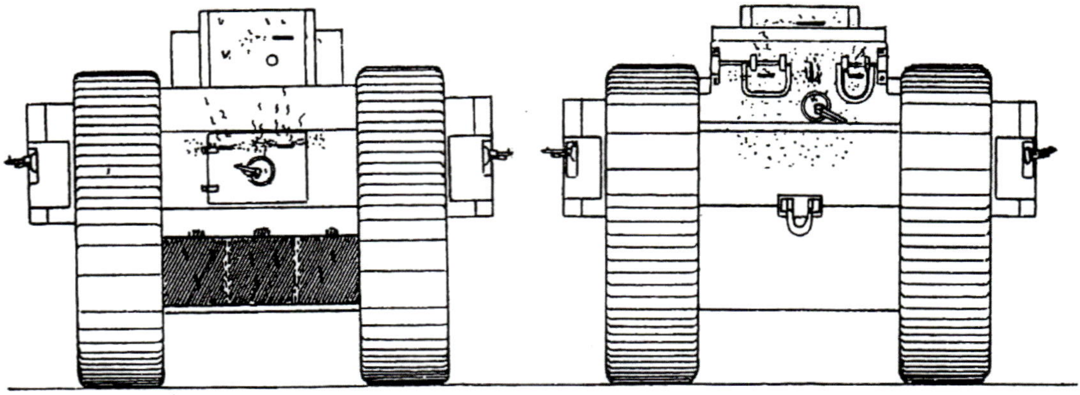

Bereits im Januar 1918 war die Bezeichnung der Tankbataillone geändert worden. Das A-Bataillon behielt die Nr. 1, das B-Bataillon die Nr. 2 usw. Bis zum August des Jahres wurde ihre Sollausstattung auf 36 Mk-V oder 48 Mk-A »Whippet« gebracht. Nur das 1. Tankbataillon bekam schon den weiter verbesserten Mk-V*, der Trupps mit leichten Maschinengewehren mitnehmen und absetzen konnte. Erhalten blieb die Gliederung der Tankbrigaden. Jede verfügte über vier Bataillone zu je vier Kompanien mit insgesamt 144 bis 168 Kampfwagen. Dazu kamen bei jeder Brigade 32 Nachschubwagen, die zusätzlich Schlitten mit Versorgungsgütern zogen.

Für den Großangriff beiderseits der alten Römerstraße von Amiens nach Peronne konzentrierten die Alliierten rund 2000 Geschütze und 400 Flugzeuge. Von Letzteren waren 100 als Schlachtflieger dazu bestimmt, die Angriffsspitzen beim Ausbleiben der eigenen Artillerieunterstützung durch das Niederhalten der deutschen Verteidiger vorwärts zu bringen. Konzentriert wurden 546 Tanks (davon 90 französische Renault FT), 72 Nachschubtanks, 22 gepanzerte Begleitgeschütze und 16 Panzerkraftwagen. Jedes Armeekorps der Engländer erhielt zwischen 36 und 144 Kampfwagen. Ein Tankbataillon mit 36 Mk-V blieb Armeereserve. Die Bereitstellung begann in der Nacht vom 6. zum 7. August.

*»Um das Geräusch der nur nachts fahrenden Tanks zu übertönen, wurden Flieger eingesetzt. In der Nacht vom 6. August wurden die Tanks in Gruppen in vorläufige Bereitstellungsräume vorgezogen, die etwa zwei oder drei Meilen hinter der Front lagen. In der Nacht vor dem 7. August wurden sie in ihre Versammlungsräume etwa 1000 yards* (914,40 m – der Verfasser) *hinter der Infanterieausgangsstellung fortbewegt. ... Nur ein unvorhergesehener Zufall konnte die Versammlung der Tanks verraten. Eine Kompanie der Transporttanks war in einem Obstgarten in der Nähe von Villers - Bretonneux versammelt. Am Nachmittag des 7. August schlug ein Volltreffer in einen Tank, der Petroleum geladen hatte, und setzte ihn in Brand. Dieser zog die Aufmerksamkeit der deutschen Artilleristen auf sich, und sie nahmen den Obstgarten unter zusammengefasstes Feuer. Die gesamte Kompanie von 25 Tanks wurde mitsamt ihrer Ladung vernichtet.«*
(nach einem englischen Bericht)

Am 8. August 1918 um 5.20 Uhr traten die Engländer hinter einer Feuerwalze ihrer Artillerie zum Angriff an. Die Franzosen folgten etwas später. Das Ziel der Offensive bestand nicht darin, den deutschen Frontbogen abzuschnüren; sie lief darauf hinaus, die deutsche Verteidigung frontal zurückzudrängen. Mit Hilfe der Tanks gelang es, tief in die Stellungen der 2. Armee unter dem Befehl des Generals der Kavallerie G. K. A. von der Marwitz einzubrechen. Im Verlauf der Schlacht wurde ein halbes Dutzend ihrer Divisionen fast völlig zertrümmert, viele tausend Gefangene gemacht und ein Großteil ihrer Artillerie zerstört bzw. erbeutet. Am Abend war die deutsche Front auf einer Breite von 30 km in einer Tiefe bis 11 km durchbrochen.

Beim III. Englischen Korps auf der linken Seite der Angriffsgruppierung hatten die 12. und 18. Infanteriedivision, unterstützt von je einer Mk-V-Kompanie, schon gegen 7.20 Uhr die ersten Angriffsziele erreicht. Bei der 18. griffen die Mk-V entlang der Straße Crouy–Braye an und vernichteten den größten Teil des II. und III. Bataillons / Grenadierregiment 123 (27. Infanteriedivision).

Auch die »Whippets« waren erfolgreich. Einer vom 6. Tankbataillon – er trug den Namen »Music Box« – ging entlang der Bahnlinie Amiens–Ham vor, kämpfte dort eine deutsche Batterie nieder, die zuvor zwei Mk-V zerstört hatte, richtete seine Maschinengewehre dann gegen überraschte Nachschubeinheiten und Infanteriereserven, wobei er große Verluste verursachte. Erst jetzt gelang es, ihn in Brand zu schießen. Die Besatzung stieg aus.

Über die Härte der Kämpfe berichtete später ausführlich der Kommandeur des II. Bataillons / Infanterieregiment 152 (41. Infanteriedivision), Hauptmann d.R. Weber:
*»Jenseits über die Schlucht* (die Römerschlucht – der Verfasser) *kamen uns bereits Leute von vorn entgegen, zuerst einzeln, dann truppweise, vom Regiment 15 und 16* (13. und 14. Infanteriedivision – der Verfasser), *aufgelöst, meist ohne Waffen. Sie gaben an, ihre Stellung sei überrannt und alles gefangen oder tot, der Gegner habe mit Tanks angegriffen. Da von unserer Division noch keine Leute dabei waren, schienen unsere Bataillone noch zu stehen. Ich entschloß mich daher zum Vorgehen. ... Kurz nach dem Antreten kamen nun auch Leute der eigenen Division zurück: Die ganze Stellung ist verloren, die Artillerie in Feindeshand! Nun wollte ich auf unsere vordere Stellung losgehen, um zu retten, was zu retten war. Da ertönte plötzlich der Ruf: Tanks! In einer Entfernung von etwa 300 m lösten sich die Ungetüme aus dem Nebel und krochen heran. Sofort wurden sie unter stärkstes Gewehr- und M.G.-Feuer genommen, ohne Erfolg. Mein Adjutant sagte, man könne durchs Glas genau sehen, wie die Geschosse an die Tankwände anschlügen. Gegen den rechten Flügel bewegten sich drei Tanks, links waren sie noch weiter zurück. Als erstere auf etwa 50 m heran waren und sich als unverwundbar erwiesen, gab ich Befehl, bis zum Ostrand der Schlucht zurückzugehen. Das war nicht leicht, denn im rasenden Feuer der M.G. und Geschüt-*

*ze der Tanks kamen die Leute natürlich ins Laufen. Um zuerst zur Stelle zu sein und die Bewegung zum Stehen zu bringen, mußten die Offiziere auch laufen, was von den Leuten falsch aufgefasst wurde.«*

*Für zusätzliche Verwirrung sorgten feindliche Flieger, die Bomben abwarfen. Das Bataillon wurde südlich der Römerstraße von zwei Kompanien einer Eingreifdivision (43. Reservedivision) und kläglichen Resten des Infanterieregiments 152 (41. Infanteriedivision) aufgefangen. An der Abwehr beteiligte sich ein Kraftwagengeschütz, das auf der Straße in Stellung ging. Seiner Bedienung gelang es, einen Tank in Brand zu schießen. Wörtlich berichtete Weber weiter: »Dann war in erstaunlich kurzer Zeit die Schlucht vernebelt, woher, war nicht zu erkennen. Es lag eine vollkommen undurchsichtige Wand vor uns. Unter ihrem Schutz setzte der Gegner seinen Angriff fort; es dauerte nicht lange, da krochen die Tanks aus der Nebelschicht hervor. Auf 20–30 m kamen die ersten heran. Jetzt war nichts mehr zu halten. Das Bataillon löste sich unter der Unmöglichkeit, sich gegen die Tanks erfolgreich wehren zu können, auf. Es wurde buchstäblich auseinander gefahren."*

Der Obersten Heeresleitung gelang es bis Ende August unter Heranziehen aller greifbaren Reserven, das Einbruchsloch zu schließen und die Verteidigung auf einer Linie, von Albert im Norden und nordöstlich Ribècourt im Süden, wieder zu stabilisieren. Auch in dieser Schlacht war es den Alliierten nicht gelungen, die anfänglich erreichten großen Erfolge mit einem operativen Durchbruch zu krönen. Das Ergebnis konnte sich aber, trotz einer Reihe taktischer Fehler, sehen lassen. Natürlich hat es schmerzliche Verluste gegeben; von den 460 tatsächlich eingesetzten Tanks waren etwa 100 (= 22%) außer Gefecht gesetzt worden. Sie standen gegen den Verlust von rund 400 Geschützen auf deutscher Seite.

Zu den positiven Erfahrungen aus dieser Zeit gehörte die gelungene Zusammenarbeit zwischen den Tanks, der Infanterie und der Artillerie. Der gleichzeitige Beginn von Artillerievorbereitung und Kampfwagenangriff erhöhte den Überraschungseffekt. Von Vorteil war weiterhin der Einsatz künstlichen Nebels gewesen. Von einer Diskussion über den Fortbestand der Kampfwagentruppe, wie sie vor über einem Jahr nach der Schlacht in Flandern aufgekommen war, konnte nicht mehr die Rede sein. Neben dem Ausbau des Tankkorps arbeitete man mit Nachdruck an der technischen Weiterentwicklung der Kampfwagen und der Unterstützungsfahrzeuge.

Die weibliche Ausführung des Mk-V*.

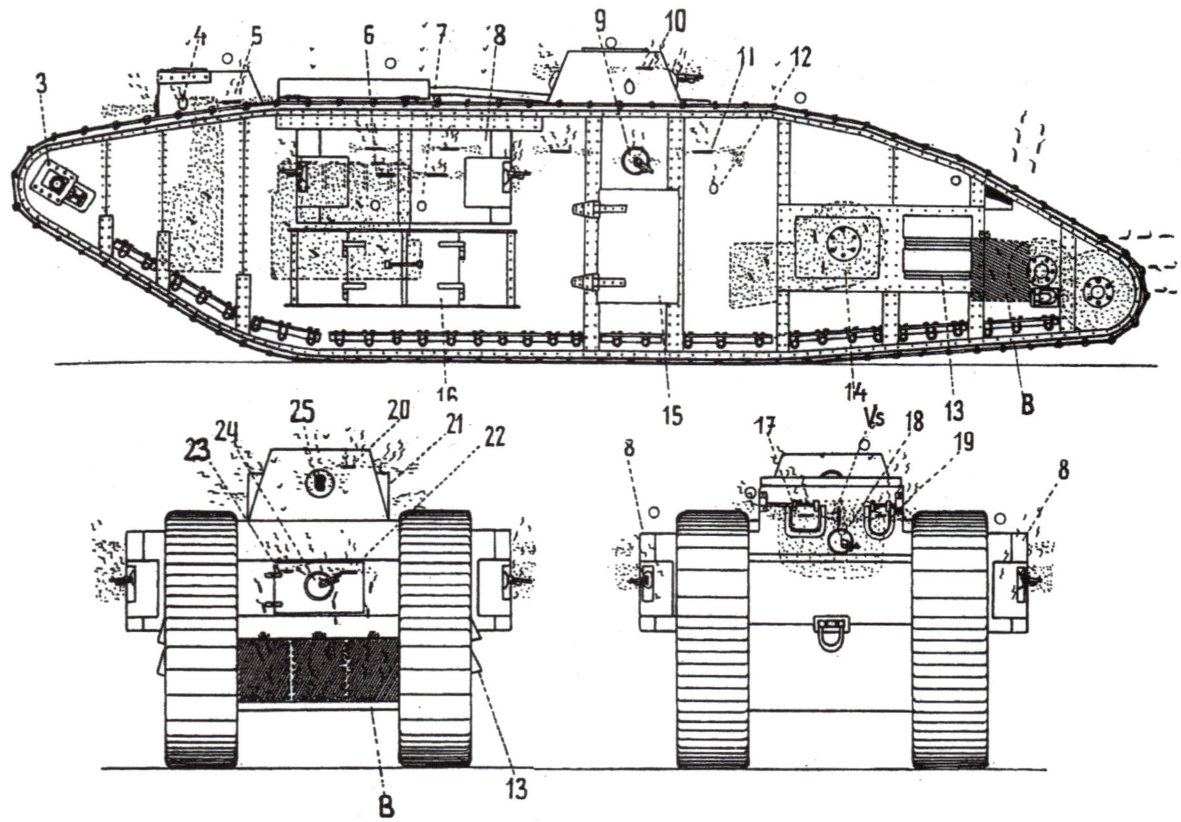

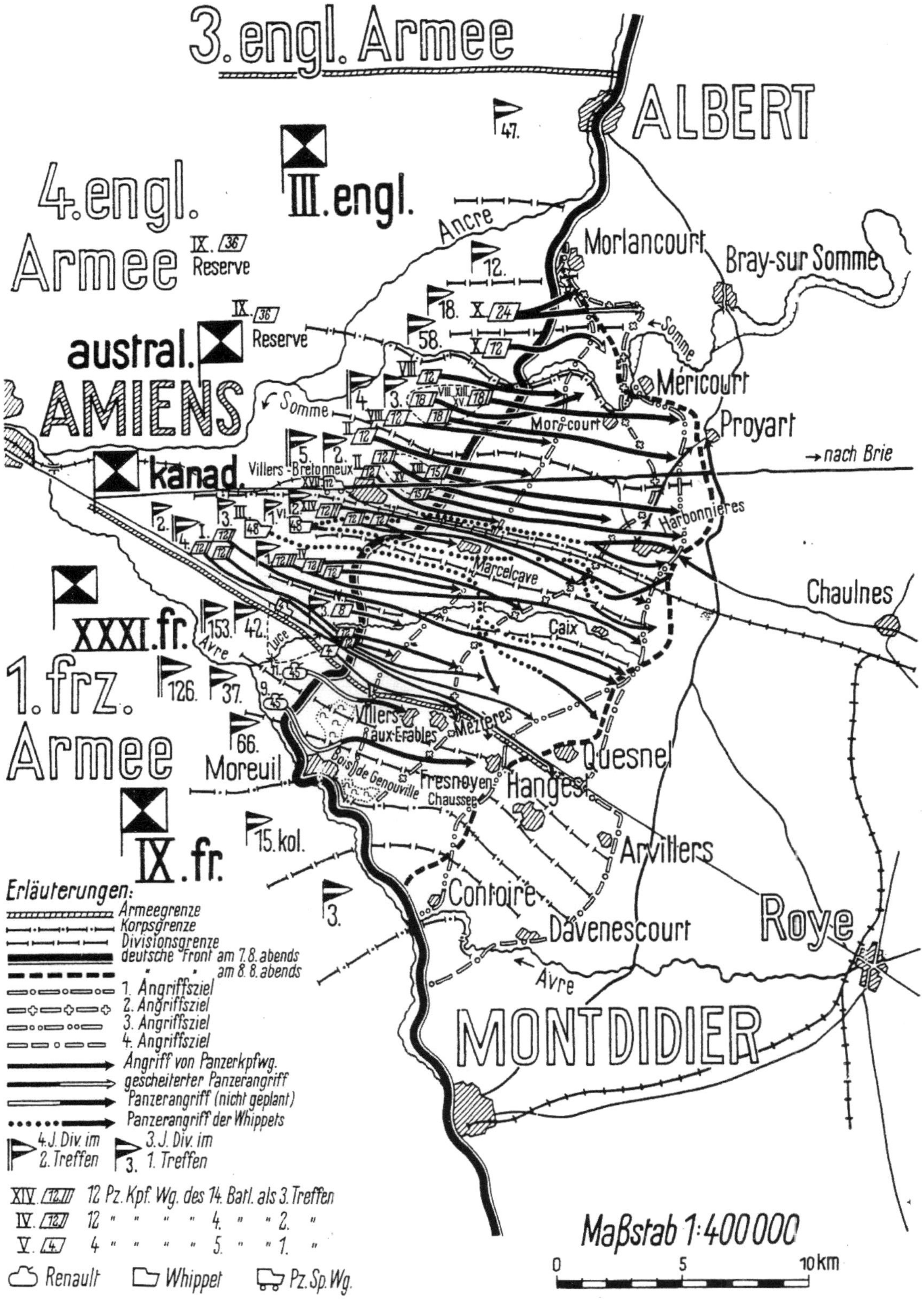


Der alliierte Angriff auf die deutsche Front am 8. August 1918.

Schematische Darstellung vom Bereitstellungsraum einer englischen Infanteriebrigade mit drei Kampfwagenkompanien in der ersten Angriffswelle am frühen Morgen des 8. August 1918.

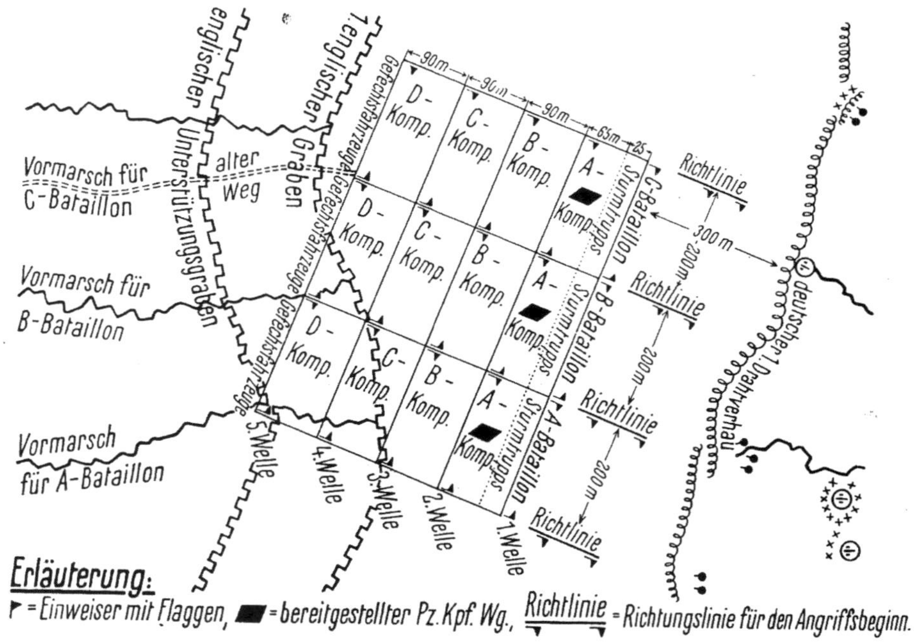


Versorgungspanzer, sogenannte »supply tanks«, entstanden zunächst durch den Umbau veralteter Mk-I- und Mk-II-Tanks. Ab 1917 wurden in der Zentralen Werkstatt des Tankkorps in Frankreich auch Mk-IV für diese Zwecke hergerichtet.

## Schwerer Kampfwagen Mk-VIII

Zunächst war – nachdem man den Mk-VI nur als Projekt ausgearbeitet hatte – mit dem schweren Kampfpanzer Mk-VII experimentiert worden. Er besaß einen hydraulischen Antrieb der Bauart »Williams-Janney« und erstmals im Kampfwagenbau einen elektrischen Anlasser. Die Firma Brown & Bros in Edinburg stellte drei Versuchsmuster her. Es folgte der Mk-VIII. Er gehörte zu den letzten Entwicklungen rhombusförmiger schwerer Kampfwagen aus der Zeit des Ersten Weltkrieges. Er war ein Gemeinschaftsprojekt der Alliierten, der in England entwickelt und unter US-amerikanischer Beteiligung in einer Kampfwagenfabrik in Frankreich gefertigt werden sollte. Geplant war der Bau von 1500 Fahrzeugen.

Wegen des Kriegsendes kam es dazu nicht mehr. Zwischen 1919 und 1920 sind lediglich im amerikanischen Rock Island Arsenal 100 Mk-VIII gebaut worden. Sie unterschieden sich vom englischen Original durch den Liberty-Motor.

| | |
|---|---|
| Baujahr | 1917 |
| Besatzung | 8 Mann |
| Gefechtsgewicht | 38 t |
| Länge | 10.430 mm |
| Breite | 3760 mm |
| Höhe | 3120 mm |
| Bodenfreiheit | 530 mm |
| Watfähigkeit | 1000 mm |
| Kletterfähigkeit | 1500 mm |
| Steigfähigkeit | 45° |
| überschreitet | 4500 mm |
| Geschwindigkeit | 8,4 km/h |
| Fahrbereich | 89 km |
| Motor | 2 x 4-Takt-Otto, je 6 Zylinder |
| Typ | Ricardo |
| Leistung | 2 x 150 PS |
| Drehzahl | 1250 U/min |
| Kühlung | Wasser |
| Bewaffnung | 2 Kanonen Hotchkiss L/23, Kaliber 57 mm<br>7 Maschinengewehre, Kaliber 7,71 mm |
| Panzerung | 6–16 mm |

Der schwere Kampfwagen Mk-VIII.

## Mittlerer Kampfwagen Mk-B

Verantwortlich für die Entwicklung des Mk-B war Major W. G. Wilson. Der Kampfwagen zeigte gegenüber dem Mk-A eine leistungsfähigere Antriebsanlage und verbesserte Lenkung. Um auch in schwierigem Gelände beweglich zu bleiben, kehrte man bei diesem mittleren Panzer zu der Rhombusform und den umlaufenden Gleisketten der schweren Kampfwagen Mk-I bis Mk-VIII zurück. Die Waffen waren in einem turmartigen Aufbau und zwei kleinen, seitlichen Erkern lafettiert.

Die ersten Mk-B gelangten im September 1918 zur Auslieferung. Der Serienauftrag über 450 Stück ist nach dem Waffenstillstand im November 1918 auf 45 reduziert worden. 17 Fahrzeuge davon erhielten die weißgardistischen Truppen in Russland 1919. Sie kamen während des Russischen Bürgerkrieges 1918–1920 zum Einsatz; einige erbeutete die Rote Armee.

| | |
|---|---|
| Baujahr | 1918 |
| Besatzung | 4 Mann |
| Gefechtsgewicht | 18 t |
| Länge | 6960 mm |
| Breite | 2820 mm |
| Höhe | 2430 mm |
| Bodenfreiheit | 450 mm |
| Watfähigkeit | 800 mm |
| Kletterfähigkeit | 960 mm |
| Steigfähigkeit | 35° |
| überschreitet | 2450 mm |
| Geschwindigkeit | 9,8 km/h |
| Fahrbereich | 105 km |
| Motor | 4-Takt-Otto, 4 Zylinder |
| Typ | Ricardo |
| Leistung | 100 PS |
| Drehzahl | 1200 U/min |
| Kühlung | Wasser |
| Bewaffnung | 4 Maschinengewehre, Kaliber 7,71 mm |
| Panzerung | 6–14 mm |

## Mittlerer Kampfwagen Mk-C »Hornet«

Der Mk-C gehört zu den leistungsfähigsten Konstruktionen des englischen Kampfwagenbaus aus der Periode bis 1918. Durch Einbau des 150-PS-Ricardo-Motors wurden die Beweglichkeit des Fahrzeuges und der Fahrbereich weiter verbessert. Beibehalten haben die Konstrukteure die Rhombusform mit umlaufenden Gleisketten. Gänzlich verzichtet hat man auf die seitlichen Waffenerker, die Bewaffnung wurde in den turmartigen Aufbau mit rotierender Kommandantenkuppel untergebracht. Eine »männliche« Ausführung mit einer 57-mm-Kanone und drei Maschinengewehren blieb ein Versuchsmuster.

450 Mk-C sind in Auftrag gegeben worden. Infolge des Waffenstillstandes im November 1918 wurde er annulliert. Trotzdem kamen noch 48 Kampfwagen zur Auslieferung, die das Royal Tank Corps bis 1923 in Gebrauch behielt.

| | |
|---|---|
| Baujahr | 1918–1919 |
| Besatzung | 4 Mann |
| Gefechtsgewicht | 19,5 t |
| Länge | 7950 mm |
| Breite | 2720 mm |
| Höhe | 2900 mm |
| Bodenfreiheit | 450 mm |
| Kletterfähigkeit | 1150 mm |
| Steigfähigkeit | 37° |
| überschreitet | 3000 mm |
| Geschwindigkeit | 13 km/h |
| Fahrbereich | 120–195 km |
| Motor | 4-Takt-Otto, 6 Zylinder |
| Typ | Ricardo |
| Leistung | 150 PS |
| Drehzahl | 1250 U/min |
| Kühlung | Wasser |
| Bewaffnung | 4 Maschinengewehre, Kaliber 7,71 mm |
| Panzerung | 6–12 mm |

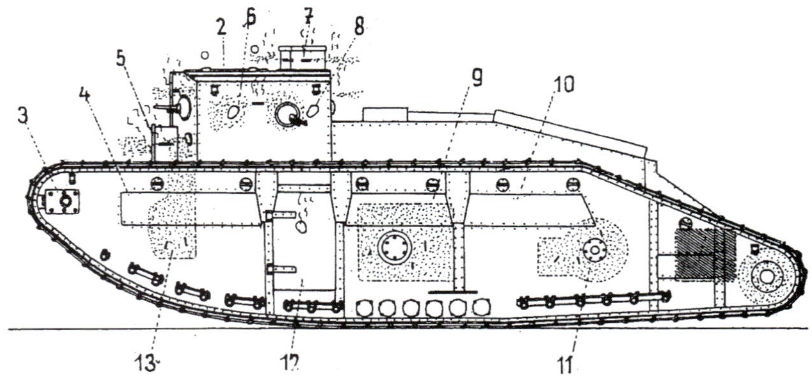


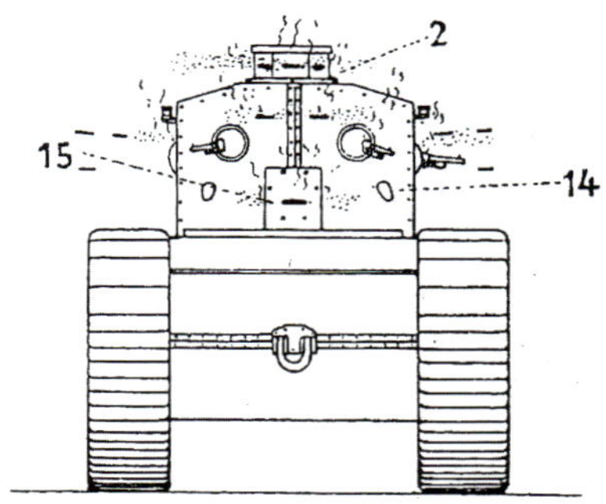

## Schwerer Kampfwagen Mk-V**

Auf der Basiskonstruktion Mk-V* wurde 1918 für die Erfüllung der Aufgaben der Royal Engineers das Modell Mk-V** entwickelt. Äußerlich erkennbar ist der Kampfwagen an dem turmartigen Aufbau unmittelbar hinter dem Fahrerstand. Er wurde mit einer Winde und einem Flaschenzug ausgerüstet, um im Rahmen der Kampfwagenverbände des Royal Tank Corps als Brückenlegepanzer mit abklappbarer 8 m langer Spurbahnbrücke,

- Brückenlegepanzer mit auf Rollen beweglicher Stegbrücke,
- Minenräumpanzer mit heb- und senkbarem Rollenminenräumgerät, außerdem als
- Berge- und Werkstattpanzer mit nach vorn schwenkbarem Kranausleger.

1918 wurden von dem Pionier- und Bergepanzer nur einige Muster der männlichen und weiblichen Ausführung hergestellt und erprobt. Sie standen am Beginn einer fast unendlich erscheinenden Vielzahl von Spezialpanzerfahrzeugen bis in die Gegenwart.

| | |
|---|---|
| Baujahr | 1918 |
| Besatzung | 8 Mann |
| Gefechtsgewicht | 34–35 t |
| Länge | 9870 mm |
| Breite | 3940 mm (männlich), 8280 mm (weiblich) |
| Höhe | 2620 mm |
| Bodenfreiheit | 430 mm |
| Watfähigkeit | 1200 mm |
| Kletterfähigkeit | 1500 mm |
| Steigfähigkeit | 22°–35° |
| überschreitet | 4500 mm |
| Geschwindigkeit | 8 km/h |
| Fahrbereich | 100 km |
| Motor | 4-Takt-Otto, 6 Zylinder |
| Typ | Ricardo |
| Leistung | 225 PS |
| Drehzahl | 1250 U/min |
| Kühlung | Wasser |
| Bewaffnung | 2 Kanonen Hotchkiss L/23, Kal. 57 mm |
| | 4 Maschinengewehre, Kaliber 7,71 mm (männlich) |
| | 6 Maschinengewehre, Kaliber 7,71 mm (weiblich) |
| Panzerung | 6–15 mm |

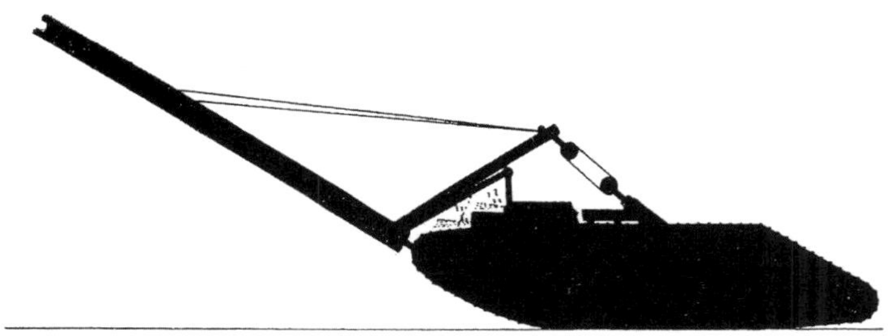

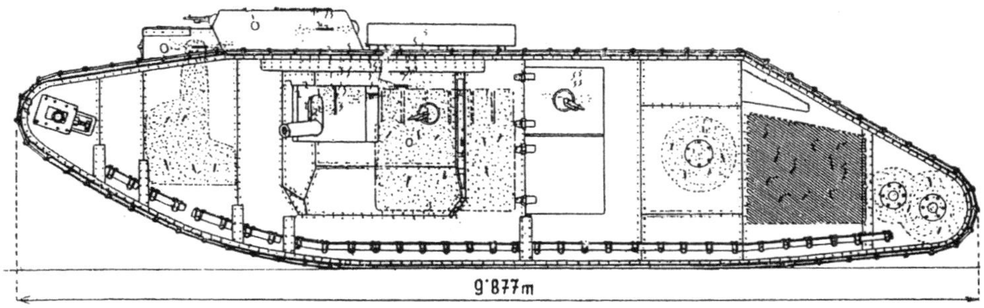


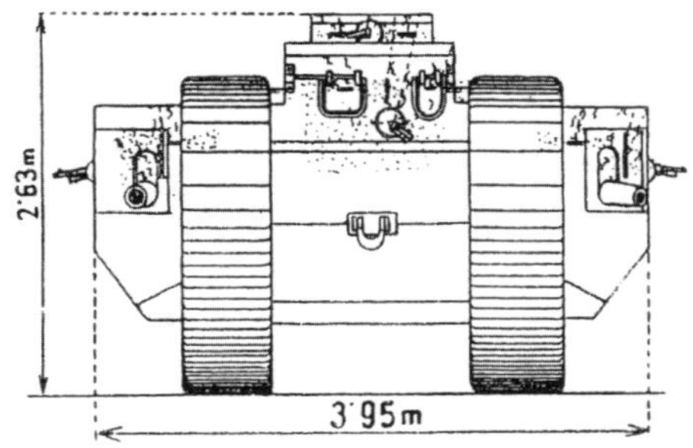

## Gepanzerter Mannschaftstransportwagen Mk-IX (»Infantry Carrier«)

Projektiert wurde der Mk-IX im September 1917. Mit Hilfe solcher Fahrzeuge sollten die Sturmtruppen, zusammen mit den Kampfwagen, die von der gegnerischen Artillerie und den Maschinengewehren bestrichene Gefechtsfeldzone schnell und ohne Verluste überwinden können. Die Entwicklung des Mk-IX gewann nach dem Angriff beiderseits Amiens am 8. August 1918 an Bedeutung. In dessen Verlauf hatte sich gezeigt, dass die Sturmtruppe, die in den schweren Kampfwagen Mk-V* mitfuhren, durch die schlechte Lüftung im Fahrzeuginnern kampfunfähig am Ziel ankam.

Vom »Infantry Carrier« waren 2000 Fahrzeuge bestellt. Die Firma Armstrong-Whitwart / Elswick lieferte im Juni 1918 den ersten Mk-IX, weitere drei wurden bis zum Waffenstillstand im November 1918 montiert, die restlichen später. Dann hat man den Auftrag storniert.

Der gepanzerte Mannschaftstransportwagen bot 50 Schützen Platz, die das Fahrzeug über vier seitliche Panzertüren schnell verlassen konnten. Bei Verwendung als Nachschubpanzer war es möglich, bis zu 9800 kg Lasten zu transportieren. 1919 wurde der Mk-IX als Schwimmpanzer »Duck« erprobt.

| | |
|---|---|
| Baujahr | 1918 |
| Besatzung | 4 Mann + 50 Mann |
| Gefechtsgewicht | 27 t (leer) 37 t (beladen) |
| Länge | 9730 mm |
| Breite | 2460 mm |
| Höhe | 2630 mm |
| Bodenfreiheit | 520 mm |
| Watfähigkeit | 1200 mm |
| Kletterfähigkeit | 1070 mm |
| Steigfähigkeit | 35° |
| überschreitet | 3800–4200 mm |
| Geschwindigkeit | 7 km/h |
| Fahrbereich | 68 km |
| Motor | 4-Takt-Otto, 6 Zylinder |
| Typ | Ricardo |
| Leistung | 150 PS |
| Drehzahl | 1250 U/min |
| Kühlung | Wasser |
| Bewaffnung | 1 Maschinengewehr, Kaliber 7,71 mm |
| Panzerung | 6–10 mm |

## Selbstfahrlafette Mk-I (»Gun Carrier«)

Ein weiteres gepanzertes Spezialfahrzeug war der »Gun Carrier«. Die Idee bestand darin, der Artillerie die Möglichkeit zu geben, dem Tankangriff über das vom gegnerischen Feuer noch betroffene Gefechtsfeld zu folgen. Ziel war es, eine möglichst kontinuierliche Artillerieunterstützung zu gewährleisten. Die Geschützlafette mit den Rädern wurde verlastet, ebenso 120 Schuss Munition für das Geschütz.

Das Fahrzeug entstand unter Verwendung von Baugruppen des Tank Mk-IV. Von den 1917 bestellten 50 Fahrzeugen gelangten 48 zur Auslieferung, 22 davon befanden sich Anfang August 1918 bei der 4. englischen Armee im Einsatz, einige davon als »Supply Tanks«, als Nachschubwagen.

| | |
|---|---|
| Baujahr | 1917/1918 |
| Besatzung | 5 Mann |
| Gefechtsgewicht | 34 t |
| Länge | 9150 mm |
| Breite | 3360 mm |
| Höhe | 2800 mm |
| Kletterfähigkeit | 760 mm |
| Geschwindigkeit | 4,8 km/h |
| Fahrbereich | 24 km |
| Motor | 4-Takt-Otto, 6 Zylinder |
| Typ | Daimler |
| Leistung | 105 PS |
| Drehzahl | 1000 U/min |
| Kühlung | Wasser |
| Bewaffnung | 1 Haubitze, Kal. 152,4 mm oder<br>1 Kanone, Kal. 127 mm<br>1 Maschinengewehr, Kaliber 7,71 mm |
| Panzerung | 5 mm |

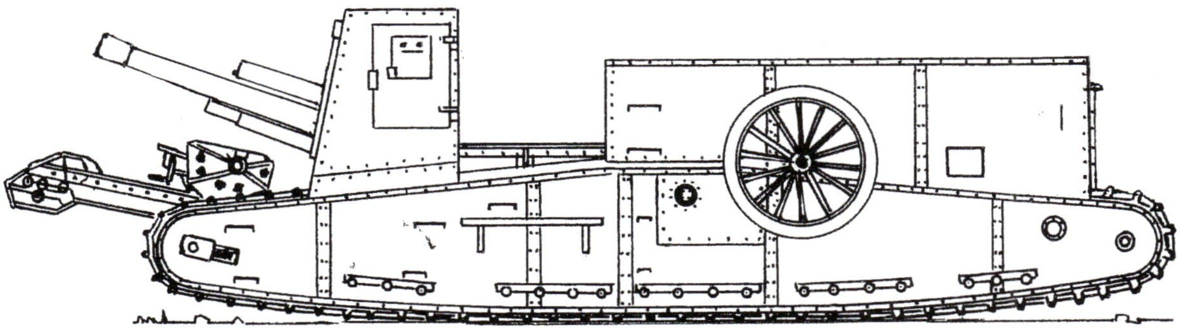

## Panzerkraftwagen Lanchester

Panzerkraftwagen unterschiedlicher Hersteller und Qualität verwendeten ab 1914 der Königliche Marineflieger Service (RNAS), die 1915 gebildete Panzerkampfwagendivision der Königlichen Marine (RNACD) sowie das im Oktober 1915 aus dem Motorisierten Maschinengewehrservice hervorgegangene Motorisierte Maschinengewehrkorps (MGC). Einige waren wiederum dem Kriegsministerium der Krone direkt unterstellt. Ihre Einsatzgebiete lagen sehr weit auseinander: u. a. in Belgien, Frankreich, Ägypten, Ostafrika, Russland, Palästina sowie auf den Dardanellen. Sie erfüllten Aufgaben bei der Aufklärung, der Sicherung eigener Transportwege und bei Überfällen auf gegnerische Truppen.

Der Panzerkraftwagen Lanchester war auf dem Fahrgestell eines Personenkraftwagens aufgebaut, besaß Hinterachsenantrieb und schusssichere Reifen. Im Frühjahr 1915 standen je zwölf Fahrzeuge bei der 5. und 6. RNACD-Abteilung in Frankreich im Einsatz. Weitere zwölf Lanchester waren bei der 15. Abteilung, die im Juni 1915 nach Belgien verlegt worden war. Im Oktober 1915 lieferte man 33 Fahrzeuge dieses Typs an die Russische Panzerkraftwagendivision, die sie u. a. im Kaukasus und in Galizien eingesetzt hat.

| | |
|---|---|
| Baujahr | 1914–1915 |
| Besatzung | 4 Mann |
| Gefechtsgewicht | 4,8 t |
| Länge | 4880 mm |
| Breite | 1930 mm |
| Höhe | 2290 mm |
| Geschwindigkeit | 40 km/h |
| Fahrbereich | 290 km |
| Motor | 4-Takt-Otto, 6 Zylinder |
| Typ | Lanchester |
| Leistung | 60 PS |
| Kühlung | Wasser |
| Bewaffnung | 1 Maschinengewehr, Kaliber 7,71 mm |
| Panzerung | 8 mm |

## Panzerkraftwagen Peerless

Zu den bekanntesten englischen Panzerkraftwagen gehörten u. a. Fahrzeuge der Marken Rolls-Royce, Lanchester und Austin. Der Peerless-Panzerkraftwagen hat mit Letzterem die Unterbringung der Bewaffnung in zwei nebeneinander angeordnete zylindrischen Drehtürmen gemeinsam.

Sie kamen 1916-1917 an die Front nach Belgien und Frankreich. Ihr Einsatz erfolgte nach dem Durchbruch der gegnerischen Verteidigungen, bei der Verfolgung der fliehenden Truppen. Allerdings mussten sie wegen ihrer mangelnden Geländegängigkeit erst von den Tanks durch die Grabenzone geschleppt werden.

| | |
|---|---|
| Baujahr | 1916–1917 |
| Besatzung | 4 Mann |
| Gefechtsgewicht | 5,8 t |
| Länge | 6230 mm |
| Breite | 2240 mm |
| Höhe | 2740 mm |
| Bodenfreiheit | 250 mm |
| Geschwindigkeit | 4029 km/h |
| Fahrbereich | 145 km |
| Motor | 4-Takt-Otto, 4 Zylinder |
| Typ | Peerless |
| Leistung | 40 PS |
| Kühlung | Wasser |
| Bewaffnung | 2 Maschinengewehr, Kaliber 7,71 mm |
| Panzerung | 5–7 mm |

1914 - 1918
H1524
PEERLESS

Insgesamt 384 Kampfwagen waren Ende September 1918 an den Kämpfen um die deutsche »Siegfried«-Linie beteiligt. Dabei war das 301. (US-)Tankbataillon mit 23 englischen Mk-V und 24 Mk-V*. Für den amerikanisch-französischen Durchbruchsversuch beiderseits der Argonnen wurden 700 Kampfwagen bereitgestellt. Es kam vor, dass die Infanterie ohne Kampfwagenunterstützung überhaupt nicht mehr angreifen wollte und einfach liegenblieb. Einen letzten Angriff fuhren die alliierten Panzer am 4. November 1918, um die deutsche »Hermann II«-Stellung zu durchbrechen. 10.000 Gefangene wurden gemacht, 250 Geschütze erbeutet. Für die Schnelligkeit, mit der die Verteidiger überwunden werden konnten, spricht die Tatsache, dass bei Landreciews ein kompletter Armeeflugpark in die Hände der Angreifer fiel. Verluste gab es unter den 66 Tanks bei der gesunkenen deutschen Widerstandskraft keine. Die Fahrzeuge waren allerdings restlos verbraucht und bedurften dringender Instandsetzung.

Die Angriffsoperationen der Alliierten im Spätsommer und Herbst 1918 wurden überall von Kampfwagen begleitet; ihre Zahl war auf 4500 gestiegen. Sie waren im Verlauf des Krieges zu einer Angriffswaffe ersten Ranges entwickelt worden. Daran konnten technische Mängel, die anfänglich erkennbare Planlosigkeit sowie der Verzicht auf einen überraschenden und konzentrierten Einsatz grundsätzlich nichts ändern.

Infanterie im Schutz eines festgefahrenen Tank Mk-V. Auch mit diesem verbesserten Kampfwagenmodell (u. a. abgetrennter Motorraum) blieb es für die Besatzung Schwerstarbeit, den Wagen unter den im Fahrzeuginnern herrschenden Temperaturen und Lärm in Bewegung zu halten.

KAPITEL 3

# VON DER »ARTILLERIE D'ASSAULT« ZUM »CHAR LÉGER«

## Der französische Weg zum modernsten Kampfwagen des Ersten Weltkrieges

*In Frankreich sind* die technische Entwicklung und der Aufbau einer Kampfwagentruppe untrennbar mit dem Namen des Oberst J. B. Estienne verbunden. Er hatte die ersten Vorschläge im Sommer 1915 gemacht, allerdings ohne Erfolg. Erst nach einem Vortrag am 1. Dezember 1915 beim französischen Oberbefehlshaber, General J. J. C. Joffre, ergaben sich dank dessen Einflussnahme Fortschritte.

Die weitere Entwicklung lief parallel zu den Bemühungen der Verbündeten. Im Sommer 1916 hatte Estienne Gelegenheit erhalten, die ersten Tanks in England zu besichtigen. Zu einem abgestimmten weiteren Vorgehen der Alliierten in der Frage kam es aber nicht, zumal die Franzosen ein anderes Konzept verfolgten. Sie wollten eine »Artillerie d'assaut«, eine Sturmartillerie.

Die neue Truppe unter dem Kommando des inzwischen zum General beförderten Estienne trat erstmals am 15. August 1916 bei Marly le Roi zusammen. Im September trafen die gepanzerten Sturmwagen Char Schneider und St. Chamond ein, so dass mit der Ausbildung begonnen werden konnte. Weitere Ausbildungszentren entstanden bei Orlèans und Compiègne.

### Sturmwagen Schneider M.16 (auch Schneider C. A. 1)

Die französische Armee hatte bereits Erfahrungen mit dem amerikanischen Holt-Traktor 75 PS gesammelt. Auch der Baby-Holt war erprobt worden. Was lag näher, als diese Fahrzeuge durch Panzerplatten zu schützen? Mit ihnen verfügte man über die technischen Grundlagen für die Kampfwagen, deren Entwicklung zum Ende des Jahres 1915 gefordert worden war. Das Konzept sah ein Gewicht von zwölf Tonnen, eine 15 bis 20 mm starke Panzerung und die Bewaffnung mit einem kurzrohrigen 75-mm-Geschütz vor. Als Entwicklungsfirma trat Rochet-Schneider SA in Lyon-Montplaisir in Erscheinung, die mit dem Oberst und späteren General J. B. Estienne zusammenarbeitete. Nach der Erprobung im Februar 1916 bestellte die französische Armee 400 Sturmwagen dieses Typs. An der Serienfertigung war auch Somua in St. Quen (Seine) beteiligt. Die ersten Fahrzeuge sind noch 1916 ausgeliefert worden.

Im März 1917 waren drei Gruppen mit je fünf Batterien mit Schneider-Sturmwagen in der Aufstellung. Erstmals fuhren sie im April 1917 in den Kampf. Die gepanzerten Begleitgeschütze zeigten in den ersten Einsätzen erhebliche Mängel. Die Geländegängigkeit auf dem von Gräben und Granattrichtern zernarbten Gefechtsfeld war begrenzt. Die Fahrzeuge fingen auch ohne Beschuss schnell Feuer. Ihre Besatzungen wurden durch Lärmentwicklung, Benzindämpfe und die vom Motor ausgehende Hitze stark belastet. Die Wirkungsmöglichkeiten der seitlich angebauten Waffen erwiesen sich als unzureichend, die Panzerung als zu schwach. Der Panzerschutz ist im Verlaufe des Jahres 1917 in der vorderen Fahrzeughälfte durch vorgesetzte Panzerplatten verstärkt worden. In einer zweiten Aktion hat man den Schutz der Seh- und Waffenblenden verbessert.

Im Juni 1917 wurde die Organisation der französischen Kampfwagentruppen verändert. Neben vier Gruppen zu je drei Batterien mit dem Sturmwagen St. Chamond gab es vier

Gruppen mit je vier Batterien Schneider C. A. 1 (= 16 Fahrzeuge), die wiederum in Abteilungen (Groupements) mit insgesamt 64 Char Schneider zusammengefasst waren. Dazu gehörten je eine Unterstützungstruppe und eine eigene Logistik.

1918 wurden ein Sturmwagen Schneider in die USA ausgeliehen und drei weitere nach Italien verkauft, später lieferte man einige Wagen dieses Typs nach Spanien.

Vom Schneider sind noch folgende Ausführungen bekannt geworden: der C. A. 2, ein improvisiertes Modell mit einer 47-mm-Kanone im Vorderteil des Aufbaus und der projektierte C. A. 3 mit zwei Kuppeln auf dem Dach. Einige unbewaffnete C. A. 1 fanden 1918 als Nachschubpanzer Verwendung.

| | |
|---|---|
| Baujahr | 1917 |
| Besatzung | 6 Mann |
| Gefechtsgewicht | 14,6 t |
| Länge | 6320 mm |
| Breite | 2005 mm |
| Höhe | 2350 mm |
| Bodenfreiheit | 400 mm |
| Watfähigkeit | 800 mm |
| Kletterfähigkeit | 300 mm |
| Steigfähigkeit | 30° |
| überschreitet | 1700–1800 mm |
| Geschwindigkeit | 4–8 km/h |
| Fahrbereich | 75 km |
| Motor | 4-Takt-Otto, 4 Zylinder |
| Typ | Schneider |
| Leistung | 65 PS |
| Drehzahl | 1200 U/min |
| Kühlung | Wasser |
| Bewaffnung | 1 Kanone L/9,5, Kal. 75 mm<br>2 Maschinengewehre, Kaliber 8 mm |
| Panzerung | 5,4–11,4 mm, später vorn um 8 mm verstärkt (= maximal 19,4 mm) |

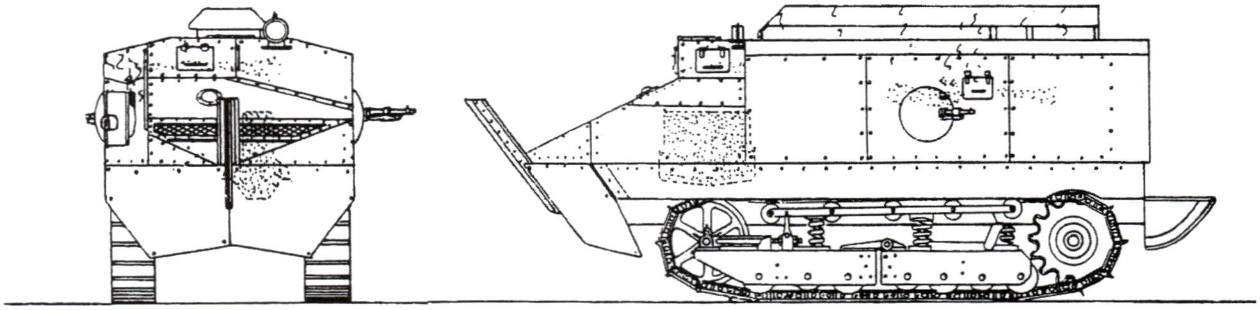

Der Sturmwagen Schneider M.16 war mit einer 75-mm-Kampfwagenkanone L/9,5 (eigentlich ein Grabenmörser) in einer Kugelblende auf der rechten Fahrzeugseite bewaffnet. Er bestand aus Vollrohr mit Rohrrücklaufbremse, Vorholer und halbautomatischem Querkeilverschluss. Die Vnull der Sprenggranate ist mit 200 m/s angegeben, die wirksame Schussweite bis 600 m.

## Sturmwagen St. Chamond M.16

Nachdem die Schneider-Werke einen Auftrag zur Herstellung von 400 Sturmwagen erhielten, bemühte sich auch die Firma FAMH / St.Chamond um einen entsprechenden Auftrag. Auch dieses Unternehmen griff bei der Konstruktion auf den Holt-Traktor zurück, verwendete aber einen benzin-elektrischen Antrieb mit dem etwas leistungsstärkeren Panhard-Motor. Im April 1916 wurde festgelegt, anstelle der 75-mm-Feldkanone M.1912 T.R. die 75-mm-Feldkanone M.1897 als Hauptwaffe einzubauen. Die große Rohrlänge und der Rohrrücklauf dieses an der Fahrzeugfront eingebauten Geschützes bedingten einen weit über das Gleiskettenlaufwerk hinausragenden Panzeraufbau.

Im Januar 1917 befanden sich die beiden mit St.Chamond ausgestatteten Sturmwagengruppen noch im Aufbau. Ihren ersten Kampfeinsatz fuhr eine mit diesem Fahrzeugtyp ausgestattete Batterie im Mai 1917 bei Lauffaux. 16 St.Chamond M.16 waren im Einsatz; danach sind sie als nicht kriegsbrauchbar bewertet worden. Für jeden Sturmwagen mussten drei Mechaniker verfügbar sein, die mit der begleitenden Infanterie vorgingen. Außerdem ließ ihre Geländegängigkeit zu wünschen übrig. An Wege gebunden, fuhren sie auf dem Gefechtsfeld oft in Reihe und wurden so schnell Opfer der deutschen Artillerie. Zudem war die Panzerung zu schwach; auch bei diesem Modell gab es Anlass, den Panzerschutz zu verstärken.

Im Zuge der Neuorganisation der französischen Kampfwagentruppe im Juni 1917 bestanden vier Gruppen aus je drei Batterien mit St. Chamond-Sturmwagen. Einige St. Chamond wurden 1917/1918 als unbewaffnete Nachschubpanzer eingesetzt.

| | |
|---|---|
| Baujahr | 1917 |
| Besatzung | 8 Mann |
| Gefechtsgewicht | 22 t |
| Länge | 8830 mm (mit 75-mm-Kanone M.1912 TR L/31)<br>9924 mm (mit 75-mm-Kanone M.1897 L/36,5) |
| Breite | 2670 mm |
| Höhe | 2360 mm |
| Bodenfreiheit | 500 mm |
| Watfähigkeit | 800 mm |
| Kletterfähigkeit | 400 mm |
| Steigfähigkeit | 32° |
| überschreitet | 2000 mm |
| Geschwindigkeit | 8 km/h |
| Fahrbereich | 60 km |
| Motor | 4-Takt-Otto, 4 Zylinder |
| Typ | Panhard |
| Leistung | 90 PS |
| Drehzahl | 1350 U/min |
| Kühlung | Wasser |
| Bewaffnung | 1 Kanone M.1912 TR L/31, Kal. 75 mm, ersetzt durch<br>1 Kanone M.1897 L/36,5, Kaliber 75 mm<br>4 Maschinengewehre, Kaliber 8 mm |
| Panzerung | 5–17 mm, teilweise + 8 mm |

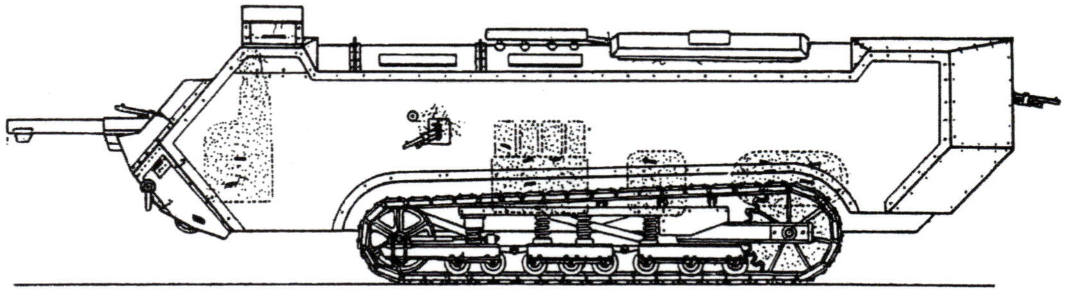

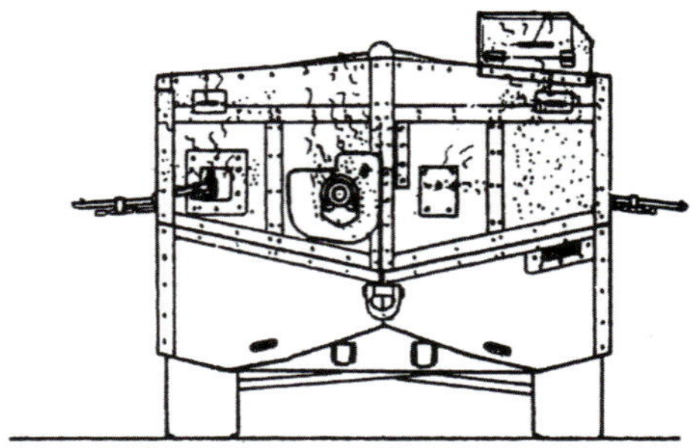

Ursprünglich war der Sturmwagen St. Chamond mit der 75-mm-Kanone L/31 des gleichen Herstellers bewaffnet. Die letzten 190 Fahrzeuge erhielten ein 75-mm-Geschütz mle. 1897 mit einem 2720 mm langen Rohr (= L/36,5) mit Rohrrücklaufbremse, Vorholer und Schraubenverschluss. Die bis 7,4 kg schweren Granaten erreichten eine Vnull von 465-545 m/s und eine maximale Schussweite von 5500 m. 12 Schuss konnten in der Minute abgegeben werden.

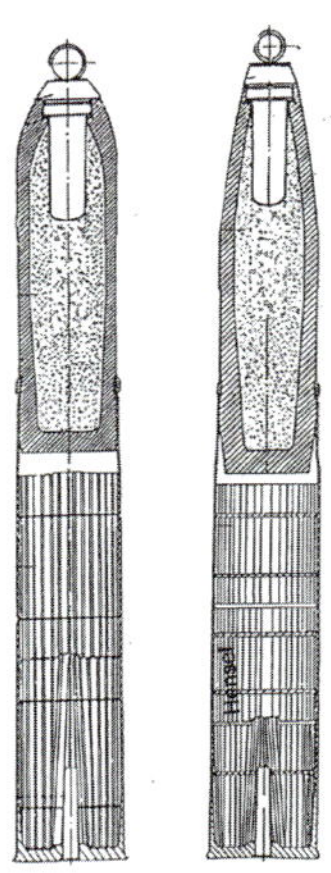

Obwohl es viele technische Probleme gab, welche zu Verzögerungen bei der Auslieferung beigetragen haben, bestellte der neue französische Oberbefehlshaber, General R. R. Nivelle, im März 1917 noch einmal eine größere Serie der Sturmwagen.

Die Schlacht an der Aisne in der zweiten Aprilhälfte 1917 war zur Feuertaufe der Sturmwagen bestimmt. Nivelle konzentrierte für diese Offensive zwischen Reims und Vailly 1,5 Millionen Mann und 3500 Geschütze in zwei Staffeln, um die deutsche Front durchbrechen zu können.

Der Angriff begann am 16. April, traf auf einen abwehrbereiten Gegner und endete schon nach 24 Stunden in einem Desaster. Die Aufgabe der Sturmwagen hatte darin bestanden, als gepanzerte Begleitartillerie in den Kampf um die 3. deutsche Stellung einzugreifen – ohne Erfolg. Die wichtigsten Anweisungen lauteten:

*»Die Chars d'assaut begleiten die Angriffsinfanterie, bahnen ihr den Weg durch die Drahthindernisse und decken ihr Vorgehen.*

*Der Char d'assaut trägt eine Kanone und Maschinengewehre, aber die Vorwärtsbewegung ist sein mächtigstes Kampfmittel. Er eröffnet das Feuer erst auf Nahentfernungen, auf höchstens 200 Meter mit der Kanone, auf 300 Meter mit den Maschinengewehren; auf weitere Entfernungen wird nur ausnahmsweise geschossen.*

*Chars d'assaut und Infanterie bleiben im Kampfe eng verbunden, aber die Panzer warten die Infanterie nicht ab, sobald sie vorgehen können; nach Angriffsbeginn gehen die Panzer auf ihre Angriffsziele vor und halten nur vor mit Bordmitteln unüberschreitbaren Hindernissen an. Die eigene Infanterie, die derart aufgehaltene Panzer einholt, hilft mit allen verfügbaren Mitteln dem Panzer das Hindernis zu überwinden. Wird die Infanterie durch feindlichen Widerstand aufgehalten, bevor die Panzer heran sind, legt sie sich hin und wartet ihr Eintreffen ab. Die Panzer gehen über sie hinweg gegen den Feind und halten dessen Feuer nieder. Chars d'assaut und Infanterie unterstützen sich also wechselseitig während des Vorgehens gegen das gemeinsame Angriffsziel, die eine Waffe wartet die andere nur ab, wenn sie mit eigenen Mitteln nicht mehr weiter kommt.»*

Grundsätzlich hatten sich die Sturmwagen also der Infanterie anzupassen.

Nachfolgend einige Details zum Einsatz der Sturmwagen am 16. April 1917. Ursprünglich sollten 400 Wagen am Angriff beteiligt werden, die in diesem Umfang aber gar nicht zur Verfügung standen. Tatsächlich waren es 176, dazu kamen acht unbewaffnete Fahrzeuge und vier Holt-Caterpillar-Traktoren. Von den 16 St. Chamond gelangte wegen technischer Mängel überhaupt keiner zum Einsatz, von den Sturmwagen Schneider waren es nur 128, die im Abschnitt der 5. französischen Armee Verwendung gefunden haben. Davon wurden 66 (= 51,5%) beim Anmarsch durch die eigenen Stellungen zerschossen. Wegen mangelnder Geländegängigkeit mussten sie in Reihe durch das Trichtergelände fahren und standen an den vorbereiteten Übergängen über die Gräben im Stau. Das lenkte die Aufmerksamkeit der deutschen Artilleriebeobachter auf sie; die Fahrzeuge gerieten unter heftigen Beschuss.

Inzwischen war der Infanterieangriff gescheitert und die Sturmwagen mussten in den Kampf um die vorderen Stellungen eingreifen. Das verursachte weitere Verluste, die sich bei dem Versuch, das gewonnene Gelände ohne Infanteriebegleitung gegenüber den nun einsetzenden Angriffen der Deutschen zu halten, noch einmal erhöht haben. Dazu kamen Ausfälle infolge technischer Mängel; lediglich elf Sturmwagen Schneider überstanden die Schlacht mit geringeren Schäden.

Aus deutscher Sicht stellte sich der Einsatz französischer Sturmwagen in diesen Tagen wie folgt dar (Auszug aus dem Tagebuch des Hauptmanns v.L. des 3. Garderegiments zu Fuß (5. Garde-Infanteriedivision):
*»Der erste Ansturm der Franzosen ist erfolgt. ... Ein interessantes Schauspiel ... war der Tankangriff. In der Gegend von La Ville aux Bois konnte man ganz deutlich neun solcher Ungetüme hintereinander fahrend beobachten. Lange dauerte für sie das Vergnügen nicht, bald deckte unsere Artillerie sie ganz furchtbar ein. Sie mußten halten. Aus einigen schlugen bald hohe Flammensäulen heraus. Der Betriebsstoff war anscheinend in die Luft gegangen.«*

Einen knappen Monat später standen zwei Gruppen der I. und II. Abteilung mit 32 Sturmwagen Schneider und eine Gruppe der X. Abteilung mit 16 Sturmwagen St. Chamond auf dem Hochrücken des Chemin des Dames, an der sogenannten »Laffaux-Ecke« im Einsatz. Tatsächlich fuhren nur 27 in die Schlacht. Einige Besatzungen hatten beim nächtlichen Anmarsch den Weg nicht gefunden. Ihre Wagen standen am 5. Mai also gar nicht zur Verfügung. Es offenbarten sich Mängel in der Verbandsausbildung. Gleiches galt für die Zusammenarbeit mit der zugeteilten Infanterie. Der St. Chamond zeigte weiterhin erhebliche Schwächen; er musste als nicht kriegsbrauchbar bewertet werden.

Zu den Folgen gehören mehrere bis 1918 laufende Nachrüstungsprogramme, deren Ziele die Verbesserung des Panzerschutzes, der Bewaffnung, der Beobachtungsmöglichkeiten sowie die Erhöhung der mechanischen Zuverlässigkeit waren. Bereits im September/Oktober 1916 hatte man an der Unterseite des weit überstehenden Panzergehäuses vorn und hinten je zwei Rollen angebracht. Grundsätzliche Nachteile der beiden Franzosen hinsichtlich ihrer Beweglichkeit auf dem von Gräben und Trichtern gekennzeichneten Schlachtfeld ließen sich auf diesem Weg nicht beseitigen. Auf diesem Gebiet zeigten die englischen Tanks deutliche Vorteile.

Erfolgreicher gestaltete sich der Einsatz von Sturmwagen bei der Fortsetzung der Aisneschlacht in der zweiten Oktoberhälfte 1917. Dabei sollte die deutsche Front auf der Hochfläche des Chemin des Dames, im Umfeld des Forts Malmaison, auf 12 km Breite ins Wanken gebracht werden. Dafür standen 68 Fahrzeuge (36 Schneider, 28 St. Chamond und je zwei Funkwagen beider Typen) zur Verfügung. Aus den Fehlern der Vergangenheit waren Lehren gezogen worden; es hatte eine gründliche Aufklärung der deutschen Stellungen gegeben. Die Annäherung an die Front, Angriffswege und Angriffsweise wurden vorher im Detail geregelt und an einem nachgebildeten Stellungssystem zusammen mit der Infanterie geübt. Trotzdem blieben 27 Sturmwagen beim Vormarsch durch die eigenen Stellungen infolge technischer Probleme und der Schwierigkeiten mit dem Gelände liegen. 15 fuhren sich innerhalb der vorderen deutschen Linien fest, 21 stießen tatsächlich in eine Tiefe von 3–5 km vor und bahnten der Infanterie den Weg. Nur sechs Sturmwagen erhielten Artillerietreffer.

Im Frühjahr 1918 drangen die deutschen Truppen im Rahmen der »Michael«-Offensive weit nach Westen vor. Die bestehenden 28 Sturmwagenabteilungen (in acht Gruppen) mit 245 Fahrzeugen vom Typ Schneider sowie 222 vom Typ St. Chamond wurden Heeresreserve und bei Champlieu versammelt, um einen größeren deutschen Durchbruch im Gegenangriff auffangen zu können. Sie fanden in den folgenden Wochen bei verschiedenen Gelegenheiten Verwendung. So griffen zwölf Sturmwagen Schneider am 28. Mai erfolgreich während eines Ablenkungsangriffes bei Montidier in das Kampfgeschehen ein und hatten dabei keine Verluste. Am 9. Juli konnten die Franzosen am Retzer Wald durch die gut organisierte Zusammenarbeit der Sturmwagen mit der Infanterie, der Artillerie und den Schlachtfliegern einen deutschen Angriff abwehren. Angesichts der Erfolge wuchs das Vertrauen der Infanterie in die Zusammenarbeit mit den gepanzerten Kampfwagen; ohne ihre Unterstützung wollte sie gar nicht mehr zum Sturmangriff antreten.

Obwohl die Schneider und St. Chamond noch Ende September 1918 an den alliierten Durchbruchsversuchen am Rande des Argonner Waldes in nennenswerten Stückzahlen (je 47) teilgenommen haben, war ihre große Zeit vorüber. An ihre Stelle trat ein leichter Kampfwagen, der Char Renault. Seine Entwicklungs- und Einsatzgeschichte ist bemerkenswert und eine unmittelbare Folge der taktisch-technischen Mängel der beiden Sturmwagen-Modelle. Sie begann im Dezember 1915 und endete erst im Zweiten Weltkrieg.

Obwohl man 1917 die Panzerung der Schneider M.16 an besonders exponierten Stellen auf 19,4 mm verstärkt hatte, boten sie nur unzureichenden Schutz. Sie gingen – wie das Bild eines völlig zerschossenen und ausgeglühten Sturmwagens zeigt – schnell in Flammen auf.

Zeitgenössische deutsche Postkarte mit einem Schmähreim auf den Einsatz französischer Sturmwagen im April 1917 an der Aisne:
»Der Franzmann schöpfte aus dem Tank Ei wieviel schwer erborgtes Geld
Den Mut zur Offensive
So'n Knallauto gekostet.
Er wälzt sich vor mit Gasgestank Jetzt steh'n die Biester hier im Feld
Doch die Sache ging schiefe. Zerschossen und verrostet!«

Ein Schneider M.16 der 3. Batterie / 3. Gruppe Char d'assaut (Hauptmann Beltz), der am 16. April 1917 im Abschnitt des V. Armeekorps, auf der Linie Amifontaine - Goudelaucourt abgeschossen wurde.

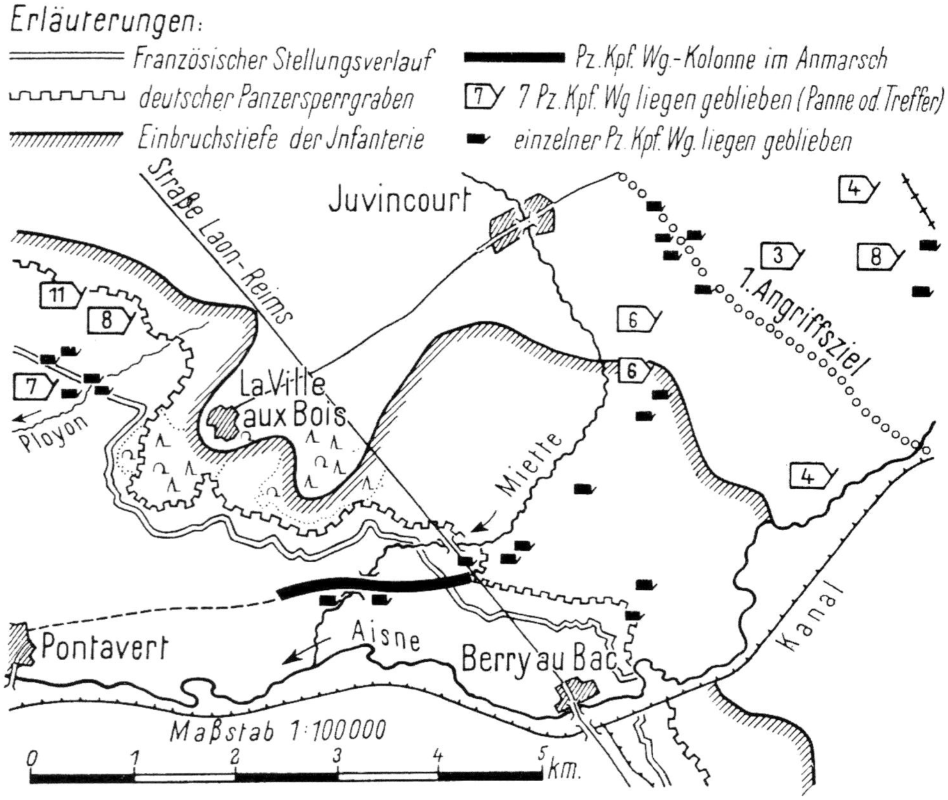


Der Einsatz der Sturmwagenabteilungen 1 bis 10 bei den drei Armeekorps der 4. Armee während der Schlacht an der Aisne in der zweiten Aprilhälfte 1917.

Ursprünglich waren für den Angriff an der Aisne in der zweiten Aprilhälfte 1917 neben 32 Sturmwagen Schneider M.16 auch 16 Sturmwagen St. Chamond vorgesehen, die man aber zu dieser Zeit als nicht einsatzbereit bewertet hat. Erstmals standen die vier Batterien der Sturmwagenabteilung 31 (Hauptmann Calmels) mit 16 Fahrzeugen während der Kämpfe um die Laffaux-Ecke am 5. Mai 1917 im Einsatz. Von den insgesamt 27 angreifenden Sturmwagen (dabei 11 Schneider) wurden sechs von der deutschen Artillerie zerschossen.

Der Sturmwagen St. Chamond Nr. 62668 wurde von den Deutschen erbeutet. Er gehörte zur 2. Serie mit der leistungsstärkeren 75-mm-Kanone mle. 1897, einer eckigen Fahrerkuppel auf der linken Fahrzeugseite sowie verbessertem Panzerschutz der Decke in Höhe der Lüfter.

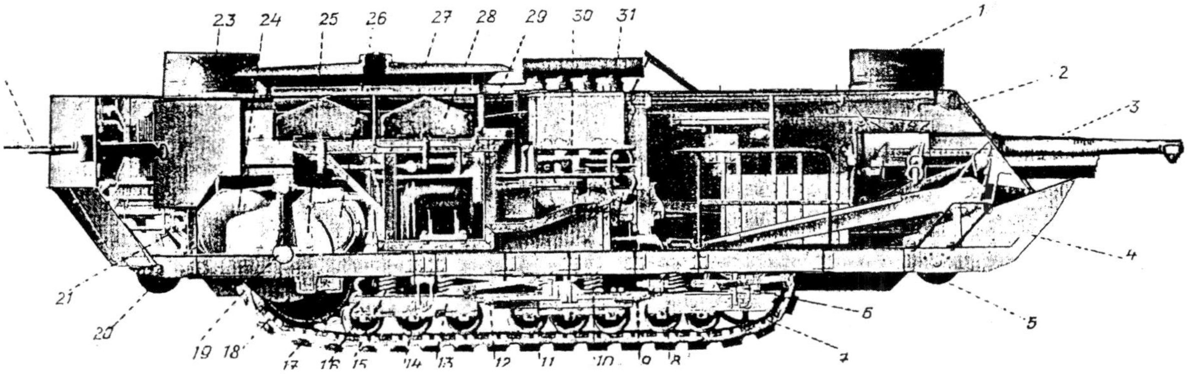


Schnittzeichnung Sturmwagen St. Chamond mit der benzin-elektrischen Antriebsanlage.

## Leichter Kampfwagen Renault FT

Bereits im Dezember 1915 war von Oberst J. B. Estienne ein leichter Kampfwagen von sieben Tonnen Gewicht zur Unterstützung der Infanterie gefordert worden. Einer der bekanntesten Konstrukteure und Unternehmer Frankreichs, L. Renault, lehnte diesen Auftrag zuerst ab. Er besaß keine Erfahrungen mit Gleiskettenfahrzeugen, außerdem war seine Firma in Billancourt (Seine) mit anderen Kriegsaufträgen voll ausgelastet. Nach einer erneuten Anfrage änderte er seine Meinung und begann 1916 mit der Konstruktion des Panzers. Der Prototyp konnte schon im Februar des folgenden Jahres auf dem Truppenübungsplatz Champlieu vorgestellt werden, wobei der Konstrukteur das Fahrzeug selbst steuerte.

Erstmals besaß ein Kampfwagen einen um 360° schwenkbaren Turm und konnte mit seinen Waffen in alle Richtungen schießen. Die Panzerplatten lieferte zu einem großen Teil die englische Firma Miris Steel Companie aus Sheffield. Sie boten Schutz vor dem Beschuss mit der deutschen 7,92-mm-SmK-Munition. Teile der Antriebsanlage übernahm Renault aus der Kraftfahrzeugproduktion, darunter den 4-Zylinder-Motor.

Am 22. Februar 1917 folgte ein Auftrag über 150 leichte Kampfwagen, von denen tatsächlich 117 geliefert wurden. Äußerlich unterschieden sie sich von den Fahrzeugen der Großserie durch den flacher ausgebildeten Drehturm mit Kuppel. Sie dienten Truppenversuchen und Ausbildungszwecken. 24 Stück erhielten, ebenfalls für Ausbildungszwecke, die englischen Streitkräfte.

| | |
|---|---|
| Baujahr | 1917 |
| Besatzung | 2 Mann |
| Gefechtsgewicht | 5,8 t |
| Länge | 4030 mm (4940 mm mit Hecksporn) |
| Breite | 1740 mm |
| Höhe | 2012 mm |
| Bodenfreiheit | 410 mm |
| Watfähigkeit | 700 mm |
| Kletterfähigkeit | 600 mm |
| Steigfähigkeit | 45° |
| überschreitet | 1800 mm |
| Geschwindigkeit | 8 km/h |
| Fahrbereich | 45–60 km |
| Motor | 4-Takt-Otto, 4 Zylinder |
| Typ | Renault |
| Leistung | 39 PS |
| Drehzahl | 1500 U/min |
| Kühlung | Wasser |
| Bewaffnung | 1 Maschinengewehr, Kaliber 8 mm |
| Panzerung | 6–22 mm |

Ausbildung mit den neuen leichten Kampfwagen Renault FT. Im Vordergrund ein Fahrzeug mit 37-mm-Geschütz, im Hintergrund ein zweiter Wagen mit 8-mm-Maschinengewehr Hotchkiss.

Weitere Entwürfe und Prototypen leichter Kampfwagen entstanden bei den Firmen Delaunay-Belleville / St. Denis (Seine), Rochet-Schneider / Lyon-Mont-Plaisir (Rhône) und Peugeot / Paris (Ville).

Der Char Renault wurde zu einer Erfolgsgeschichte. Seine gelungene, für den Kampfwagenbau richtungsweisende Konstruktion war auch ein Ergebnis der Auswertung bisheriger Erfahrungen. Die Kampfwagentruppe, die schon mit der Unterstützung von Nivelle entstanden war, fand trotz einer Reihe empfindlicher Rückschläge in Oberbefehlshaber General H. P. Petain und seinem Generalstabschef General F. Foch (beide wurden im November 1918 zu Marschällen befördert) einflussreiche Förderer. Sie verstanden es, das Potential der neuen Waffe zu nutzen. Zu einer Konfrontation unterschiedlicher Auffassungen mit existenziellen Bedrohungen für ihren Fortbestand, wie beim Royal Tank Korps, ist es in Frankreich nicht gekommen.

Für die französische Automobilindustrie, die in die Fertigung des leichten Panzers eingebunden war, ergaben sich zwischen 1917 und 1919 nachfolgend genannte Auftrags- und Lieferzahlen:

| Firma | geordert | geliefert |
|---|---|---|
| Renault | 3940 | 2620[1] |
| Berliet | 1995 | 1025 |
| Somua | 1135 | 481 |
| Delaunay-Belleville | 730 | 390 |
| Summe | 7800 | 4516 |

[1] Anmerkung: einschließlich 200 Renault TSF und 40 Renault 75 S mit 75-mm-Geschütz.

Ein Renault FT (Nr. 73654) mit dem runden Turm der Firma Automobiles M. Berliet SA / Vènissieux (Rhône).

## Leichter Kampfwagen Renault FT (Maschinengewehrbewaffnung)

Die Bestellung leichter Kampfwagen Renault FT wurde innerhalb kurzer Zeit auf 1000, später auf 3650, schließlich auf insgesamt 7800 Stück erhöht. Davon sollten nach einer Verfügung vom 12. Juni 1917 60% mit Kanonenbewaffnung, 30% mit Maschinengewehrbewaffnung und 10% als Funkpanzer ausgeliefert werden. Für die Realisierung mussten weitere Firmen in das Fertigungsprogramm eingeschaltet werden: Automobiles M. Berliet SA / Vénissieux (Rhône) mit 800 Stück, Rochet Schneider SA / Lyon-Montplaisir mit 600 Stück und Delaunay-Belleville / St. Denis (Seine) mit 280 Stück. Wöchentlich verließen bis zu 75 leichte Kampfwagen dieses Typs die Werkhallen; bis zum 11. November 1918 belief sich ihre Gesamtzahl auf 3177 Stück.

Unterschiede zeigten sich hinsichtlich der Drehtürme – es gab sie in runder, kegelstumpfförmiger und achteckiger Form. Fahrzeuge mit Maschinengewehrbewaffnung hatten einen Kampfsatz von 4800 Schuss. Sie waren innerhalb der Züge und Kompanien auf die Zusammenarbeit mit den mit Kanonen bewaffneten Kampfwagen angewiesen.

Die taktische Leistungsfähigkeit des neuen Geräts wurde sehr hoch bewertet: sie gestattete eine völlig neue Verwendung, auch den Einsatz im Bewegungskrieg. Dafür mussten aber spezielle Kampfwagentransporter, Lastwagen der Fabrikate Renault und Pierce Arrow R 9, beschafft werden.

| | |
|---|---|
| Baujahr | 1917–1918 |
| Besatzung | 2 Mann |
| Gefechtsgewicht | 6,5 t |
| Länge | 4030 mm (4940 mm mit Hecksporn) |
| Breite | 1740 mm |
| Höhe | 2140 mm |
| Bodenfreiheit | 410 mm |
| Watfähigkeit | 700 mm |
| Kletterfähigkeit | 600 mm |
| Steigfähigkeit | 45° |
| überschreitet | 1350–1800 mm |
| Geschwindigkeit | 7,7 km/h |
| Fahrbereich | 60 km |
| Motor | 4-Takt-Otto, 4 Zylinder |
| Typ | Renault |
| Leistung | 39 PS |
| Drehzahl | 1500 U/min |
| Kühlung | Wasser |
| Bewaffnung | 1 Maschinengewehr, Kaliber 8 mm |
| Panzerung | 6–22 mm |

60203

## Leichter Kampfwagen Renault (Kanonenbewaffnung)

Ein Teil der leichten Renault-Kampfwagen FT 17/18 wurde mit einem 37-mm-Geschütz SA 18 der Firma Puteaux bewaffnet. Es gab sie mit rundem und mit achteckigem Drehturm. Der Kampfsatz umfasste 237 Granatpatronen, wovon 20 Kartätschen waren.

Aufgabe der Kampfwagen mit Kanonenbewaffnung war es, die mit Maschinengewehrbewaffnung bestückten Kampfwagen zu unterstützen, insbesondere bei der Bekämpfung von gegnerischen Maschinengewehrnestern und Bunkerscharten. Die tatsächliche Wirkung der 0,55 kg schweren Sprenggranate blieb gering. Um so höher war die moralische Wirkung der beweglichen kleinen Kampfwagen, vor allem, wenn es zu einer engen Zusammenarbeit mit der Infanterie kam. Für den Kampf gegen eine starke und auch gegen Panzer abwehrbereite Verteidigung war der Renault zu schwach. Das zeigte sich Ende August 1918 bei den französischen Durchbruchsversuchen nördlich von Soissons.

Im Sommer und Herbst 1918 erbeuteten die deutschen Truppen einige Renault-Kampfwagen. Angaben über eine Wiederverwendung gibt es nicht. Nach dem Krieg wurde er in zahlreiche Länder exportiert, u. a. nach Belgien, Brasilien, China, Estland, Finnland, Italien, Polen und in die Schweiz.

Die französische Armee verfügte bei Ausbruch des Zweiten Weltkrieges noch über 534 leichte Kampfwagen Renault FT 17/18, die in selbständigen Panzerbataillonen und -kompanien eingesetzt wurden.

| | |
|---|---|
| Baujahr | 1917–1918 |
| Besatzung | 2 Mann |
| Gefechtsgewicht | 6,7 t |
| Länge | 4040 mm (4940 mm mit Hecksporn) |
| Breite | 1740 mm |
| Höhe | 2140 mm |
| Bodenfreiheit | 410 mm |
| Watfähigkeit | 700 mm |
| Kletterfähigkeit | 600 mm |
| Steigfähigkeit | 45° |
| überschreitet | 1350–1800 mm |
| Geschwindigkeit | 7,7 km/h |
| Fahrbereich | 60 km |
| Motor | 4-Takt-Otto, 4 Zylinder |
| Typ | Renault |
| Leistung | 39 PS |
| Drehzahl | 1500 U/min |
| Kühlung | Wasser |
| Bewaffnung | 1 Kanone L/21,6, Kaliber 37 mm |
| Panzerung | 6–22 mm |

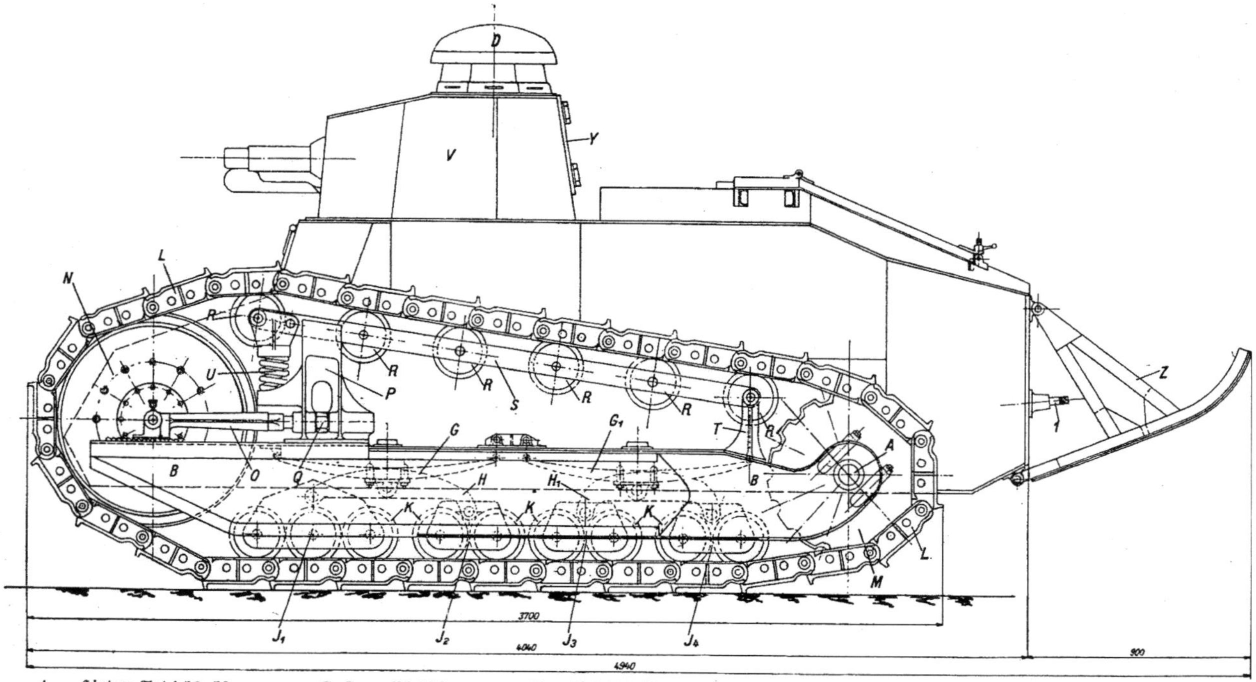


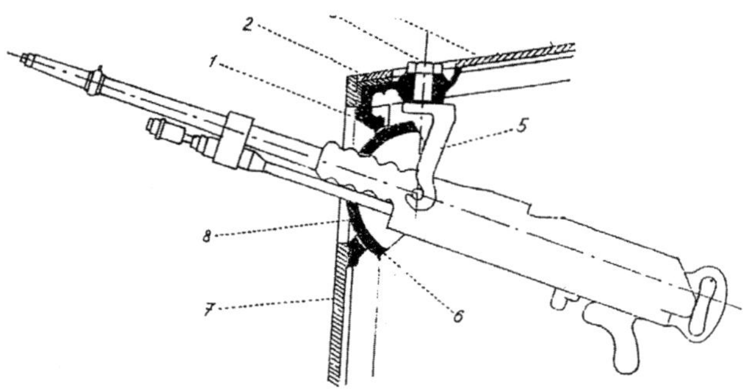

Als Maschinengewehr wurde in Frankreich in Panzerfahrzeugen das Modell Hotchkiss mle.14 verwendet. Der Gasdrucklader mit luftgekühltem Lauf wog 24 kg, erreichte eine theoretische Feuergeschwindigkeit von 400 Schuss/min und konnte bis 2400 m weit schießen. In den Schneider- und St. Chamond-Wagen waren sie in Kugelblenden (vgl. Abbildung), im Renault in einer vertikal schwenkbaren Walzenblende im Drehturm eingebaut. Der leichte Kampfwagen führte 50 Gurte mit je 96 Patronen (= 4800 Schuss) mit.

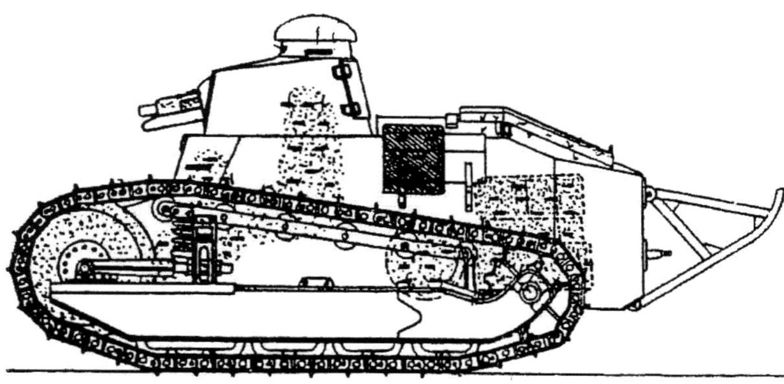

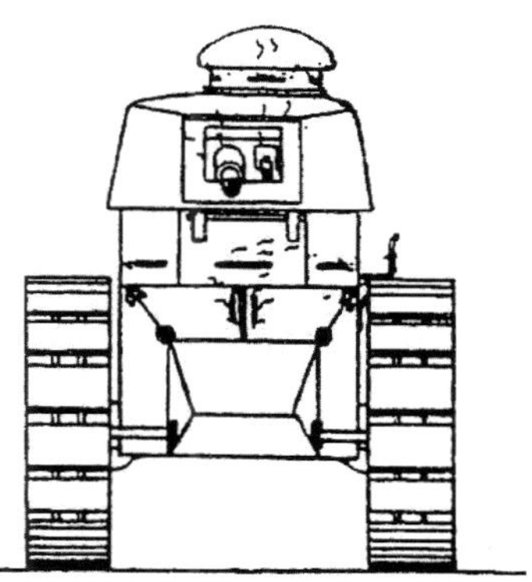

Die 37-mm-Kampfwagenkanone SA 18 L/21,6 kam aus den Artilleriewerkstätten Puteaux (Seine) und war zum Verschuss der Munition der Infanteriekanone 16 T.R. L/21,6 eingerichtet. Das Geschütz mit Vollrohr mit angeschmiedetem Bodenstück, Rohrrücklaufbremse, Federvorholer und halbautomatischem Fallkeilverschluss erreichte eine Feuergeschwindigkeit von 8–10 Schuss/min.

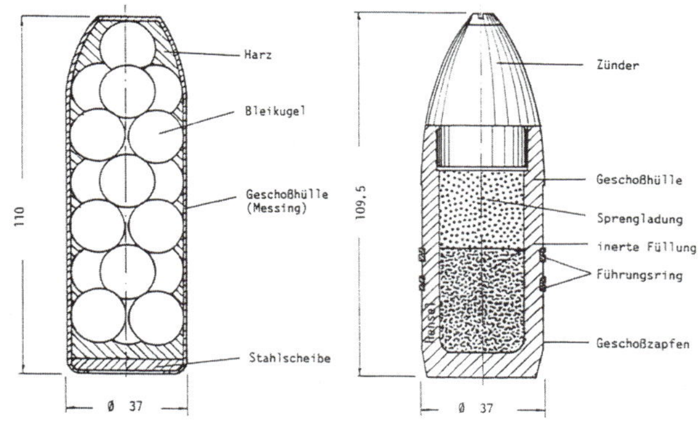


Es gab Spreng- und Panzergranaten ($V_0$= 367–388 m/s) sowie Kartätschen.
Die wirksame Schussweite lag bei 2400 bzw. 400 m.
Der Kampfsatz umfasste 237 Granatpatronen.

## Funkpanzerwagen Renault TSF

Vom leichten Kampfwagen Renault FT gab es verschiedene Abarten. Zu den interessantesten Entwicklungen zählte zweifellos der Renault TSF, der an Stelle des Drehturmes und der Bewaffnung einen festen Aufbau, ein Sende- und Empfangsgerät sowie einen Funkmast erhielt. Die Reichweite des Funkgerätes ER 10 ist mit 10.000 m abgegeben.

Das erste Fahrzeug war am 10. Dezember 1917 auf dem Truppenübungsplatz Champlieu vorgestellt worden. Es war vorgesehen, 10% der Gesamtfertigung der leichten Kampfwagen Renault als Funkpanzerwagen auszuliefern. Konkret gab es zwei Aufträge – im Januar und im Juli 1918 – für zusammen 200 Stück. Sie kamen bis 1919 zur Auslieferung und fanden in Panzerbataillonen als Befehls- und Nachrichtenfahrzeuge sowie zur Signalgebung Verwendung.

| | |
|---|---|
| Baujahr | 1917–1918 |
| Besatzung | 3 Mann |
| Gefechtsgewicht | 6,5 t |
| Länge | 4040 mm (4940 mm mit Hecksporn) |
| Breite | 1740 mm |
| Höhe | 2500 mm |
| Bodenfreiheit | 410 mm |
| Watfähigkeit | 700 mm |
| Kletterfähigkeit | 600 mm |
| Steigfähigkeit | 45° |
| überschreitet | 1350–1800 mm |
| Geschwindigkeit | 7,7 km/h |
| Fahrbereich | 60 km |
| Motor | 4-Takt-Otto, 4 Zylinder |
| Typ | Renault |
| Leistung | 39 PS |
| Drehzahl | 1500 U/min |
| Kühlung | Wasser |
| Bewaffnung | ohne |
| Panzerung | 6–16 mm |

Im Unterschied zu den Sturmwagen wurden die leichten Kampfwagen Renault FT in Bataillonen zusammengefasst, jedes mit drei Kompanien zu je 25 Fahrzeugen (davon 15 mit Kanonenbewaffnung), wozu noch ein Renault TSF trat. Drei Bataillone bildeten ein Regiment, von denen sieben zur Aufstellung kamen. Die ersten Einheiten mussten ihre Feuertaufe am 31. Mai 1918 in den Kämpfen zwischen Oise und Marne bestehen. 30 Renault vom Panzerregiment 501 attackierten an der Straße Soissons - Paris in mehreren Wellen die 9. Infanterie- sowie die 14. Reservedivision. Hier erkannte man die kleinen Kampfwagen erst sehr spät; von der Artillerie konnten nur drei (= 10%) abgeschossen werden. Es gelang, die Deutschen zurückzudrängen.

In der ersten Junihälfte wurden bei der Verteidigung des Waldes von Villiers Cotterèts (Retzer Wald) westlich von Soissons neben drei Gruppen mit 132 Chars d'assaut bereits zwei Panzerregimenter mit 180 leichten Kampfwagen eingesetzt.

Auf deutscher Seite kam es zu ersten Krisen. Die Angriffskraft der Verbände war erschöpft. Das neue Gerät der Franzosen hatte sich bewährt. Das zeigten die Kämpfe an den folgenden Tagen.

Die Deutschen registrierten den vermehrten Einsatz an Panzern bei Gegenangriffen. Interessant ist in diesem Zusammenhang ein Bericht über die Kämpfe im Abschnitt der 28. Reservedivision, die in den frühen Morgenstunden des 3. Juni zum Angriff auf Courcy - Bouty - Faverolles angetreten war:

*»Da brachen gegen 6.30 Uhr vorm. aus dem vorspringendem Waldteile nördlich Bouty fünf Panzerwagen hervor. ... Die Panzerwagen wandten sich zunächst gegen das III./Reserveregiment 111 und durchbrachen seine vorderen Linien, die jetzt zurückmußten. Von der Bataillonsreserve an der Straße wurde der Kampf gegen sie sowie gegen dichte, dahinter folgende Infanteriemassen aufgenommen. Die leichten Minenwerfer der Bataillone griffen erfolgreich ein und brachten zwei Panzerwagen zum Stehen, doch feuerten diese mit M.G. und Gewehr-Granaten (?) weiter.«*

*Der Gegner konnte die Straße wieder besetzen und stellenweise darüber hinaus vorstoßen. »Inzwischen hatten sich die übrigen drei mehr nach Norden gewandt, einer davon wurde zum Abdrehen gezwungen, die letzten zwei brachen weiter durch, ... immer gefolgt von ihrer Infanterie.«*

Erst nachdem Gorcy besetzt war, gelang es, auch diese beiden Panzerwagen außer Gefecht zu setzen und ihre Besatzungen gefangen zu nehmen. Innerhalb dieses zweieinhalb Stunden dauernden Gefechtes hatte allein das Reserve-Infanterieregiment 111 19 Offiziere und 514 Mann verloren. Generalmajor H. Guderian kommentierte dieses Gefecht in seinem nach Ausbruch des Zweiten Weltkrieges herausgegebenen Buches »Achtung - Panzer!«:

*»Man überlege: fünf Panzer mit zusammen zehn Mann Besatzung bringen eine ganze Division in Unordnung!«*

Auch während der Abwehr deutscher Angriffe am Surmelinbach Mitte Juli 1918 fanden Gruppen von 15 bis 45 Renault-Panzern bei Gegenstößen erfolgreich Verwendung. Sie gehörten zum 5. Bataillon des Panzerregiment 501. Einen von ihnen konnten die Deutschen im dichten Unterholz des Bois de Condè (Wald von Condè) erbeuten. Seine Besatzung hatte sich ohne Infanteriebegleitung zu weit vorgewagt. Er wurde gründlich ausgewertet. Anleitungen über die Bekämpfung dieses Kampfwagentyps erschienen allerdings mit erheblicher Verzögerung; erst am 20. August gab der Chef des Generalstabes des Feldheeres ein »Merkblatt über den kleinen französischen Tank« (Ic Nr. 94 498 op.) heraus – offenbar in viel zu kleiner Auflage, die Truppe musste sich mit Abschriften behelfen.

Nachdem die letzten Vorstöße der Deutschen beiderseits Reims gescheitert waren, holten die Alliierten zum Gegenschlag aus. In ihren Plänen spielten gepanzerte Kampfwagen in unterschiedlicher Konzentration eine wichtige Rolle. Die Franzosen begannen die Folge der Großangriffe am 18. Juli 1918 im Abschnitt der 10. Armee. Hier wurde der Angriff mit einem kurzen Feuerschlag aus 1545 Geschützen eröffnet und von einer Feuerwalze begleitet. 235 leichte Panzer und Sturmwagen waren beteiligt. 102 wurden außer Gefecht gesetzt, davon 62 (= 36%) von der deutschen Artillerie. Den Angriff der weiter südlich vorgehenden 6. Armee unterstützten 147 Kampf- und Sturmwagen (135 Renault, 12 St. Chamond). Nach deutschen Meldungen sind davon 15 (= 11%) zerstört worden.

Lediglich das Festhalten an überkommenen, schematischen Angriffsformen rettete die Deutschen vor einer Niederlage größeren Ausmaßes. Die Angreifer blieben – wie sich später zeigen sollte – planmäßig stehen, um der Artillerie einen Stellungswechsel nach vorn zu ermöglichen. Ein Kavalleriekorps, was hätte verhindern können, dass die Verteidiger eine Atempause erhielten, stand zu weit rückwärts. Die Kavalleristen erreichten die Front erst am Nachmittag, wo sie an der wieder gefestigten Verteidigung des Gegners scheiterten. Drei als Reserve bei der 10. Armee zurückgehaltene Renault-Bataillone kamen schließlich nur noch zögerlich und zersplittert zum Einsatz. Das deutsche Westheer hatte viel Gelände verloren, dazu 12.000 Gefangene und 250 Geschütze. Doch es war nicht entscheidend geschlagen; die Frontlinie zeigte eine 8 km tiefe Einbuchtung, aber sie stand.

An dem am 28. August 1918 begonnenen Durchbruchsversuch zweier französischer Armeen nördlich Soissons waren zuletzt acht Panzerbataillone beteiligt. Für den ersten Angriff standen 274 Kampfwagen in gut getarnten Stellungen bereit. Ihr Auftrag bestand darin, eng mit der Infanterie zusammenzuwirken. Alle Angriffe trafen auf einen abwehrbereiten Gegner mit intakter Panzerabwehr. Bis zum Ausklang der Kämpfe am 17. September gingen von den 486 Renault 215 verloren, wiederum 60 durch Treffer der Artillerie. So verlor das 5. Panzerbataillon 70% seines Sollbestandes; bei anderen waren es weniger. Dagegen blieben die Geländegewinne der Angreifer gering.

Im Verlaufe der Kämpfe hatten sich die vielen Vorzüge des Renault-Kampfwagens erneut gezeigt, aber für den Kampf und das Durchbrechen einer starken Verteidigung war er zu leicht, zu klein und zu schwach bewaffnet. Deshalb regte General J. B. Estienne an, für die zu erwartenden Kämpfe um stärker ausgebaute deutsche Stellungen schwere Durchbruchswagen zu entwickeln. Daraufhin entstanden bei den Firmen FAMH, besser bekannt als St. Chamond, und der FCM Company mehrere Projekte. Letztere konnten dem Berater-Komitee der Sturmartillerie im Dezember 1917 sogar einen Prototypen, den über 40 Tonnen schweren Char FCM 1A, vorstellen. Daraus entstand 1919 der FCM 2C, von dem zehn Stück gebaut wurden. Weiterhin verfolgte man das trilaterale Projekt der Alliierten, den schweren Kampfwagen Mk-VIII »Liberty«. Seine Produktion wurde in Neuy-Pailloux unweit Châteauroux vorbereitet. Erste Lieferungen erwartete man für das Jahr 1919. Letztlich entschied man sich in Frankreich für die Sofortlösung eines schweren Durchbruchskampfwagens, nahm das Angebot der Engländer wahr und kaufte 100 Tanks Mk-V* (80 mit Kanonen- und 20 mit Maschinengewehrbewaffnung). Sie trafen bis Oktober 1918 ein und blieben bis 1930 im aktiven Dienst.

Mit maximal 7,7 km/h war der Renault FT nicht sonderlich schnell. Um die operative Beweglichkeit des leichten Kampfwagens sicherstellen zu können, wurde er auf spezielle Lastkraftwagen der Fabrikate Renault, Latil oder Pierce-Arrow verlastet.

Leichter Kampfwagen Renault FT mit der zweiköpfigen Besatzung. Er zählte zu den Infanteriekampfwagen. Deren wichtigste Aufgabe war es, den Kampf der Infanterie zu unterstützen, vor allem die feindlichen Maschinengewehre auszuschalten.

Von der deutschen Abwehr außer Gefecht gesetzter leichter Kampfwagen Renault FT. Er zeigt den für 1918 typischen aus drei Farben bestehenden, stark gezackten Tarnanstrich.

Vor einer deutschen Artilleriestellung zerstörter Renault FT. Die Franzosen hatten die Erfahrung gemacht, dass es vergleichsweise leicht war, die Stellungen der deutschen Infanterie zu durchstoßen. Kampfwagen gingen erst bei Annäherung an die Artillerie verloren. Dazu Karte vom Verlauf der Kämpfe am 18. Juli 1918.

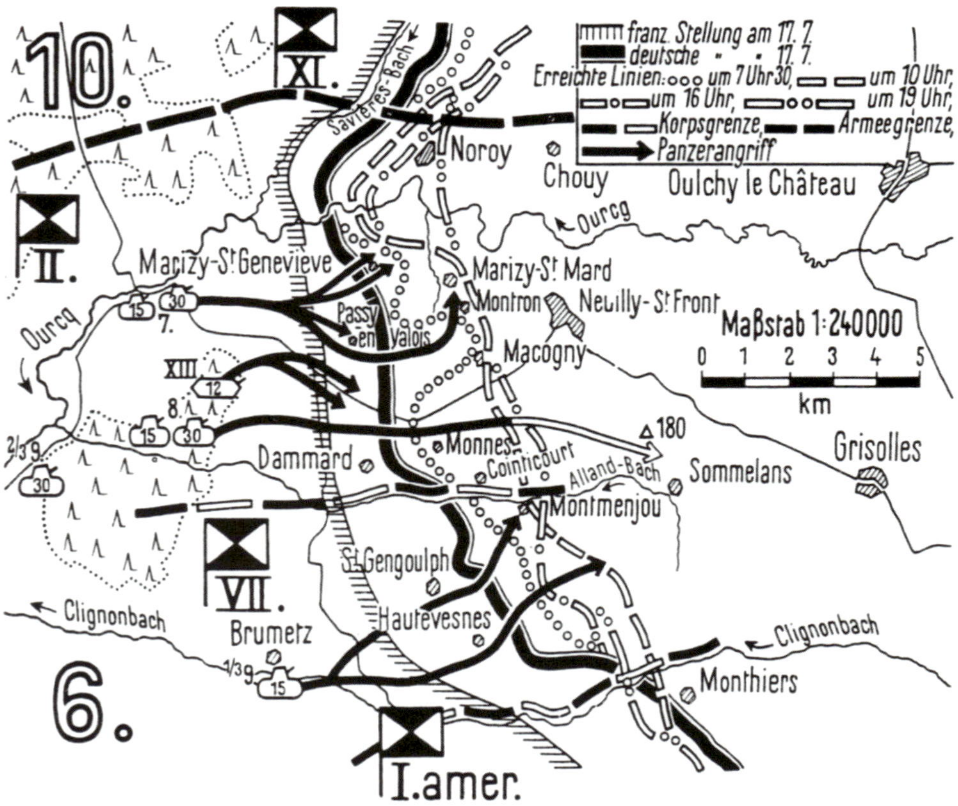

Ein leichter Kampfwagenzug, darunter drei Wagen mit 37-mm-Kampfwagenkanone und zwei mit 8-mm-Hotchkiss-Maschinengewehr während einer Marschpause. Im Hintergrund ist ein Funk- und Signalpanzer Renault TSF zu sehen.

Vorbeimarsch der Kampfwagen während der Siegesparade am 14. Juli 1919 in Paris.

Den ersten leichten Kampfwagen Renault FT erbeuteten die Deutschen Mitte Juli 1918 während der Kämpfe im Wald von Condè. Seine Besatzung musste ihn in das Hinterland fahren, bevor sie in Gefangenschaft ging. Der Wagen wurde im Auftrag des Chefs des Feldkraftfahrwesens erprobt. Die Ergebnisse förderten die Entwicklung leichter Kampfwagen im deutschen Heer.

Wache für Frankreich. Französischer Kampfwagen auf dem Westufer des Rheins, vor der Pfalz auf der Rheininsel bei Kaub und der Burg Gutenfels. Zeitgenössische Postkarte nach einer Vorlage aus dem Atelier Joe Bridge, Paris, in Zusammenarbeit mit der französischen Rheinarmee.

## Durchbruchs-Sturmwagen St. Chamond

| | |
|---|---|
| Baujahr | 1917 (nur Projekt) |
| Gefechtsgewicht | 36 t |
| Geschwindigkeit | 9 km/h |
| Motor | 4-Takt-Otto, 4 Zylinder |
| Leistung | 120 PS |
| Kühlung | Wasser |
| Bewaffnung | 1 Kanone, Kaliber 75 mm<br>4 Maschinengewehre |

General J. B. Estienne hatte bereits 1917 schwere Kampfwagen gefordert, die in der Lage waren, starke und tief gegliederte Verteidigungslinien zu durchbrechen. Die Firma FAMH / St. Chamond schlug daraufhin einen 25 Tonnen schweren Kampfwagen vor, dessen äußeres Erscheinungsbild mit dem rhombusförmigen Panzergehäuse, den umlaufenden Gleisketten und dem seitlichen Doppelerkern für je zwei Maschinengewehre (mit einem Schwenkbereich von 270°) an die englischen Tanks erinnerte. Neu waren die Unterbringung der Hauptbewaffnung, einer 75-mm-Kanone, in der Front, die Kuppel für Fahrer und Kommandant sowie der benzin-elektrische Antrieb. Es blieb bei dem Projekt.

Die französische Armee förderte aber weiterhin die Entwicklung eines eigenen schweren Durchbruchs-Kampfwagens mit benzin-elektrischem Antrieb.

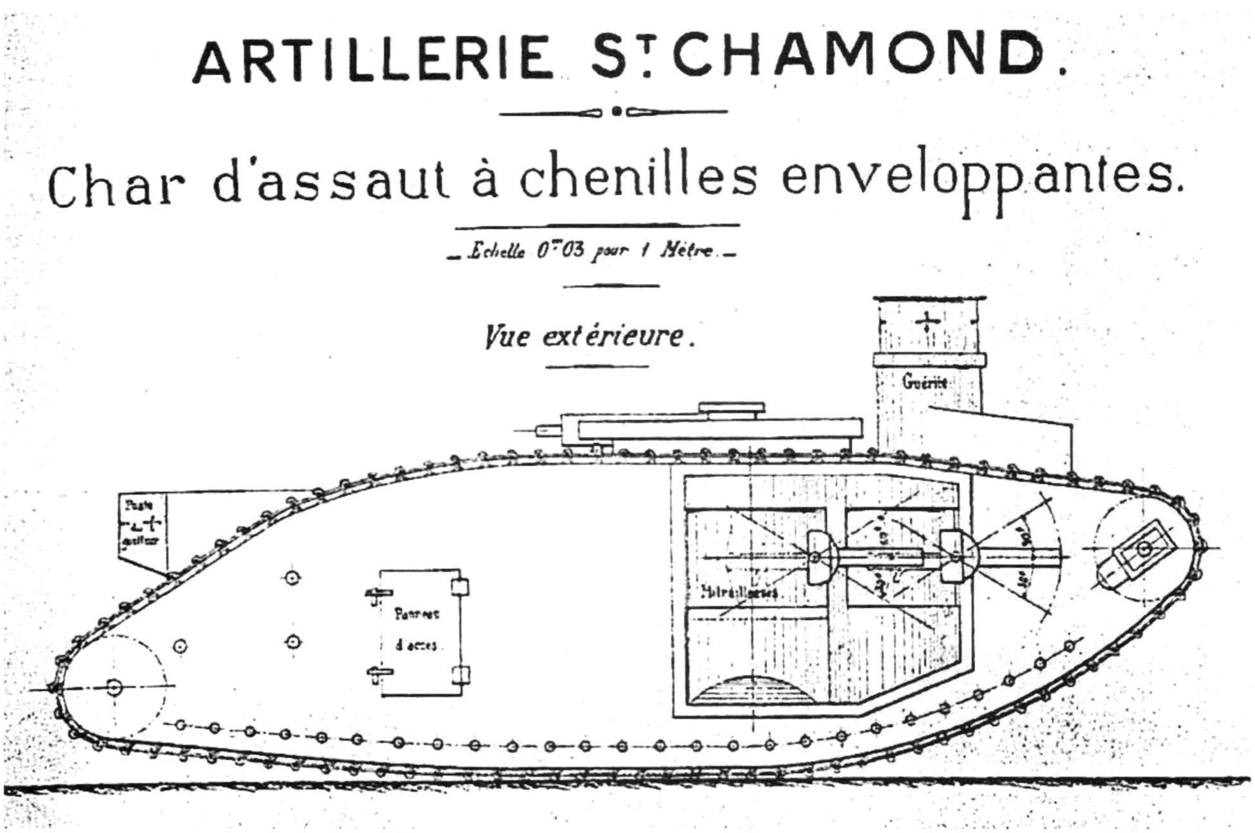

## Panzerkraftwagen Peugeot M.16

Die französischen Streitkräfte verwendeten Panzerkraftwagen unterschiedlicher Hersteller. Dazu gehörten die Firmen Hotchkiss, Renault und Peugeot, die auf die Fahrgestelle der bereits im Fertigungsprozess befindlichen Personenkraftwagen zurückgriffen. Die Firma SA des Automobiles Peugeot in Paris hatte bereits 1914 den modifizierten Peugeot 153 mit gepanzertem Aufbau und Maschinengewehrbewaffnung geliefert.

Das in den Jahren 1916/1917 herausgebrachte Modell gab es in zwei Bewaffnungsvarianten: mit einem 8-mm-Hotchkiss-Maschinengewehr oder einer 37-mm-Kanone L/21,6 von Puteaux und einem Maschinengewehr. Die Fahrzeuge fanden Verwendung in der Aufklärung, bei der Verfolgung und in der Sicherung von wichtigen Objekten.

Versuchsweise ist der Peugeot-Panzerkraftwagen auch mit einem Halbketten-Fahrgestell von Kégresse geliefert worden. 1918 wurden 28 Panzerkraftwagen Peugeot M.16 nach Polen geliefert.

| | |
|---|---|
| Baujahr | 1916–1917 |
| Besatzung | 4–5 Mann |
| Gefechtsgewicht | 5 t |
| Länge | 4800 mm |
| Breite | 1800 mm |
| Höhe | 2800 mm |
| Bodenfreiheit | 250 mm |
| Geschwindigkeit | 40 km/h |
| Fahrbereich | 140 km |
| Motor | 4-Takt-Otto, 4 Zylinder |
| Typ | Peugeot |
| Leistung | 40 PS |
| Kühlung | Wasser |
| Bewaffnung | 1 Kanone L/21,6, Kaliber 37 mm<br>1 Maschinengewehr oder<br>1 Maschinengewehr, Kaliber 8 mm |
| Panzerung | 5,5 mm |

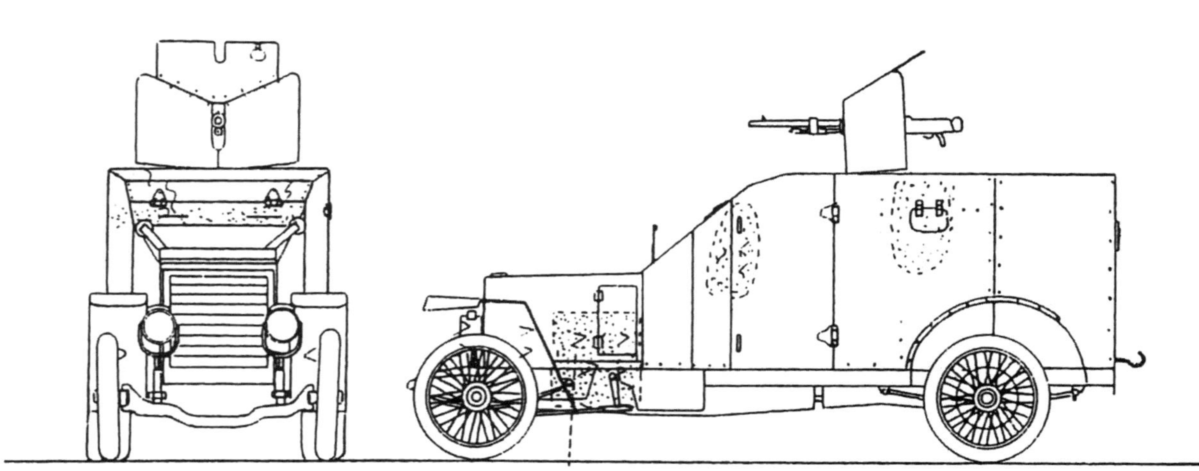

## Panzerkraftwagen White / Laffly 50 AM

Zu den modernsten Panzerkraftwagen der französischen Streitkräfte gehörte im Ersten Weltkrieg die White/Laffly 50 AM. Dafür wurden aus den USA Lastkraftwagen-Fahrgestelle der Firma White Motor Company / Cleveland (Ohio) importiert, die bei Laffly in Asnières (Seine) mit einem Panzeraufbau und der Bewaffnung versehen wurden. Außerdem erhielten sie Doppellenkung und ein Umkehrgetriebe, das vorwärts und rückwärts eine annähernd gleich hohe Geschwindigkeit ermöglichte.

Eingesetzt wurden Panzerkraftwagen White / Laffly zur Aufklärung und Verfolgung. In Deutschland traten sie nach dem Ende des Ersten Weltkrieges 1919 beim Einmarsch französischer Truppen in das Rheinland, 1921 in Schlesien und Anfang 1922 bei der Besetzung des Ruhrgebietes in Erscheinung. 1932–1934 wurden 99 der inzwischen veralteten Panzerkraftwagen noch einmal modernisiert. Sie fanden im Zweiten Weltkrieg Verwendung.

| | |
|---|---|
| Baujahr | 1918 |
| Besatzung | 4 Mann |
| Gefechtsgewicht | 6 t |
| Länge | 5600 mm |
| Breite | 2100 mm |
| Höhe | 2750 mm |
| Bodenfreiheit | 400 mm |
| Geschwindigkeit | 45 km/h |
| Fahrbereich | 250 km |
| Motor | 4-Takt-Otto, 4 Zylinder |
| Leistung | 35 PS |
| Kühlung | Wasser |
| Bewaffnung | 1 Kanone L/21, Kaliber 37 mm |
| | 2 Maschinengewehre, Kaliber 8 mm |
| Panzerung | 8 mm |

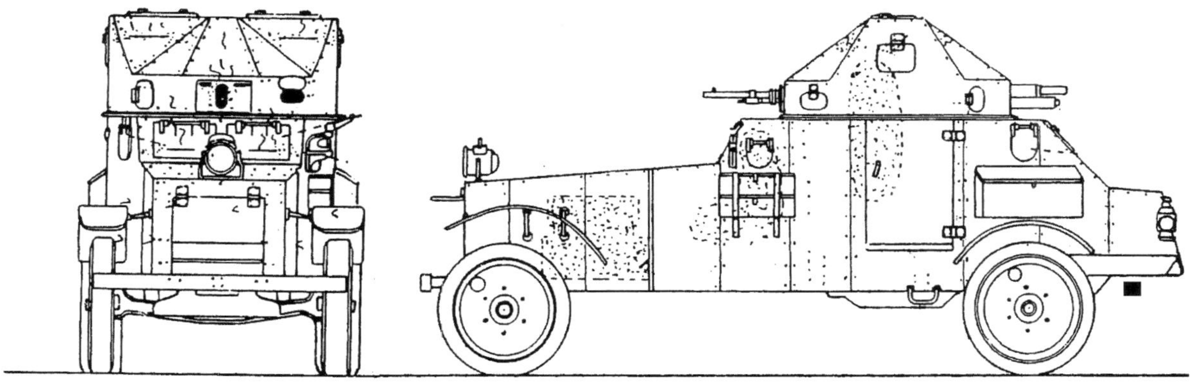

KAPITEL 4

# DEUTSCHLANDS SPÄTER AUFBRUCH IN DEN PANZERKRIEG

## Zwischen L. K. II und K-Wagen

*In Deutschland nahm* die Entwicklung geländegängiger und gepanzerter Kampffahrzeuge im Vergleich zu England und Frankreich einen anderen Verlauf, obwohl schon ab 1905 entsprechende Projekte bekannt, ja sogar Versuchsmuster gebaut und erprobt worden waren.

Im Großen Generalstab erkannte man den Wert einer Verbindung aus Motor, Waffe und Panzerschutz nicht. Man verwies »Kraftwagen auf die feste Straße und war vor dem Krieg selbstgefällig zufrieden«, wie Generalmajor a.D. E. Petter in seiner Studie »Die technische Entwicklung der deutschen Kampfwagen im Weltkriege 1914/18« (Berlin 1932) schrieb. Diese Voreingenommenheit bestimmte auch die Arbeit im Kriegsministerium. Es gab, jedenfalls auf diesem Gebiet der Heeresrüstung, eine einzige Ausnahme: Ballonabwehrkanonen auf allradgetriebenen, geländegängigen Kraftfahrzeugen.

Gleiskettenfahrzeuge wie der Holt-Caterpillar-Traktor – in allen anderen Ländern sehr bald der fahrzeugtechnische Ausgangspunkt für Kampfwagenkonstruktionen – blieben in Deutschland bis in den Krieg hinein weitgehend unbekannt. Erstaunlich, denn 1910 waren in Adlershof Versuche durchgeführt worden. Auch Berichte der k.u.k. österreichisch-ungarischen Heeresverwaltung über die Erprobung des Gleiskettenschleppers wurden ignoriert und mit der Bemerkung abgetan: »Eine praktische Bedeutung wird das System nicht erlangen.« In Deutschland fehlte es an einflussreichen Persönlichkeiten aus Politik, Wirtschaft und Militär, die – wie in anderen Ländern – das Entstehen geländegängiger und gepanzerter Kriegsfahrzeuge förderten. Das blieb einzelnen Unternehmern und Erfindern vorbehalten (vgl. hierzu Kapitel 2), die ohne Wissen um militärische Notwendigkeiten in technische Phantasiewelten aufbrachen.

Ein Kenner der Materie, Hauptmann Fries von der Verkehrstechnischen Prüfungskommission, äußerte sich schon 1920 in einem kritisch angelegten Beitrag über die Entwicklung deutscher Kampfwagen während des Ersten Weltkrieges:
*»In Deutschland war der Gedanke an „Landpanzerkreuzer“ schon viel früher, sogar schon im Frieden aufgetaucht. Aber einerseits verhielt sich der Generalstab diesen Anregungen gegenüber ablehnend, andererseits aber – und das ist der Hauptgrund – waren diese Vorschläge technisch so wenig durchgebildet und aussichtsreich, daß es nicht angängig schien, ihnen näherzutreten. Der Raupenantrieb (Caterpillar)* (Gleiskettenantrieb – der Verfasser) *war, wie zugegeben werden muß, bis Ende 1916 in Deutschland ganz unerprobt, trotzdem sich die österreichische Heeresverwaltung derartiger Zugmaschinen schon mit gutem Erfolg bediente. Der Glaube, daß das Kraftfahrzeug an die feste Straße gebunden sei, wurzelte tief im deutschen Heere. Als aber dann die ersten „Ungeheuer“ gegen uns an der Front erschienen, war es eine Hauptaufgabe, der Truppe die Überzeugung einzuimpfen, daß diese Maschinen ungefährlich und wertlos seien. Der Generalstab betonte mit so großem Nachdrucke den geringen taktischen Wert dieser Tanks, bis er anscheinend selber befangen war. Der Bau wurde, ... durch die Verhältnisse dazu gezwungen, ... zuerst mit großer Ruhe behandelt«.*

Ludendorff schrieb in seinen Kriegserinnerungen von 1919 über die Grundlagen der weiteren Kriegsführung und das Hindenburg-Programm vom August 1916: *»Für den Tankbau war die Zeit bei uns noch nicht gekommen«* – eine bemerkenswerte Fehleinschätzung.

Nach Petter hatte das Kriegsministerium die Entwicklung eines geländegängigen Kampfwagens schließlich selbst in die Hand genommen. Ein bezeichnendes Licht auf das damals herrschende Durcheinander wirft das Tauziehen um den »Überlandwagen« des Ingenieurs H. E. Bremer aus Neheim (Hochsauerland). Die Verkehrsabteilung erklärte am 8. November 1916, dass der »Bremer«-Wagen für eine Verwendung als gepanzertes Kampffahrzeug völlig ungeeignet sei. Elf Wochen später, am 23. Januar 1917, verfügte die Infanterieabteilung (A 2 Infanterie) im Kriegsministerium die Aufstellung von zwei Sturm-Panzerwagen-Abteilungen und ihre Ausrüstung mit eben diesem Kampfwagentyp. Das Fahrzeug war und blieb unbrauchbar; eine Erkenntnis, zu der die Verantwortlichen in der Obersten Heeresleitung erst im März des Jahres gelangten. Anfang April zog man dann die Aufstellungsverfügung zurück.

## Entwicklung und Einsatz

Eine Bestandsaufnahme des Kriegsministeriums ergab Erkenntnisse über weitere Kampfwagenkonstruktionen, deren Anfänge teils schon in der Vorkriegszeit gelegen haben und die man nun aber zwecks Beschleunigung der Entwicklungsarbeiten finanziell unterstützen wollte. Dazu zählte das Fahrzeug von F. W. Goebel, über das an anderer Stelle schon berichtet wurde. Der Erfinder brachte seinen »Landpanzerkreuzer« 1916 noch einmal in Vorschlag. Weitere Konstruktionen waren der »Orion«-Wagen, der »Dür«-Wagen (Dürkopp Werke AG / Bielefeld), der »Lanz«-Wagen (H. Lanz AG / Mannheim) sowie der »Treffas«-Wagen (Hansa-Lloyd-Werke AG / Bremen-Haestedt). Letzterem lag die Idee zugrunde, eine große gepanzerte Trommel mit einem Durchmesser von ca. 3 m mit einem 70-P-Motor zu bewegen und dabei mittels Schwanz mit schwenkbarer Rolle nach hinten abzustützen. Der Prototyp ist verschrottet worden. Radpanzerwagen konnten hinsichtlich ihrer Geländegängigkeit mit Fahrzeugen mit Gleiskettenfahrwerk nicht mithalten. Auf diesem Gebiet hatten Heeresverwaltung und Industrie viel nachzuholen.

Der Bremer-Geländewagen war in seiner ungepanzerten Ausführung schon am 6. Oktober 1916 vorgeführt worden. Bei 6,6 t Eigengewicht vermochte er 2,5 t Nutzlast aufzunehmen und war 6–12 km/h schnell. Als Kampfwagen wurde er am 11. März 1917 auf dem Mainzer Sand (Binnendüne, seit 1798 militärisch genutzt) erprobt, hinterließ aber keinen günstigen Eindruck.

Der Bremer-Geländewagen war in seiner ungepanzerten Ausführung schon am 6. Oktober 1916 vorgeführt worden. Bei 6,6 t Eigengewicht vermochte er 2,5 t Nutzlast aufzunehmen und fuhr 6–12 km/h. Als Kampfwagen wurde er am 11. März 1917 auf dem Mainzer Sand (Binnedüne, seit 1798 militärisch genutzt) erprobt, hinterließ aber keinen günstigen Eindruck.

Die Entwicklung des ersten deutschen Kampfwagens A.7.V. ist untrennbar mit dem Namen des Oberingenieurs J. Vollmer verbunden. Er war schon vor dem Krieg im Fahrzeugbau in Erscheinung getreten und besaß als einer der Gründer der Deutschen Automobilkonstruktionsgesellschaft auch Erfahrungen mit Heeresaufträgen. Ab 1915 nahm die Verkehrstechnische Prüfungskommission seine Dienste in Anspruch. Nachdem Ende Oktober im Kriegsministerium die Entscheidung zugunsten des A.7.V. gefallen war, ging es vordringlich darum, die Versäumnisse bei der Entwicklung von Gleiskettenfahrzeugen aufzuholen. Dafür wurde ein Holt-Caterpillar-Traktor beschafft und erprobt. Vollmer arbeitete dabei eng mit der Generalvertretung der Holt-Caterpillar Tractor Company, namentlich mit Dr. L. Steiner, zusammen. Beiden gelang es in kurzer Zeit, baureife Konstruktionszeichnungen für das Fahrgestell zu Papier zu bringen. Dem lagen die nachfolgend genannten militärischen Forderungen zugrunde:

1. Leistungen
a. Querfeldeinfahrt über jeden Boden;
b. Überfahren von Gräben bis 1,5 m Breite und
c. Hindernissen, z. B. Drahthindernissen, Erdmulden;
d. Nehmen von Steigungen querfeldein 1:10, auf Straßen 1:4;
e. Vor- und Rückwärtsfahren erwünscht;
f. Geschwindigkeit querfeldein 6, auf Straßen 12 km/h;
g. Nutzlast mindestens 4 t;
h. Panzerung entsprechend der Nutzlast.
2. Feuerwirkung: Schnellfeuergeschütz vorwärts und rückwärts, einige MG flankierend.
Feuerart: Gleichzeitiges Schießen aller Waffenblenden.
3. Ausstattung: 80/100 PS Maschine;
2 Schnellfeuergeschütze je 500 bzw. 300 Schuß mit Bedienungspersonal; 2 MG zu je 6000 Schuß mit Bedienungspersonal.
4. Angaben über Gewicht und Raumbedarf …

Die wichtigsten Vertreter der deutschen Kraftfahrzeugindustrie wurden über eine Technische Kommission in das Projekt eingebunden. Dem Kriegsministerium lagen im Dezember 1916 Zeichnungen des A.7.V.-Wagens Bauart Vollmer vor. Am 16. Januar 1917 war das Holzmodell des Panzeraufbaus fertig. Die Technische Kommission hatte 14 Wochen später Gelegenheit, den Aufbau auf dem Fahrgestell des A.7.V.-Prototyps in Aktion kennenzulernen.

Elf Firmen hatten Anteil an der Fertigung von Einzelteilen für den ersten deutschen Kampfwagen. Für den Zusammenbau waren die Daimler-Motorengesellschaft / Stuttgart-Untertürkheim, Werk Marienfelde, die H. Büssing Specialfabrik für Motorlastwagen, Motoromnibusse und Motoren / Braunschweig, die H. Lanz AG / Mannheim sowie die L. Loeb & Co. GmbH / Berlin-Charlottenburg zuständig. Die Serienfertigung des A.7.V. wurde mehrfach unterschiedlichen Belastungen ausgesetzt. So hatte das Kriegsministerium am 15. November 1916 seine zwei Tage zuvor erlassene Verfügung auf Betreiben der Obersten Heeresleitung erweitern müssen. Dieses forderte nun: *»a. einen Überlandpanzerwagen; b. einen Überlandwagen zur Güterbeförderung«.*

Im Februar 1917 wünschte die höchste Kommando- und Verwaltungsbehörde für den Überlandpanzerwagen rundum Sicherheit gegen Treffer der Feldartillerie. Das bedeutete, die Panzerung allseitig in einer Dicke von 30 mm auszuführen. Nur unter der Realisierung dieser Forderung sollten mehr als zehn A.7.V. gepanzert werden. Die Verkehrstechnische Prüfungskommission nahm sich dieses Auftrages an und ließ einen zeichneri-

Aus der Idee, ein beschusssicheres Fahrzeug zu entwickeln, das alle damals bekannten Hindernisse, auch Schützengräben, überwinden konnte, war der »Treffass«-Wagen entstanden. Er wurde am 27. Februar bzw. 4. März 1917 vorgeführt. Als Waffe zog man eine kleine Kanone in Betracht, auf dem Kasten in der Mitte wollte man ein Periskop installieren. Die Blechstärke der Radtrommel betrug 20 mm.

schen Entwurf anfertigen. Die Gewichtszunahme hätte bei 2,5 t gelegen. Der »F.K.-sichere A.7.V.« wurde nie gebaut. Weitere Forderungen führten zur Montage eines Versuchsmusters des schweren Kampfwagens A.7.V. U und zur Auftragserteilung für zwei Großkampfwagen K. Auf deutscher Seite war im Kampfwagenbau zu dieser Zeit keine klare konzeptionelle Linie erkennbar. Das änderte sich erst im Sommer 1918.

Der A.7.V. zeigte sich den englischen Tanks hinsichtlich der Panzerung überlegen. Er besaß die leistungsstärkere und moderner ausgelegte Antriebsanlage, ein gefedertes Fahrwerk und war doppelt so schnell.

Treffend ist die französische Beurteilung des am 24. April 1918 bei einem Angriff der schweren Kampfwagenabteilungen 1 bis 3 südlich von Villers-Bretonneux verloren gegangenen A.7.V. Nr. 542 »Elfriede«:
*»Sorgfältig konstruiert; mutmaßlich sehr schnell wegen der zwei Motoren zu je 100 PS; Geländegängigkeit in schwierigem Trichtergelände wegen der Raupenform und zu tief hinunterreichender Panzerung beschränkt. Bestückung mit einer 5,7-cm-Kanone nicht im richtigen Verhältnis zur Masse des Fahrzeuges, sondern zu schwach. Der fehlende Panzerboden gibt eine leicht verwundbare Stelle beim Aufbäumen, wenn der Wagen ein Hindernis erklettert.«*

Auf deutscher Seite erkannte man schnell die Mängel des Wagens. Sie waren bereits nach drei Einsätzen verschlissen und mussten zurückgezogen werden. Zum Kriegsende befanden sich von den 20 gelieferten A.7.V. nur noch wenige bei der Truppe. Einer der letzten, der Kampfwagen mit der Fahrgestell-Nummer 527 und dem Namen »Lotti«, hat am 1. Juni 1918 im Einsatz gestanden. Bei einem weiteren Versuch am 31. August bei Fremicourt (östlich Bapaume) waren von drei A.7.V. der Kampfwagenabteilung 2 (»Hagen«, »Herkules« und »Schnuck«) zwei von der eigenen Artillerie abgeschossen worden. »Hercules«, der die Tragödie überstanden hatte, erbeuteten die Engländer wenig später.

Am 28. September bezifferte man den verbliebenen Bestand an A.7.V.-Kampfwagen mit 13. Um Ersatz bemüht, hatte der Chef des Heereskraftfahrwesens am 2. September 1918 befohlen, den Zeitbedarf für die Panzerung und Bewaffnung von 50 Fahrgestellen des A.7.V.-Überlandwagens zu überprüfen. Zu einer Umsetzung dieses Vorhabens ist es aber nicht mehr gekommen.

Die Vorführung des A.7.V. mit einer Aufbauattrappe aus Holz vor der Technischen Kommission am 30. April 1917. Der A.7.V.-Wagen war das erste in Deutschland gebaute Fahrzeug mit Gleiskettenfahrwerk.

## Schwerer Sturmwagen A.7.V. (auch Schwerer Kampfwagen oder Panzerkampfwagen A.7.V.)

Obwohl noch am Bremer-Wagen und anderen Versuchskonstruktionen gearbeitet wurde, erteilte das Kriegsministerium am 13. November 1916 den Auftrag zur Konstruktion und zum Bau von Panzerkampfwagen (Deckname A.7.V.). Verantwortlich war die Verkehrstechnische Prüfungskommission in Zusammenarbeit mit der Gewehr- und der Artillerieprüfungskommission sowie elf Unternehmen der Industrie. Für die Herstellung der Gleisketten war z. B. die Firma Holt-Caterpillar Company / Budapest zuständig. Da hinsichtlich Antriebsanlage und Gleisketten keinerlei Erfahrungen vorlagen, erwarb man von der k.u.k. österreichisch-ungarischen Heeresverwaltung einen Holt-Caterpillar-Traktor. Später fand man bei Metz einen anderen, moderneren Caterpillar; er wurde nach dem Kriegsleistungsgesetz ausgehoben und der Verkehrsprüfungskommission zur Verfügung gestellt. Auf seiner Grundlage entstand das Fahrgestell.

Auch die anderen Konstruktionsarbeiten kamen gut voran. Am 16. Januar 1917 wurde ein Holzmodell des A.7.V. fertiggestellt. Von der bestellten Serie von 100 Stück sollten allerdings zunächst nur zehn gepanzert werden. Vorgesehen war Sicherheit gegen Treffer von Geschützen, was eine Panzerplattenstärke von 30 mm erforderlich machte. Aus Gewichtsgründen erhielten die 20 serienmäßig hergestellten Sturmwagen A.7.V. nur vorn eine Panzerung dieser Stärke. Außerdem baute man 5,7-cm-Kanonen L/26,3 ein, die aus in Belgien erbeuteten Beständen entnommen wurden. 79 A.7.V. kamen als ungepanzerte Geländewagen für den Munitionstransport, als Bergefahrzeuge und als Träger für je zwei 7,7-cm-Flugzeugabwehrkanonen zur Auslieferung.

Im September 1917 war ein ungepanzerter A.7.V. als Fahrschulwagen fertiggestellt. Die ersten Kampfwagen standen Ende Oktober fertig ausgerüstet zur Verfügung. Nach Angaben des Bayerischen Armee-Kraftwagenpark 20 vom 31. August 1918 waren die drei Sturmpanzer-Kraftwagen-Abteilungen Nr. 1 bis 3 mit je fünf A.7.V. ausgestattet worden, weitere fünf Wagen hielt man als Reserve zurück. Obwohl es zwischenzeitlich Pläne gab, eine zweite Serie von Kampfwagen dieses Typs herzustellen, lief die Produktion aus. Eine entsprechende Anweisung hatte es schon am 6. März 1918 gegeben.

A.7.V. kamen erstmals am 21. März 1918 im Rahmen der Sturmpanzer-Kraftwagen-Abteilung Nr. 1 bei St. Quentin zum Einsatz. Ihre technische Zuverlässigkeit ließ zu wünschen übrig. Die Geländegängigkeit blieb begrenzt. Allgemein geschätzt wurden Panzerung, Bewaffnung und Ausrüstung. Weitere Einsätze folgten, u. a. bei Villers-Bretonneux und Amiens. Die zum Kriegsende noch verfügbaren Kampfwagen mussten an Polen abgegeben werden.

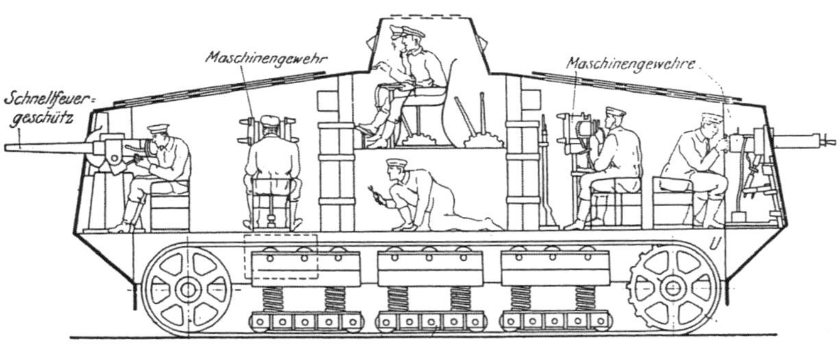


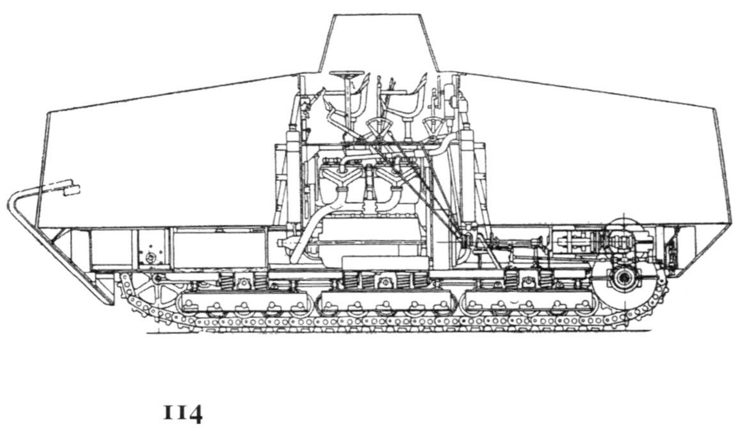

| | |
|---|---|
| Baujahr | 1917–1918 |
| Besatzung | 18 Mann |
| Gefechtsgewicht | 32 t |
| Länge | 7350 mm |
| Breite | 3300 mm |
| Höhe | 3030 mm |
| Bodenfreiheit | 200 mm |
| Watfähigkeit | 800 mm |
| Kletterfähigkeit | 450 mm |
| Steigfähigkeit | 16°–25° |
| überschreitet | 2200 mm |
| Geschwindigkeit | 9–18 km/h |
| Fahrbereich | 35–80 km |
| Motor | 2 x 4-Takt-Otto, je 4 Zylinder |
| Typ | Daimler |
| Leistung | 2 x 100 PS |
| Drehzahl | 800–900 U/min |
| Kühlung | Wasser |
| Bewaffnung | 1 Kampfwagenkanone L/26,3, Kaliber 57 mm<br>6 Maschinengewehre, Kaliber 7,92 mm<br>(und 1 Maschinengewehre 08/15, lose) |
| Panzerung | 7–30 mm |

Wotan

## Schwerer Sturmwagen A.7.V. U (auch Schwerer Kampfwagen oder Panzerkampfwagen A.7.V.-U)

| | |
|---|---|
| Baujahr | 1918 |
| Besatzung | 7 Mann |
| Gefechtsgewicht | 39 t |
| Länge | 8380 mm |
| Breite | 4690 mm |
| Höhe | 3140 mm |
| Bodenfreiheit | 600 mm |
| Geschwindigkeit | 5–12 km/h |
| Fahrbereich | 30–35 km |
| Motor | 2 x 4 -Takt-Otto, je 4 Zylinder |
| Typ | Daimler |
| Leistung | 2 x 100 PS |
| Drehzahl | 800–900 U/min |
| Kühlung | Wasser |
| Bewaffnung | 2 Kampfwagenkanonen L/26,3, Kaliber 57 mm<br>3–4 Maschinengewehre, Kaliber 7,92 mm |
| Panzerung | 6–9 mm |

Auf Grund der zahlreichen Frontberichte über die sehr gute Geländegängigkeit der englischen Tanks forderte die Oberste Heeresleitung im März 1917 einen eigenen Kampfwagen mit umlaufenden Ketten. Einen Monat später wurde die Bereitstellung eines solchen Kampfwagens für den Herbst 1917 angeordnet. Ein A.7.V.-U wurde mit dieser rhombusähnlichen Form gebaut und ab dem 25. Juni 1918 erprobt. Dabei stellten sich zahlreiche Mängel heraus. Mit fast 40 Tonnen Gewicht war er zu schwer, er hatte keine gute Schwerpunktlage und drohte deshalb im Gelände nach vorn zu kippen. Außerdem war er zu groß und die Gleisketten waren nicht vor Artilleriefeuer geschützt. Zudem versandete die Gleiskettenführung im oberen Teil sehr schnell – ein Problem, das man auch bei den Beutekampfwagen als Mangel erkannt hatte. Eine Verwendung als Munitionstransporter oder Flakträger, wie beim A.7.V. Überlandwagen, war nicht möglich.

Die Oberste Heeresleitung verweigerte die notwendigen Materialzuweisungen, drängte aber andererseits auf die Beschleunigung des Baues von Versuchsmustern. Es blieb bei der Herstellung eines einzigen Prototyps.

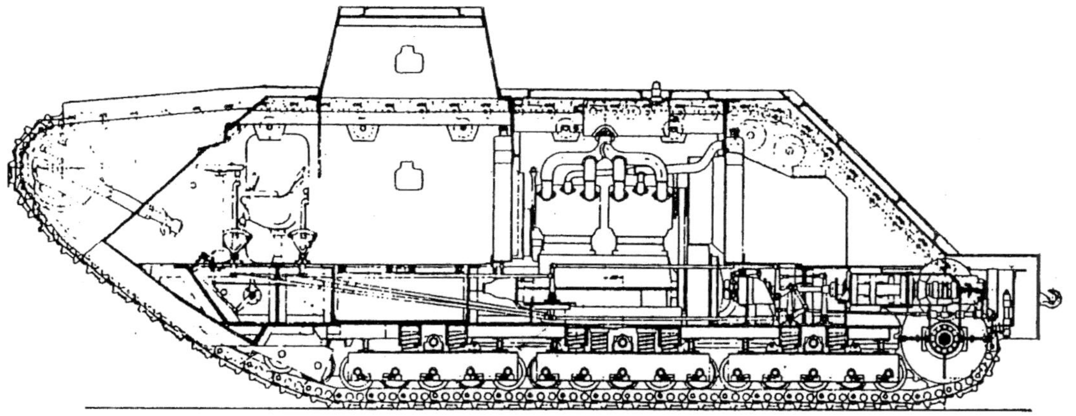

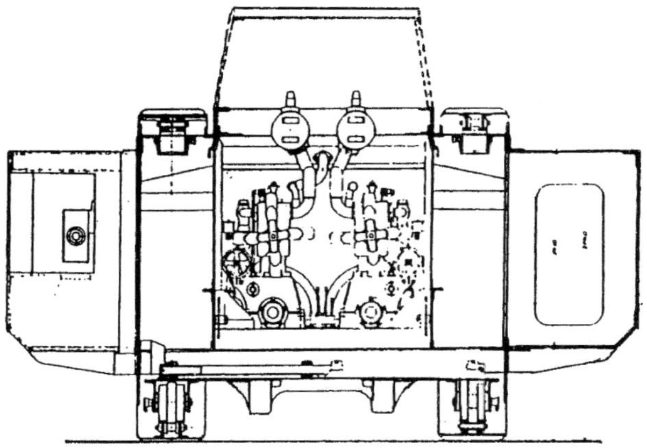

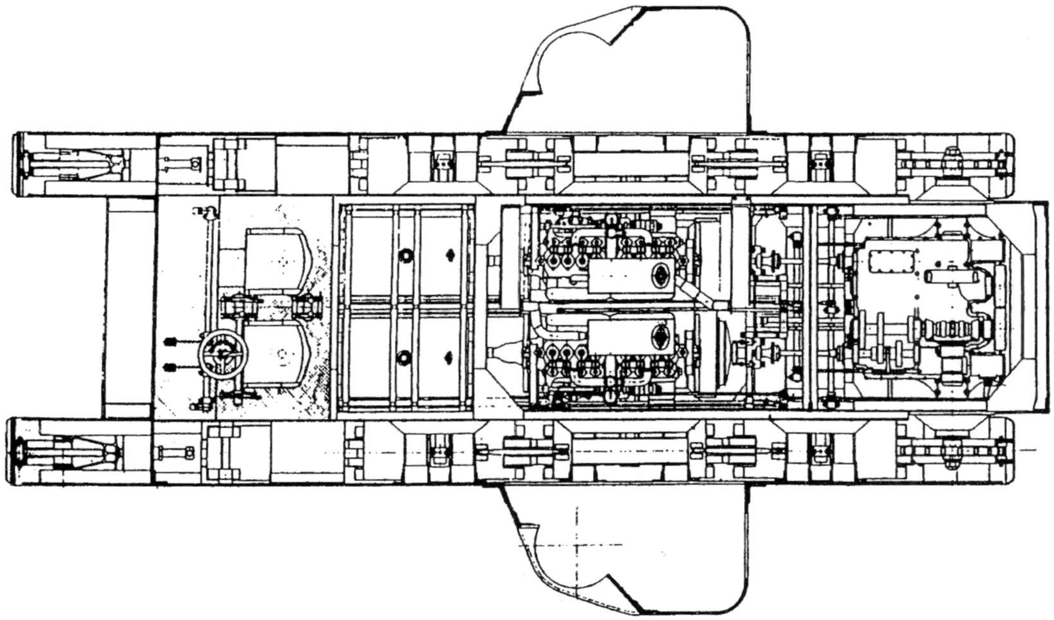

Platzmangel im Kampfraum des A.7.V war der Grund für die Entscheidung, als Hauptwaffe die abgeänderte, aus belgischen Beutebeständen übernommene 57-mm-Kasemattkanone zu nutzen. Das 1504 mm (= L/26,3) lange Rohr wog mit Verschluss 193 kg.

Als Sekundärwaffen führten alle Kampfwagen deutscher Bauart schwere Maschinengewehre Maxim 08 mit einem Kaliber von 7,92 mm. Die Rückstoßlader mit Kniegelenkverschluss besaßen einen wassergekühlten Lauf, wogen etwa 20 kg und waren 1410 mm lang. Es ergaben sich eine theoretische Feuergeschwindigkeit von 450 Schuss/min und eine Schussweite von 3500 m. Ein A.7.V. führte einen Kampfsatz von 36.000 Patronen mit.

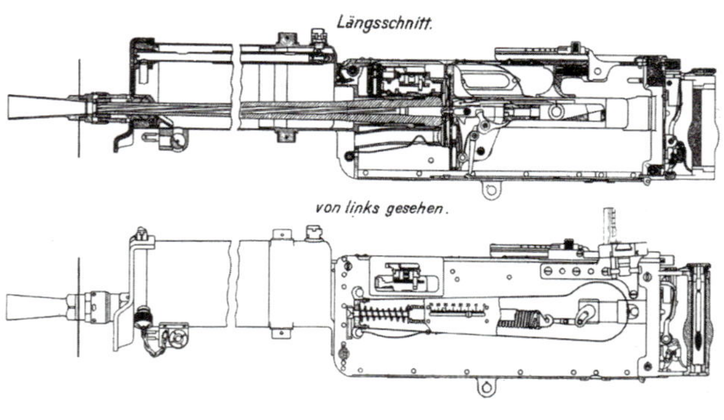

Es gab verschiedene Munition mit großer und kleiner Treibladung (Vnull 395-487 m/s), außerdem Kartätschen. Die größte Schussweite lag bei 6400 m, die Feuergeschwindigkeit bei maximal 25 Schuss/min.

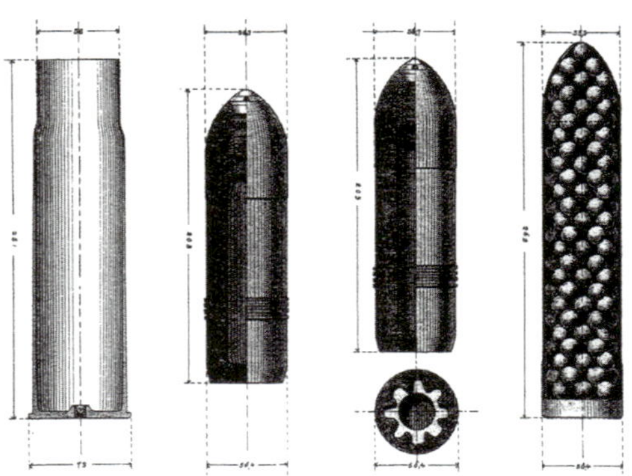

## Großkampfwagen K (auch K-Wagen oder Kampfwagen »Kolossal«)

Die seit Dezember 1916 bestehende Dienststelle beim Chef des Feldkraftfahrwesens hatte bereits am 31. März 1917 dem Kriegsministerium den Entwurf für den Bau eines Großkampfwagens vorgelegt. Da das Ministerium die Entwicklung zunächst ablehnte, wurde eine Kommission gebildet, die am 28. April 1917 die Baubedingungen festgelegt hat. Inzwischen lagen weitere Nachrichten über englische und französische Kampfwagen vor, so dass man eigenen Entwicklungen größere Aufmerksamkeit schenkte. Am 28. Juni 1917 wurde der Bau von zehn K-Wagen genehmigt. Größe und zu erwartende Leistungen stellten besondere Herausforderungen dar.

Der Plan, Ende Dezember 1917 mit der Erprobung eines Versuchsmusters beginnen zu können, wurde nicht eingehalten. Die Baukosten von ursprünglich 600.000 Reichsmark erhöhten sich in diesem Monat, in dem bei der Berliner Firma Riebe mit den Montagearbeiten begonnen wurde. Umfangreicher Vorbereitung bedurften auch die Zusatzausrüstungen für die mit je zwei Großkampfwagen auszustattenden K-Wagen-Abteilungen. So wurden für den Zusammenbau der im zerlegten Zustand mit der Eisenbahn zu transportierenden Fahrzeuge Hebezeuge mit 4 m Hubhöhe und 15 mp Tragkraft benötigt. Dafür gab es – allerdings nur als Entwurf – einen A.7.V.-Geländewagen mit Montagekran. Im Gespräch waren die Hebezeuge für die 30,5- und 42-cm-Mörser. Der Chef des Feldkraftfahrwesens befürwortete spezielle, mit E-Motoren betriebene Hebezeuge.

Die Montage der beiden K-Wagen bei der Firma Riebe war im Sommer 1918 noch im vollen Gange. Inzwischen hatte man die Bestellung auf zehn Stück erhöht, obwohl die Beschaffung aller Teile zu dieser Zeit noch nicht sichergestellt werden konnte. So waren von den 20 bei den Vulcan-Werken in Wien bestellten elektromagnetischen Kupplungen erst sechs Stück geliefert. Probleme bereitete auch die für die Unterbringung in den beiden seitlichen Erkern vorgesehene Kanonenbewaffnung. Die 8,8-cm-Geschütze von Krupp eigneten sich genauso wenig wie die 7,7-cm-leichten Feldkanonen 96 n.A. Die Artillerieprüfungskommission stellte daraufhin 7,7-cm-Geschütze aus dem Festungsbau zur Verfügung.

Ende Oktober 1918 zeichnete sich der Abschluss der Montagearbeiten an den ersten beiden K-Wagen ab, einer war nahezu fertig. Für die Erprobung waren Betriebsstoffe und Fahrpersonal angefordert. Das Kriegsende beendete diese Vorbereitungen. Die Absicht des Kriegsministeriums, nach Kriegsende wenigstens den ersten K-Wagen zu erproben, ließ sich ebenso wenig verwirklichen wie die Einlagerung der Einzelteile zwecks späterer Montage und Erprobung.

Der als schwerster Durchbruchspanzer konzipierte K-Wagen wurde von Zeitgenossen als nahezu »gespenstiges Ungetüm« bezeichnet. Technisch und fabrikatorisch stellte er zu dieser Zeit ein äußerst riskantes Vorhaben dar. Zudem belastete er die verfügbaren Entwicklungs- und Fertigungskapazitäten der Industrie. Zu den Folgen gehörte, dass eine Kampfwagenproduktion in Deutschland nicht mehr zustande kam.

| | |
|---|---|
| Baujahr | 1918 |
| Besatzung | 22 Mann |
| Gefechtsgewicht | 140 t |
| Länge | 12.800 mm |
| Breite | 3100 mm (über Erker) |
| Höhe | 3100 mm |
| überschreitet | 4000 mm |
| Geschwindigkeit | 7,5 km/h |
| Fahrbereich | 25 km |
| Motor | 2 x 4-Takt-Otto, je 6 Zylinder |
| Typ | Daimler |
| Leistung | 2 x 650 PS |
| Drehzahl | 1100 U/min |
| Kühlung | Wasser |
| Bewaffnung | 4 Kampfwagenkanone L/27, Kaliber 76,2 mm<br>7 Maschinengewehre, Kaliber 7,92 mm<br>außerdem Flammenwerfer |
| Panzerung | 10–30 mm |

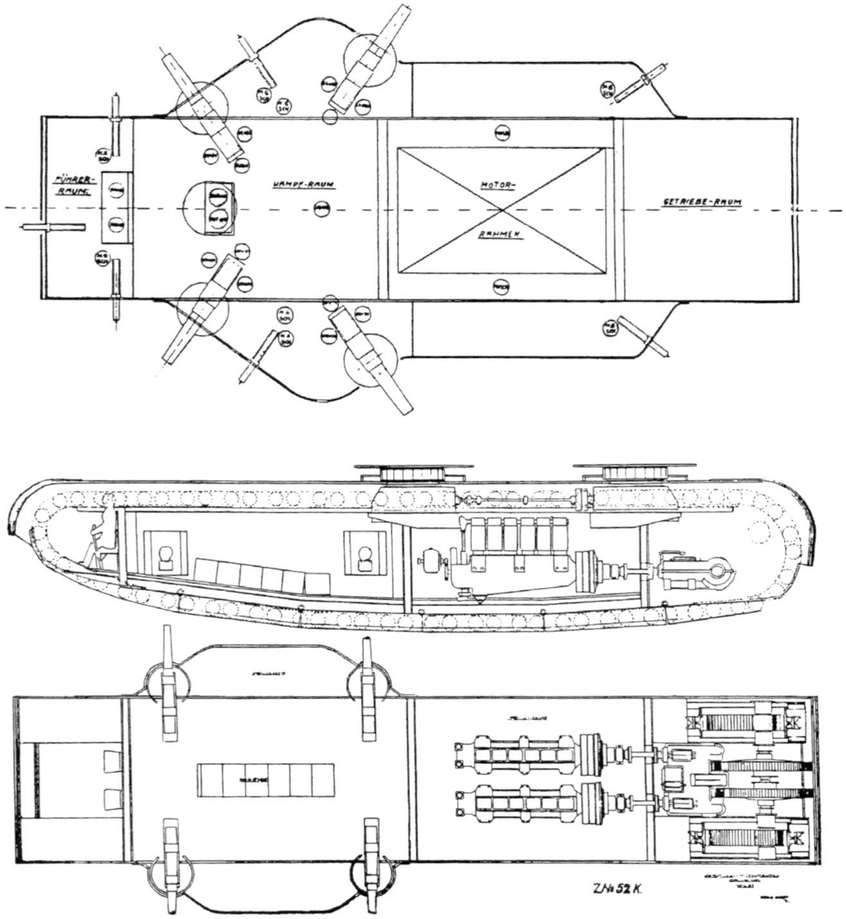


Bemerkenswert ist, welchen Wert man abgeschossenen oder erbeuteten englischen Tanks beimaß. Bereits am 16. Dezember 1916 hatte das Kriegsministerium verfügt, dass Einheiten (Kompanien, Batterien usw.), denen es gelungen war, einen Kampfwagen außer Gefecht zu setzen, eine Prämie von 500 Mark zustand. Wegen des im Kriegsverlauf spürbaren Rohstoffmangels gewann das Sammeln erbeuteten Kriegsmaterials ohnehin an Bedeutung, wurde ein rüstungswirtschaftlicher Faktor. Einerseits ging es um die Gewinnung von Rohstoffen, andererseits um die Wiederverwendung erbeuteter Waffen, Munition, Geräte und Fahrzeuge. Insbesondere galt das für Kampfwagen, nachdem man Anfang 1918 entschieden hatte, Beutekampfwagenabteilungen aufzustellen. Selbständige Tank-Bergungskommandos waren auf den Schlachtfeldern unterwegs, um unter teils schwierigen Bedingungen komplette Fahrzeuge, Baugruppen der Antriebsanlagen, des Fahrwerkes, Teile der Panzerung und Waffen zu sammeln.

In den Angriffsschlachten der ersten Jahreshälfte 1918 hat sich die instandgesetzte Kampfwagentechnik nach deutscher Einschätzung bewährt. Daran konnte auch die Tatsache nichts ändern, dass zwischen 21. März und 18. August eine Anzahl Beutekampfwagen als Verluste abgeschrieben werden mussten. Dank des beständigen Nachschubes aus Charleroi (Standort des Bayerischen Armee-Kraftwagenpark 20, der die Aufgaben der Feldvermittlungsstelle für den Nachschub aller Beutekampfwagen sowie der deutschen Kampf- und Geländewagen erfüllte) waren immer noch 20 im Einsatz, 35 sollten es bis zum 28. September 1918 werden und für das Frühjahr 1919 erwartete der Chefkraft 150 Beutekampfwagen.

Zwar konnten sie die »Beschaffungslücke« nicht überbrücken, zumindest aber deren Auswirkungen mildern. Immerhin – sechs der insgesamt neun aufgestellten Kampfwagenabteilungen waren mit Beutetechnik ausgestattet. Der Einfluss deutscher Kampfwagen auf den Kriegsverlauf blieb – im Gegensatz zu der umfangreichen Berichterstattung nach dem Krieg – gering, wie ihre Stückzahl keinem Vergleich mit dem Bestand auf alliierter Seite (1918 etwa 3500) standhielt.

Vier 7,7-cm-Kampfwagenkanonen L/27 gehörten, zu je zwei Stück in den seitlichen Erkern untergebracht, zur Hauptbewaffnung des Großkampfwagens K. Es handelte sich um aptierte Kasemattkanonen. Jedes Geschütz konnte 12–15 Schuss/min abgeben; mit der Sprenggranate wurden 7800 m, mit der Kartätsche 600 m Schussweite erreicht. 200 Granatpatronen ließen sich im K verstauen.

Obere Reihe: die Sprenggranate und die Panzerkopfgranate. Mitte: die Kartätsche. Unten: die Sprengranatpatronen für die 7,7-cm-Kampfwagenkanone (Anhalt).

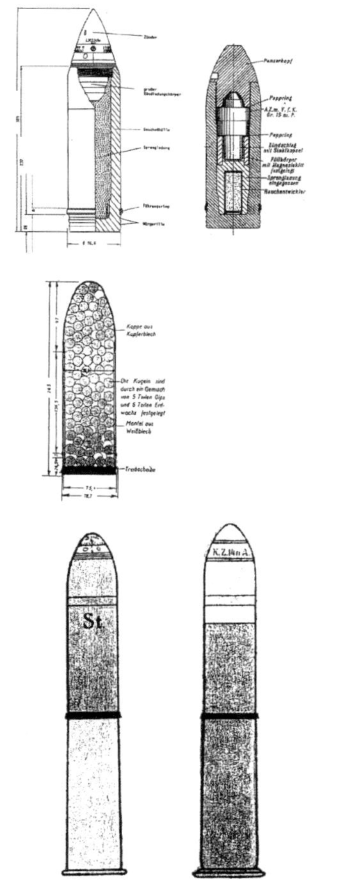

Der A.7.V. war gut gepanzert und in ebenem Gelände auch sehr wendig. Vorbildlich zeigte sich die Befehlsübermittlung zwischen dem Kommandanten und den zahlreichen Waffenständen; dafür gab es einen Lichtsignalapparat mit Druckknöpfen für weiße und rote Leuchtzeichen. Nachteilig waren der Mangel an Betriebssicherheit, bedingt durch technische Mängel, aber auch fehlende Einsatzerfahrung der Besatzungen.

Schon im September 1917 waren versuchsweise ungepanzerte A.7.V. in einer Lastkraftwagenkolonne erprobt worden. Zwischen Januar und Oktober 1918 stellte man zehn Armeekraftwagenkolonnen (R) auf, die bis auf die Nr. 116 (mit Orion-Wagen) mit A.7.V-Geländewagen ausgerüstet wurden. Die Fahrzeuge zeigten eine Reihe von Mängeln und verursachten hohe Betriebskosten.

Der A.7.V.-Geländewagen erhielt auch die Bezeichnung »Überlandwagen« oder »Munitionstank«. Er wog leer 26 t, konnte 8000 kg Ladung aufnehmen und erreichte 12 km/h. 1918 wurden zwei 7,7-cm-Ballonabwehrkanonen aufgebaut; zumindest ist eine Selbstfahrlafette dieser Bauart bekannt geworden.

Entwurfszeichnung der Verkehrsprüfungskommission für den A.7.V.-Wagen mit feldkanonensicherer Panzerung. Zehn Mann Besatzung waren vorgesehen. Geplant waren zwei Bewaffnungsvarianten: a. mit zwei 2-cm-Machinenkanonen Becker und vier 7,92-mm-Maschinengewehren und b. mit sechs 7,92-mm-Maschinengewehren und zwei Flammenwerfern.

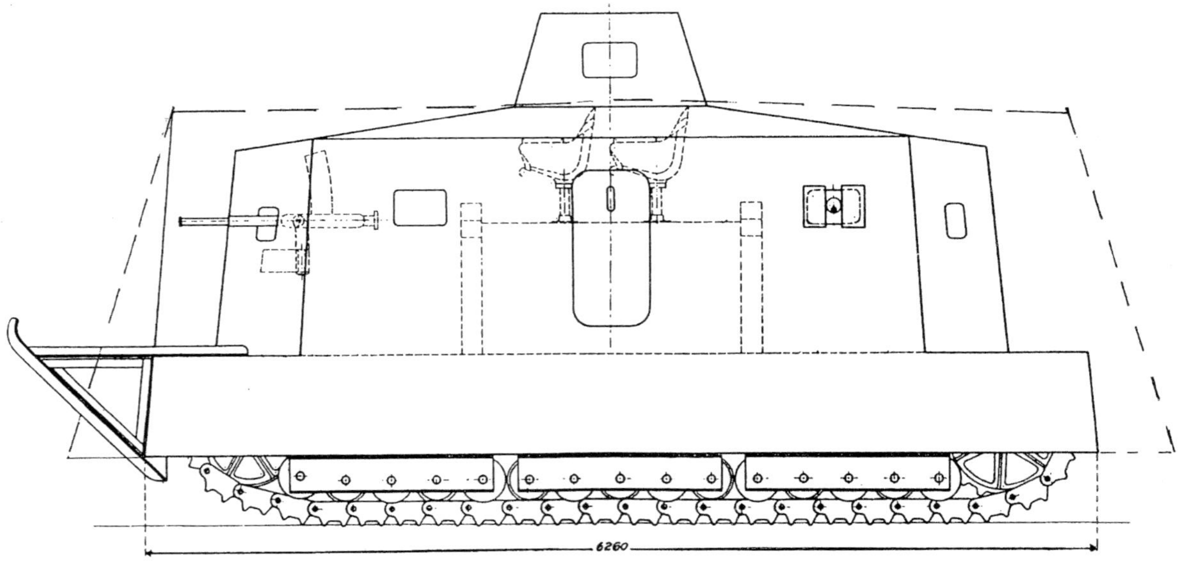


Ein weiterer Entwurf des A.7.V. der Bauart Vollmer sollte mit einem 7,7-cm-Infanterie-Sturmgeschütz L/20, zwei kleineren Geschützen und vier bis fünf Maschinengewehren bestückt werden. Bemerkenswert ist die große zylindrische Kommandantenkuppel.

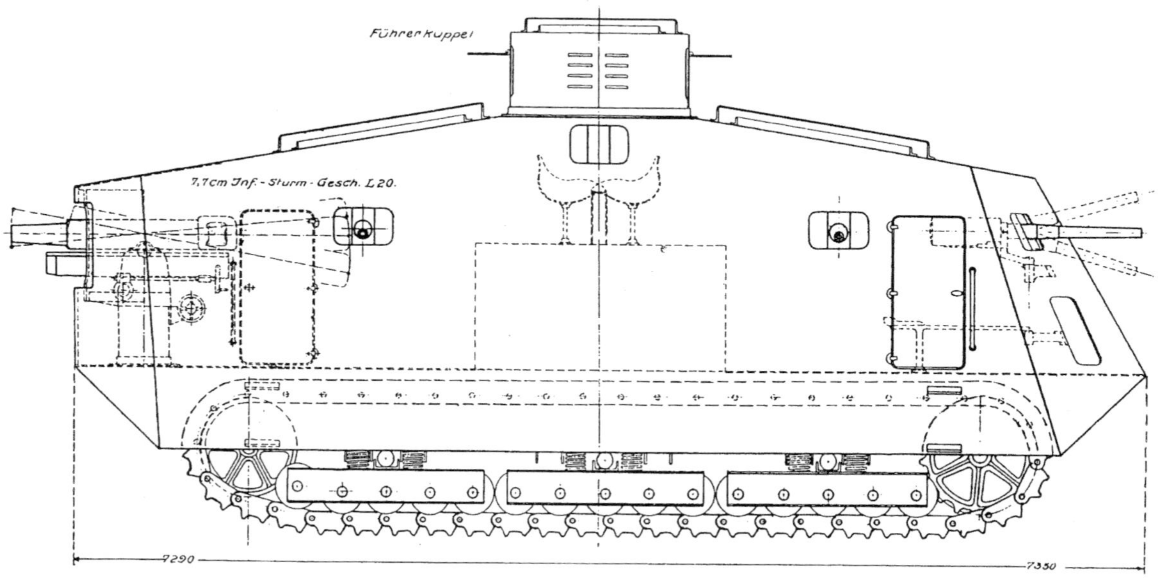

## Beutekampfwagen – englisch Mk-IV (weiblich)

Bereits am 8. Januar 1918 hatte das Kriegsministerium den Chef des Feldkraftfahrwesens beauftragt, die bei Cambrai erbeuteten großen englischen Kampfwagen Mk-IV zur Aufstellung von deutschen Beutekampfwagen-Abteilungen zu verwenden. Am 11. März 1918 meldete dieser, dass aus den bisher eingeschleppten Tanks 20 Fahrzeuge wieder einsatzbereit gemacht werden könnten; ihre Zahl erhöhte sich bis zum 3. August auf 170. Sie wurden an den nach Charleroi verlegten Bayerischen Armee-Kraftwagenpark 20 überwiesen.

Die Instandsetzung der Beutekampfwagen bereitete erhebliche Schwierigkeiten. Es fehlten Ersatzteile. Da die englischen Waffen teils beschädigt, teils in Verlust geraten waren, entschied man, zunächst alle Fahrzeuge nur mit Maschinengewehren zu bewaffnen. Das deutsche Modell 08/15 konnte jedoch nicht ohne weiteres eingepasst werden, deshalb wurden dann doch englische Lewis-Maschinengewehre verwendet. Der Versuch, das 13-mm-T-Gewehr einzubauen, scheiterte ebenso wie die für später vorgesehene Verwendung des 13-mm-TuF-Maschinengewehrs.

Eingesetzt wurden die Beutekampfwagen Mk-IV (weiblich) zu je fünf Stück in den bis zum 15. September 1918 aufgestellten sechs Beute-Kampfwagenabteilungen. Hinsichtlich ihrer Leistungen unterschieden sie sich nicht vom englischen Original. Bemängelt wurde die Bewaffnung nur mit Maschinengewehren, womit die Besatzung beim Zusammentreffen mit gegnerischen Geschützkampfwagen ohne Aussicht auf Erfolg bleiben musste.

| | |
|---|---|
| Baujahr | 1917 |
| Besatzung | 6 Mann |
| Gefechtsgewicht | 28 t |
| Länge | 8050 mm |
| Breite | 4110 mm |
| Höhe | 2490 mm |
| Bodenfreiheit | 420 mm |
| Watfähigkeit | 1000 mm |
| Kletterfähigkeit | 1200 mm |
| Steigfähigkeit | 22° |
| überschreitet | 3000 mm |
| Geschwindigkeit | 5,6–6,3 km/h |
| Fahrbereich | 56 km |
| Motor | 4-Takt-Otto, 6 Zylinder |
| Typ | Foster-Daimler |
| Leistung | 105 PS |
| Drehzahl | 1000 U/min |
| Kühlung | Wasser |
| Bewaffnung | 6 Maschinengewehre, Kaliber 7,71 mm |
| Panzerung | 6–12 mm |

Lotte

Dora

## Beutekampfwagen – englisch Mk-IV (männlich)

Anfang des Jahres 1918 wies die Oberste Heeresleitung den Nachbau der großen englischen Kampfwagen (Mk-IV) an. Bis zum Sommer 1919 sahen erste Pläne die Auslieferung von 240 Stück vor. Weil das nur auf Kosten der LKW-Fertigung zu realisieren war, verzichtete man im August 1918 auf die von der Versuchsabteilung der Verkehrstruppen ausgeführte Nachkonstruktion. Die Instandsetzung erbeuteter englischer Tanks beim Bayerischen Armeekraftwagenpark 20 in Charleroi wurde dagegen fortgeführt.

Am 5. Juni 1918 verfügte die Oberste Heeresleitung, dass auch alle Beutekampfwagen Geschütze erhalten sollten. Da viele der englischen 5,7-cm-Kanonen Hotchkiss L/23 beschädigt oder total zerstört waren und außerdem der Munitionsnachschub nicht sichergestellt werden konnte, entschied man, belgische 5,7-cm-Geschütze L/26,3 einzubauen. Davon standen über 300 Stück zur Verfügung; weitere hatte man in Russland erbeutet. Für die Verwendung in Beutekampfwagen waren Spreng- und Panzerkopfgranaten vorgesehen, von denen je 100 Stück mitgeführt werden konnten. Mit den Sprenggranaten war Wirkung bis 4000 m, mit den Kartätschen bis 400 m möglich. Die Panzerkopfgranaten dienten der Bekämpfung gepanzerter Ziele; auf 500 m Entfernung konnten sie 35 mm starke Panzerplatten durchschlagen.

Die Kanonen, komplett eingebaut in die Erker, lieferte die Artilleriewerkstatt Spandau, ebenso reparierte Munitionsschränke bzw. solche aus der Neufertigung. Die Geschütze erhielten anstelle optischer Zielvorrichtungen Kimme und Korn. Zielfernrohre hatten sich auf Grund der Eigenbewegung des Fahrzeuges und des Dunstes auf dem Gefechtsfeld als ungeeignet erwiesen.

| | |
|---|---|
| Baujahr | 1918 |
| Besatzung | 6 Mann |
| Gefechtsgewicht | 28 t |
| Länge | 8050 mm |
| Breite | 4110 mm |
| Höhe | 2490 mm |
| Bodenfreiheit | 420 mm |
| Watfähigkeit | 1000 mm |
| Kletterfähigkeit | 1200 mm |
| Steigfähigkeit | 22° |
| überschreitet | 3000 mm |
| Geschwindigkeit | 5,6–6,3 km/h |
| Fahrbereich | 56 km |
| Motor | 4-Takt-Otto, 6 Zylinder |
| Typ | Foster-Daimler |
| Leistung | 105 PS |
| Drehzahl | 1000 U/min |
| Kühlung | Wasser |
| Bewaffnung | 2 Kampfwagenkanonen L/26,3, Kaliber 57 mm |
| | 2 Maschinengewehre, Kaliber 7,92 mm |
| Panzerung | 6–12 mm |

## Beutekampfwagen – englisch Mk-A »Whippet«

Der neue, leichtere und schnellere englische Kampfwagen war im Sommer 1918 im Abschnitt der 2. Armee erbeutet, in Charleroi überholt und im Herbst der Kampfwagentruppe zugeführt worden. Nach dem Urteil des Kommandeurs der Kampfwagenabteilungen vom 23. Oktober 1918 wurde der Mk-A als einfache, leichte und schnelle Konstruktion bewertet. Nachteilig waren der weit hinten liegende Schwerpunkt sowie der beengte Kampf- und Fahrerraum.

Über den Einsatz des Beutekampfwagens an der Front liegen keine Angaben vor. Nachgewiesen ist seine Verwendung während der politischen Unruhen in Berlin Ende 1918 / Anfang 1919.

| | |
|---|---|
| Baujahr | 1918 |
| Besatzung | 3 Mann |
| Gefechtsgewicht | 14 t |
| Länge | 6080 mm |
| Breite | 2620 mm |
| Höhe | 2750 mm |
| Bodenfreiheit | 500 mm |
| Watfähigkeit | 350 mm |
| Kletterfähigkeit | 800 mm |
| Steigfähigkeit | 40° |
| überschreitet | 2150 mm |
| Geschwindigkeit | 12,5–13,5 km/h |
| Fahrbereich | 130 km |
| Motor | 2 x 4-Takt-Otto, je 4 Zylinder |
| Typ | Taylor IB-4 |
| Leistung | 2 x 45 PS |
| Drehzahl | 1000 U/min |
| Kühlung | Wasser |
| Bewaffnung | 4 Maschinengewehre |
| Panzerung | 5–14 mm |

Die geringe Zahl deutscher Kampfwagen schloss einen Masseneinsatz, wie auf alliierter Seite nach der Tankschlacht von Cambrai wiederholt praktiziert, aus. Hauptaufgabe der Tanks war es, beim Angriff das Vorgehen der Infanterie zu unterstützen. Auch in der Verteidigung sollten sie als bewegliche Reserve in enger Zusammenarbeit mit dieser Waffengattung operieren. So ist es in der »Anleitung für die Verwendung von Sturm-Panzerkraftwagen-Abteilungen« vom 18. Januar 1918 formuliert. Als Herausgeber trat die Oberste Heeresleitung in Erscheinung, der die Abteilungen direkt unterstellt waren. Sie teilte die Kampfwagenverbände den Armeen zu, welche sie wiederum den in den Angriffsschwerpunkten konzentrierten Divisionen unterstellte.

Einsatzbeispiel:
Für den Angriff am 4. April 1918 bei Villers-Bretonneux bekam die 2. Armee die Kampfwagenabteilungen Nr. 1, Nr. 2 und Nr. 3 mit zusammen 13 (der Sollbestand lag bei 15) A.7.V. zugeteilt. Aus ihnen wurden drei Gruppen gebildet und der 228. Infanterie, der 4. Gardeinfanterie- und der 77. Reserveinfanteriedivision unterstellt. Die drei Verbände hatten den Befehl, auf einem 8 km breiten Frontabschnitt anzugreifen. Für die Kampfwagen ergab das einen Abschnitt von jeweils 570 m. Zum Vergleich: Am 20. November 1917 hatten die Engländer vor Cambrai 378 Kampfwagen auf einen 11 km breiten Frontabschnitt konzentriert – auf 29 m kam ein Fahrzeug.

Angesichts der geringen Zahl an Kampfwagen legte die militärische Führung großen Wert auf die Zusammenarbeit mit der Infanterie. Für Übungszwecke waren den Kampfschulen der Sturmbataillone zeitweise einzelne Fahrzeuge überstellt worden. Diese gründliche Vorbereitung zahlte sich in den Angriffskämpfen des Frühjahrs 1918 aus. Am 19. Mai gab der Chef des Generalstabes des Feldheeres ein »Merkblatt für das Verhalten der Infanterie beim Zusammenwirken mit Panzerwagen« (Ic Nr. 86701) heraus. Zu den grundsätzlich richtigen Schlussfolgerungen aus den ersten Einsätzen deutscher Kampfwagen gehörte die Erkenntnis: *»Schnelle Ausnutzung der Wirkung der Kampfwagen durch die Infanterie ist entscheidend für den Erfolg.«* Der Vergleich der Aufgaben der Kampfwagen mit denen der Infanterie-Begleitbatterien (Merkblatt, Pos. 1) zeigt allerdings, dass man sich in der Obersten Heeresleitung über die neue Qualität dieses Kampfmittels noch nicht restlos im Klaren war.

Bei dem deutschen Angriff auf Fort de la Pompelle am Juni 1918 waren die Kampfwagenabteilungen 1 (mit fünf A.7.V.), 13 (mit fünf Beutekampfwagen Mk-IV) und 14 (mit vier Beutekampfwagen Mk-IV) beteiligt. Sieben Wagen, darunter »Liesel«, wurden durch Artillerietreffer zerstört oder mussten nach eigener Sprengung aufgegeben werden.

Beutekampfwagenabteilungen wurden, soweit möglich, mit zwei Kanonen- und drei Maschinengewehrwagen ausgestattet.

## Der Kampf zwischen Kampfwagen

Dass es zu Kämpfen zwischen Kampfwagen kommt, war 1918 nur noch eine Frage der Zeit. Zwei Gefechte sind bekannt geworden. Nach dem Krieg wurde ausführlich darüber berichtet, wobei selbst Zeitzeugen unterschiedliche Angaben machten. Das erste Mal trafen Engländer und Deutsche am 4. April 1918 im Verlaufe der Kämpfe bei Villers-Bretonneux aufeinander; ein Mk-IV (weiblich) und zwei Mk-A »Whippet« wurden abgeschossen, ein A.7.V. durch Treffer eines Mk-IV (männlich) schwer beschädigt. Am 8. Oktober des Jahres kam es bei Niegiers-Seranvillers (zwischen Cambrai und St. Quentin) zu einem weiteren Panzergefecht. Zehn Beutekampfwagen gerieten mit englischen Tanks (vermutlich Mk-V) aneinander.

Die Engländer erkannten ihre Gegner erst auf kurze Distanz. Sie verloren vier, die Deutschen fünf Fahrzeuge. Es zeigte sich die Überlegenheit der mit Kanonen bewaffneten Kampfwagen. Die Begegnung eines französischen Sturmwagens Schneider mit einem deutschen A.7.V. ist zumindest auf einem Luftbild überliefert.

Obwohl Panzergefechte keinen nachhaltigen Einfluss auf den Verlauf und den Ausgang der Kämpfe hatten, vermitteln sie interessante Lehren für die Weiterentwicklung der Waffe:

1. Panzer sind die gefährlichsten Feinde der Panzer,
2. sie müssen über panzerbrechende Waffen verfügen und
3. der Kampf zwischen Kampfwagen wird durch das Feuer ihrer Waffen entschieden.

Über das Gefecht eines deutschen gegen einen englischen Kampfwagen berichtet ausführlich W. E. Biltz, am 24. April 1918 als Leutnant Kommandant des A.7.V. Nr. 561 »Nixe«[1] in der Kampfwagenabteilung 2. Sein Beitrag wurde 1938 im Heft 4 der Zeitschrift »Die Kraftfahrkampftruppe« veröffentlicht. Biltz verglich seine Darstellung mit dem Bericht seines englischen Kontrahenten, Captain J. C. Brown[2].

*»Ich befand mich am 24.4.18 etwa 12 Uhr mittags 700 bis 800 m nordöstlich Cachy im Gefecht mit den englischen Besatzungen des Dorfrandes, als hinter dem Aquenne-Walde eine Anzahl feindlicher Tanks hervorbrachen. Die Anzahl der feindlichen Tanks wurde mir später von der rückwärts liegenden Infanterie auf acht angegeben. Von den drei vordersten Tanks von dem üblichen Typ eröffnete der vorderste aus seinem rechten Geschütz das Feuer auf meine Breitseite. Ich wendete den Bug meines Fahrzeuges den Engländern zu und brachte durch Geschützfeuer die Tanks zum Schweigen; ein Tank blieb stehen, die übrigen zogen sich in der Richtung Cachy zurück. Als der erste die aus Cachy nach Norden herausführende Chaussee eben erreichte und bei Überwindung des Chausseegrabens kurze Zeit stockte, wurde er von meinem Artillerievolltreffer getroffen und außer Gefecht gesetzt. Unmittelbar darauf erhielt mein Kampfwagen rechts neben dem Geschütz einen Artillerievolltreffer (Kaliber etwa 6 cm), wodurch ein Mann getötet, zwei Leute tödlich getroffen und zwei leicht verwundet wurden. Der Rest der Besatzung beobachtete außerhalb des Kampfwagens etwaige weitere Folgen des Volltreffers; dabei erhielt mein Wagen noch zwei weitere Artillerievolltreffer seitlich. Mit Hilfe der in meiner Nähe liegenden Fahrer gelang es mir, meinen Wagen wieder flott zu machen, und ich fuhr mit den Leuten, die von meiner Kampfbesatzung noch übriggeblieben waren, zur Bergung des Wagens zurück. Gleichzeitig ging die Infanterie, die beim Vorgehen meinem Wagen gefolgt war, rückwärts. Da Kühler und Ölbehälter leck waren, gelang es nur, etwa 2 ½ km zurückzukommen; darauf versagten beide Motore.*
*Infolge feindlichen Gegenstoßes während der Nacht mußte unsere Infanterie bis etwa auf die Linien zurückgehen, in der mein Kampfwagen lag. Da somit eine weitere Bergung unmöglich, wurde durch die Division das Kampfgerät des Wagens der Infanterie zur Verfügung gestellt und für den Fall weiteren Zurückgehens die Sprengung des Wagens vorbereitet. Beim Verlassen des Wagens blieben die beiden Gefallenen in ihm zurück, der Schwerverwundete wurde Sanitätsmannschaften übergeben; er starb im Lazarett. Die Leichtverwundeten gingen zu Fuß in die Bereitschaftsstellung zurück.«*
Biltz: *»Diese Gefechtsmeldung kann durch folgendes ergänzt werden:*
*1. Von den englischen Gefechtsberichten ... entspricht der zweite (Kampf des Tankgeschwaders Kapt. J. C. Brown) am ehesten meinem Gefechtsbericht. Die Zeitangabe ist aber sicher unrichtig; es war zwischen 11 und 12 Uhr mittags, nicht morgens. Der englische schwere Kampfwagenzug war nur mit Panzerwagen 561 im Gefecht, aber mit keinem anderen deutschen Kampfwagen. Der später in Feindeshand geratene Panzerwagen 542 („Elfriede") ist durch Einbrechen einer Unterhöhlung in einem Unterstand seitlich abgestürzt, also nicht durch feindliche Einwirkung bzw. gegnerische Tanks erledigt worden; bei der Verteidigung des Platzes fiel der Kommandant Lt. Stein. Im Kampf gegen den Zug Kapt. Brown wechselte Panzerwagen 561 Artillerieschüsse mit dem Gegner, keineswegs nur M.G.-Schüsse. Es ist also keineswegs so, daß nur die lediglich mit M.G. bestückten Tanks dem deutschen Wagen unterlegen waren, aber es ist sehr wahrschein-*

[1] Der Kampfwagen Nr. 561 wurde am 31. Mai 1918 bei Reims abgeschossen.

[2] Captain J. C. Brown führte am 24. April 1918 als Chef die 1. Sektion der A-Kompanie der 3. Tankbrigade. Direkter Gegner von Biltz war Leutnant F. Mitchell, der Kommandant des Mk-IV (männlich) Nr. 4056.

*lich, daß der Volltreffer, der meinen Wagen schließlich gefechtsunfähig machte, vom Tankgeschwader Brown abgegeben worden ist.*

2. *Der Vormarsch meines Wagens bis zum Gefechtsgelände wurde dadurch unterbrochen, daß beim Durchfahren der unter Feuer liegenden Ortschaft Marcelcave der Steuerbordvergaser sich verstopfte. Mein zweiter Fahrer, Gefr. Füllert, beseitigte den Schaden mit großer Ruhe und ermöglichte dem Wagen dadurch, mit nur geringer Verspätung in das Gefecht einzugreifen. Füllert fiel in meinem Wagen am 31. Mai vor Reims.*
3. *Eine etwas schwierige Lage während des Vormarsches entstand in der Mulde östlich des Hangard-Wäldchens; in der Mulde lagen im Aufmarsche zusammengeschossene Teile einer Batterie, über die der Wagen sich den Weg verschaffen mußte. Außerdem war die Mulde vergast, was man aber erst merkte, als ich von Kamerad Müller-Albert (Wagen 504), den ich in der Mulde einholte, darauf aufmerksam gemacht wurde. Im Panzerwagen selbst merkt man eine Vergasung nicht sofort. Im Gefecht würde man wahrscheinlich eine Kampfgasvergiftung noch später merken, weil das Wageninnere schon durch die Pulvergase der Abschüsse im Wagen vergast ist und dies sich noch der durch Hitze und Lärm im Wageninneren bewirkten Verminderung der Beobachtungsfähigkeit addiert.*
4. *Etwa gegen 9 Uhr beseitigte mein Wagen ein englisches M.G.-Nest, auf das wir durch einen Gefechtsläufer eines Gardefüsilierbataillons aufmerksam wurden. Dieser Kampf ist mir darum besonders in Erinnerung, weil wir mit verkehrter Front, d.h. neben dem M.G.-Nest in schräger Richtung auf die Front des Füsilierbataillons zufuhren; im Nebel war uns nämlich alsbald die Richtung verlorengegangen, obwohl Gefr. Gutzat außerhalb des Wagens die Orientierung versuchte und ich selbst mit dem Kompaß dort dasselbe tat. Der Kompaß im Wagen war wegen der Einwirkung der Eisenteile wertlos. Wir hatten Gelegenheit, den Sturm des Füsilierbataillons gewissermaßen von feindlicher Seite, d.h. auf uns zukommend, zu beobachten. Nach Erledigung des M.G.-Nestes kam die deutsche Schützenlinie geordnet an, wie auf dem Exerzierplatz. Es war das erstemal, daß wir eine entscheidende Einwirkung unseres Wagens auf den Fortschritt einer ganzen Gefechtshandlung erlebten und unsere Stimmung war sehr gut.*
5. *An unserem Gefechtsziel kurz vor Cachy, dessen Kirchturm bei sich allmählich lichtendem Nebel einige Zeit sichtbar gewesen war, erfolgte das Zusammentreffen mit den hinter dem Aquenne-Walde vorbrechenden, schnellfahrenden englischen Tanks. Ich ließ den Rückwärtsgang einschalten, um nicht umzingelt zu werden, und eröffnete das Feuer. Das Tankgefecht hat also zuerst von meinem langsam rückwärtsfahrenden Wagen aus stattgefunden.*
   *Die Steuerung unserer Wagen war so geschickt konstruiert, daß ein guter Fahrer auch im Rückwärtsfahren alle Wendungen des Wagens befehlsmäßig genau ausführen konnte. Von dem vordersten englischen Wagen waren wir, als er sein Feuer und seine Bewegung einstellte, wohl kaum weiter als 150 bis 200 m entfernt.*
6. *Nach dem Artillerievolltreffer erwarteten wir, daß unser Wagen in Flammen aufgehen oder explodieren würde; wir hatten u.a. unzweckmäßigerweise eine große Kiste scharfer Handgranaten an Bord. Aber es erfolgte keine Explosion. Wir lagen außerhalb des Wagens und beobachteten; mein neben mir liegender erster Fahrer sagte: „Herr Leutnant, der Motor läuft noch". Wir gingen deshalb sofort wieder an Bord. Zum Thema „moralische Wirkung der Panzerwagen" ist zu sagen, daß wir uns auch in dem zerschossenen Wagen, in dem die Opfer des Volltreffers lagen, immerhin wesentlich besser fühlten als draußen ohne Waffen. Wahrscheinlich geht es einem Seemann in vergleichbarer Lage ähnlich. Unsere Panzerwagen boten uns mit ihrer unbedingten Überlegenheit über die gegnerische Infanterie und, wie sich soeben gezeigt hatte, gewissen Überlegenheit über einzelne feindliche Tanks, ein Gefühl des Zuhauseseins. Allerdings war es nun höchste Zeit, daß wir unseren Wagen, der außer dem Volltreffer im vorderen Gefechtsraum zwei Splittertreffer in der echten Breitseite hatte, aus dem Bereiche der Feuerwirkung brachten; übrigens war das gegnerische Feuer damals gerade ziemlich schwach. Die Motore versagten erst endgültig, als wir den Wagen schätzungsweise 2 km hinter der damaligen vorderen Linie hatten.*
7. *Gefr. Gutzat war neben unserem Geschütz gefallen. Sehr schwer verwundet waren Schütze Janz und Kanonier Reiske; beide erlagen alsbald ihren Verwundungen. Leicht verwundet war Sergeant Richnow, Gefr. Kolok und Schütze Klatt. Der Wagen ist nicht in Feindeshand gefallen. Wie aus einem später in unsere Hände gelangten gegnerischen Bericht vom 20.5.1918 hervorgeht, ist aber der „am 24.4. in einem Steinbruch gestürzte Kampfwagen", also unser Wagen 542 „Elfriede", erbeutet und genau untersucht worden; durch diesen Unglücksfall kamen die ersten zuverlässigen Berichte über unsere Wagen an den Gegner. Biltz.*
   *Mit 15 schweren Kampfwagen, 22 Offizieren, 403 Unteroffizieren und Mannschaften zogen die 3 Abteilungen ins Gefecht; 1 Offizier, 8 Unteroffiziere und Mannschaften blieben auf dem Feld der Ehrte, 1 Kampfwagen in Feindeshand.«*

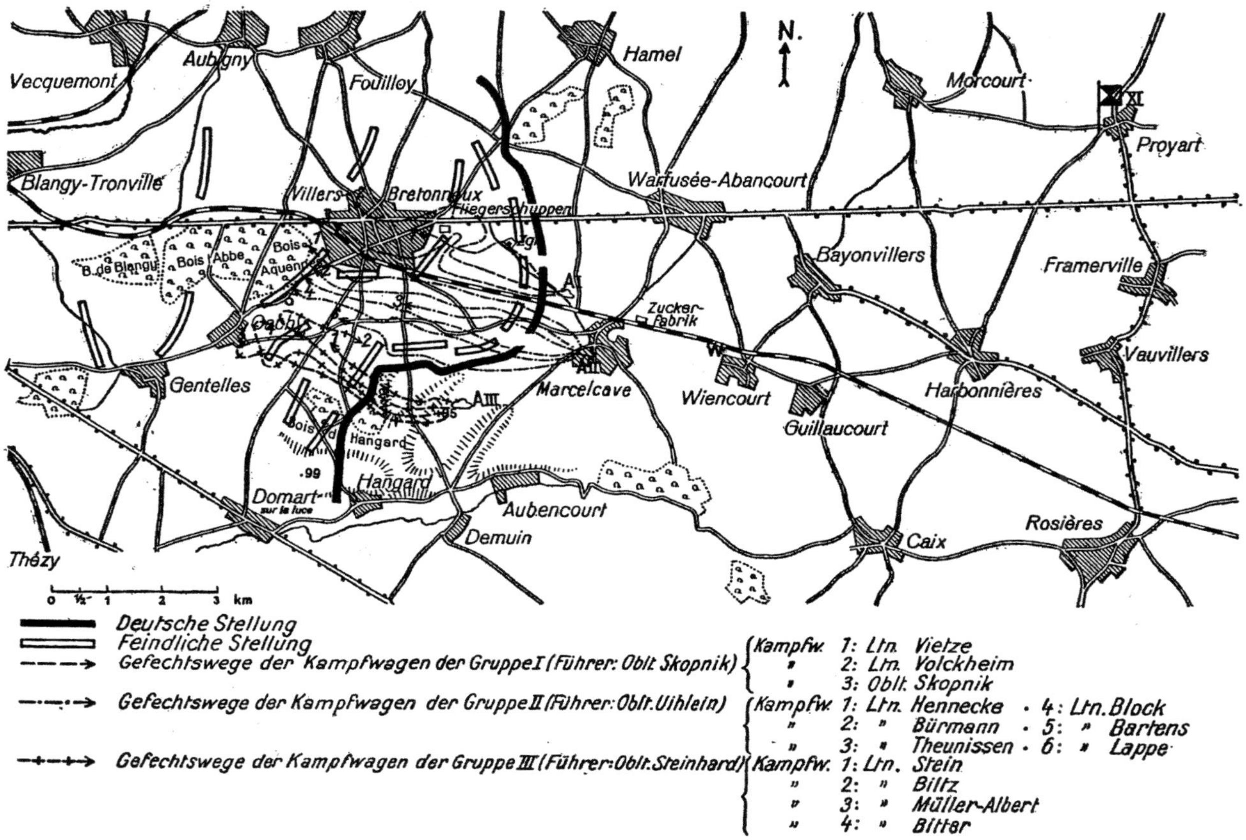


Das Gefechtsfeld bei Viellers-Bretonneux. Eingezeichnet sind die Marschwege der 13 A.7.V.-Kampfwagen, die am 24. August 1918 im Einsatz waren.

Drei schwere Sturmwagen A.7.V. in Bereitstellung. Märsche über zehn Kilometer Distanz führten stets zu Schäden, welche den Einsatz im Gefecht beeinträchtigen konnten. Besonders hoch war der Verschleiß an den Antriebsrädern; die Lebensdauer der Ketten lag bei etwa 150 km!

Der A.7.V. Nr. 542 »Elfriede« von der Sturm-Panzerkraftwagenabteilung 2 war am 24. April in der Nähe von Villers-Bretonneux in einen englischen Unterstand eingebrochen. Da seine Sprengung misslang, konnten die Alliierten ihn Anfang Mai nahezu unversehrt bergen.

Schwere Sturmwagen A.7.V. im Gefecht. Erkennbar ist die Schwerfälligkeit, mit der sich die Wagen im Gelände fortbewegen. Den Wert überragender Geländegängigkeit von Kampfwagen hatte man auf deutscher Seite zuerst nicht voll erkannt.

Deutsche Tanks
fahren in die Hölle
VON P.C. ETTIGHOFFER
19
C. BERTELSMANN VERLAG GÜTERSLOH

## Der Umschwung in der Kampfwagenfrage und die Entwicklung bis zum Ende des Ersten Weltkrieges

Zweifellos hatten der Erfolg des deutschen Gegenangriffes vom 30. November 1917 bei Cambrai die Oberste Heeresleitung in dem Irrglauben bestärkt, die Stoßkraft der Infanterie und die Feuerkraft der Artillerie würden auch an der Westfront ausreichen, den Angriff durch die Stellungen ins Hinterland der Alliierten zu führen. Bis zum Juni 1918 fanden alle damit im Zusammenhang stehenden operativen, taktischen und technischen Fragen passende Antworten. Erst mit dem Scheitern der deutschen Angriffe setzte ein Umdenken ein. Die strategische Lage des Westheeres verschlechterte sich. Für die weitere Kriegführung waren die Neubewertung der Kampfwagenfrage sowie die der Panzerabwehr unverzichtbar.

Es erwies sich als kompliziert, klare taktisch-technische Konzepte zu entwickeln und diese in einer von Rohstoff- und Arbeitskräftemangel gekennzeichneten Kriegswirtschaft umzusetzen. So hatte der bereits im März 1917 begonnene Bau von K-Wagen bis zum November 1918 noch kein verwertbares Ergebnis gebracht, aber viele Kapazitäten gebunden. Andere Kampfwagenprojekte waren zu diesem Zeitpunkt schon gescheitert.

Das in seiner grundsätzlichen Konstruktion bis zum September 1917 fertiggestellte Projekt L.K. I fand den Widerstand der Befürworter des K-Wagens. Der Panzer war ihnen insgesamt zu klein, zu leicht und für Kriegszwecke nicht geeignet. Ein Meinungsumschwung trat auch hier erst ein, nachdem Ende Mai 1918 von den Franzosen leichte Renault-Tanks mit Erfolg eingesetzt worden waren.

Das Kampfwagenabzeichen, das einen stilisierten A.7.V. zeigt, war erst am 13. Juli 1921 vom Reichswehrminister Dr. O. K. Geßler für ehemalige Kampfwagenbesatzungen des deutschen Heeres gestiftet worden.

Interessant ist, dass der L.K.-Wagen in seiner technischen Auslegung dem englischen Mk-A »Whippet« ähnelte – ein Beispiel dafür, wie die Technik auf vergleichbare taktische Forderungen des Militärs reagierte. Ein neues Konzept verfolgte man mit dem Projekt »Oberschlesien«; außerdem befanden sich zum Kriegsende verschiedene andere leichte Panzerfahrzeuge mit Gleiskettenfahrwerken in der Konstruktion.

### Leichter Kampfwagen L.K. I

Im Sommer des Jahres 1917 machte der Chef des Feldkraftfahrwesens, General Meyer, den Vorschlag, leichte Kampfwagen zu bauen. Dafür sollten die Fahrgestelle leistungsstarker Personenkraftwagen herangezogen werden. Das lehnte die Oberste Heeresleitung am 17. Januar 1918 unter Hinweis auf die schwache, nicht SmK-sichere Panzerung ab. Als Ersatz sollte Material für 30 weitere A.7.V.-Kampfwagen freigegeben werden, was wiederum zugunsten von 40 Lanz-Gleiskettenfahrzeugen – als fahrbare Geschützstände – rückgängig gemacht wurde. Auch dieses Vorhaben scheiterte. So blieb nur die Weiterentwicklung des leichten Kampfwagens. Deshalb wurde am 20. Januar 1918 die schnellstmögliche Fertigung des Versuchsmusters L.K. I verfügt, von einer Serienfertigung aber Abstand genommen.

Das Fahrgestell war Anfang März 1918 fertig und absolvierte die Probefahrten im Trichtergelände erfolgreich. Lediglich die Ketten waren zu schwach; sie brachen. Der erste Panzeraufbau wurde am 7. April 1918 geliefert. Mittlerweile hatte die Gewehr-Prüfungskommission bei Beschussversuchen festgestellt, dass besonders gehärtete Stahlplatten von 12 mm Stärke noch Sicherheit gegen aus 50 m Entfernung abgefeuerte 7,92-mm-SmK-Munition boten. Diese Erfahrungen flossen in die Entwicklung des leichten Kampfwagen L.K. II ein.

| | |
|---|---|
| Baujahr | 1918 |
| Besatzung | 3 Mann |
| Gefechtsgewicht | 6 t |
| Länge | 5935 mm |
| Breite | 1972 mm |
| Höhe | 2270 mm |
| Bodenfreiheit | 400 mm |
| Geschwindigkeit | 13,7 km/h |
| Motor | 4-Takt-Otto, 4 Zylinder |
| Leistung | 50 PS |
| Drehzahl | 1400 U/min |
| Kühlung | Wasser |
| Bewaffnung | 1–2 Maschinengewehre, Kaliber 7,92 mm |

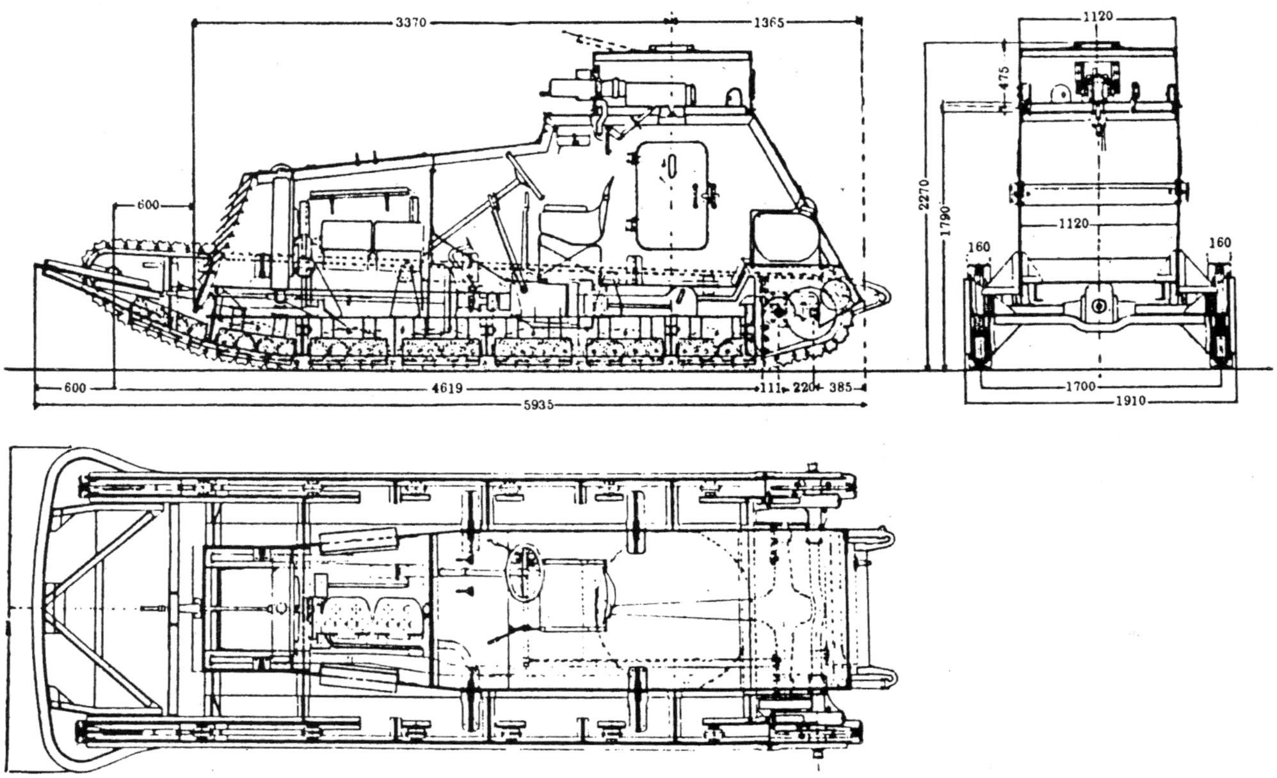
3370
1365
600
2270
1790
475
1120
1120
160
160
600
4619
111
220
385
5935
1700
1910

## Leichter Kampfwagen L.K. II

Seine Entwicklung knüpft an den L.K. I an. Er erhielt eine SmK-sichere Panzerung, breitere Ketten und einen leistungsstärkeren Motor. Am 19. April 1918 untersagte der Chef des Feldkraftfahrwesens der Versuchskraftfahrabteilung Anfragen bezüglich der Lieferungen von L.K.-Wagen bei der Industrie. In den Kraftwagendepots standen jedoch mehrere hundert Fahrgestelle der inzwischen als »Benzin- und Reifenfresser« verschrieenen Personenkraftwagen 18/40 PS bis 25/60 PS für den Umbau zu leichten Kampfwagen zur Verfügung. Nachdem die deutsche Seite Kenntnis von den leichten französischen Renault-Panzerwagen erhalten hatte, beschäftigten sich die Oberste Heeresleitung und der Chef des Feldkraftfahrwesens wieder verstärkt mit der Beschaffung leichter Panzerfahrzeuge.

Die fehlende konzeptionelle Klarheit bestätigt ein zwischenzeitlich von Krupp eingebrachter Vorschlag eines »kleinen Sturmwagens«. Beide Modelle, der Vorschlag aus Essen (später als gepanzerte Kraftprotze bezeichnet) und der L.K. II, wurden am 13. Juni 1918 der Obersten Heeresleitung vorgeführt und zehn Tage später deren Massenfertigung beschlossen. Vom L.K. II umfasste der Auftrag 800 Fahrzeuge, eine Ausführung mit Maschinengewehrbewaffnung in einem Drehturm, eine weitere mit 5,7-cm-Geschütz L/26,3 in Kasemattaufbau. Die Entwürfe wurden am 19. Juli 1918 genehmigt, wobei von der Ausführung mit Kanonenbewaffnung zunächst nur ein Probewagen gebaut werden sollte. Die Versuchskraftfahrabteilung berichtete Ende August über die bei Schieß- und Fahrversuchen mit dem Wagen gemachten Erfahrungen. Er war für dieses Kaliber zu schwach, hecklastig und im Gelände schlecht fahrbar. Eine Serienfertigung wurde abgelehnt.

Eine Lösung bot die inzwischen von Krupp entwickelte 3,7-cm-Kampfwagen- und Kampfwagenabwehrkanone L/21,5. Die Weisung der Obersten Heeresleitung vom 30. September 1918, zwei Drittel der bestellten L.K. II mit diesem Geschütz zu bestücken, besaß nur Papierwert. Eine Woche später musste man feststellen, dass die Waffen für das Fertigungsprogramm des L.K. II nicht geliefert werden konnten. Die Auslieferung sollte im Dezember 1918 mit zehn Fahrzeugen beginnen und bis April des Folgejahres auf monatlich 85 Stück gesteigert werden. Bis Kriegsende waren nur einige L.K. II fertig, eine größere Anzahl stand noch in der Montage. Die Versuche der Reichsverwertungsgesellschaft, die 1919 noch vorhandenen 75 Fahrgestelle als landwirtschaftliche Kettenschlepper L.K. in der Wirtschaft unterzubringen, scheiterten. Einige Wagen kaufte Schweden; alles andere wurde verschrottet.

Das Projekt des Oberingenieurs J. Vollmer, das unter der Bezeichnung L.K. III verfolgt wurde und dessen Motor hinten untergebracht war, ist nicht mehr verwirklicht worden.

| | |
|---|---|
| Baujahr | 1918 |
| Besatzung | 3 Mann |
| Gefechtsgewicht | 8,5 t |
| Länge | 5080 mm |
| Breite | 1950 mm |
| Höhe | 2675 mm |
| Bodenfreiheit | 400 mm |
| Kletterfähigkeit | 450 mm |
| Steigfähigkeit | 41° |
| überschreitet | 2000 mm |
| Geschwindigkeit | 7–14 km/h |
| Fahrbereich | 60–70 km |
| Motor | 4-Takt-Otto, 4 Zylinder |
| Typ | Daimler |
| Leistung | 55–60 PS |
| Drehzahl | 1800 U/min |
| Kühlung | Wasser |
| Bewaffnung | 1 Maschinengewehr 08/15, Kaliber 7,92 mm (und ein Maschinengewehr, Kaliber 7,92 mm lose) oder 1 Kampfwagenkanone L/26,3, Kaliber 57 mm (und 1 Maschinengewehr, Kaliber 7,92 mm, lose) Serie: 1 Kampfwagenkanone L/21,5, Kaliber 37 mm 1 Maschinengewehr, Kaliber 7,92 mm |
| Panzerung | 3–14 mm |

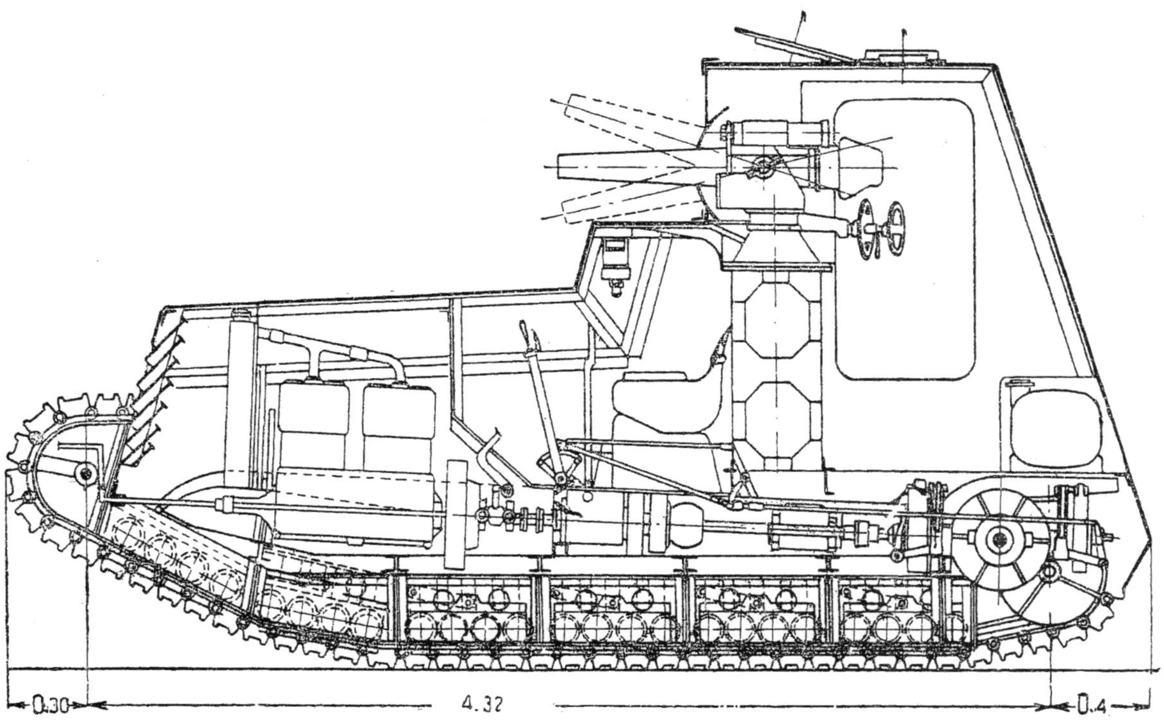
0.30
4.32
0.4

## Kraftprotze L.K. II, Bauart Vollmer

Nichts unterstreicht die Irritationen im deutschen Kampfwagenbau während des Ersten Weltkrieges stärker als das Thema Entwicklung leichter Kampfwagen. Nachdem das Konkurrenzmodell der Firma Krupp zum L.K. II als gepanzerte Kraftprotze zurückgestuft worden war, legte Oberingenieur J. Vollmer von der Abteilung 7 (Verkehr) im Kriegsministerium zwei Entwürfe für gepanzerte Kraftprotzen und leichte Zugmaschinen auf der Basis des leichten Kampfwagen L.K. II vor. Ihnen lag die Idee der Stoßtrupptaktik zugrunde: Stoßtrupps sollten, unterstützt von solchen leicht gepanzerten Fahrzeugen, das gegnerische Verteidigungssystem schneller überwinden. Sie sollten für Anhänger, leichte Geschütze oder Minenwerfer der Sturmtruppen verwendet werden. Die zahlreichen, in verschiedene Richtungen laufenden Projekte belasteten das ohnehin geringe Entwicklungs- und Fertigungspotential. Letztlich blieb es bei dem leichten Kampfwagen, dessen Serienproduktion im Spätherbst 1918 anlief, durch das Kriegsende jedoch abgebrochen wurde.

| | |
|---|---|
| Baujahr | 1918 (nur Projekt) |
| Besatzung | 2 Mann |
| Gefechtsgewicht | 19 t |
| Länge | 5070 mm |
| Breite | 1950 mm |
| Höhe | 2090 mm |
| Bodenfreiheit | 400 mm |
| Kletterfähigkeit | 450 mm |
| überschreitet | 2000 mm |
| Geschwindigkeit | 7–14 km/h |
| Motor | 4-Takt-Otto, 4 Zylinder |
| Typ | Daimler |
| Leistung | 55–60 PS |
| Drehzahl | 1800 U/min |
| Kühlung | Wasser |
| Bewaffnung | 1 Maschinengewehre, Kaliber 7,92 mm |
| Panzerung | 3–14 mm |

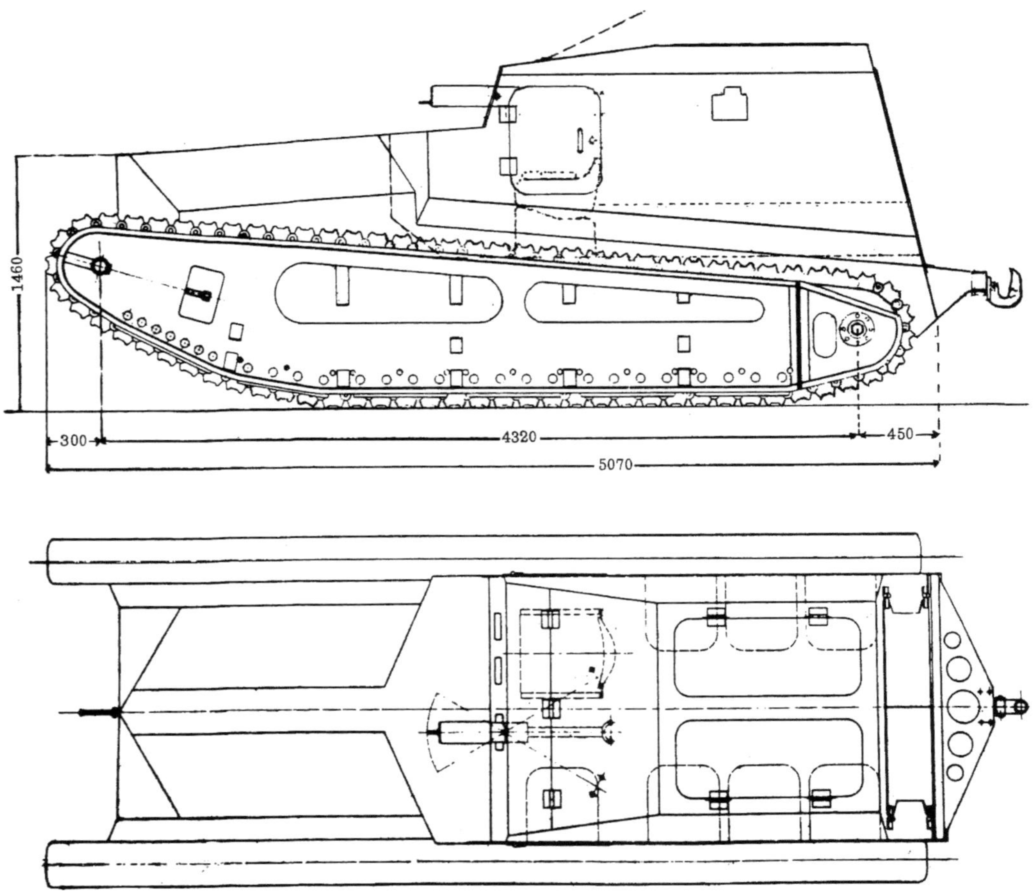

## Gepanzerte Kraftprotze (Krupp)

Nachdem im Frühjahr 1918 die Entwicklung leichter Kampfwagen auch in der Obersten Heeresleitung wieder Befürworter gefunden hatte, entstanden verschiedene Projekte. Nach deren Vorgaben schlug die Firma Krupp AG / Essen am 22. Mai 1918 einen kleinen Sturmwagen vor. Eigentlich war es ein teilgepanzerter Gleiskettenschlepper mit einem Zughaken für Anhänger, leichte Geschütze oder Minenwerfer. Er nahm in einem gepanzerten Aufbau vor dem Fahrersitz ein Maschinengewehr auf, mit dem auch aus seitlichen Lafettierungen geschossen werden konnte.

Nur kurze Zeit später meinte man, dass dieser kleine Sturmwagen, insbesondere hinsichtlich der Bewaffnung, keine vorteilhafte Lösung darstellte. Nachdem er am 23. Juni 1918 zusammen mit den L.K.-Kampfwagen der Obersten Heeresleitung vorgeführt worden war, ist der Entschluss gefasst worden, ihn dennoch zu bauen. Allerdings änderte man seine Bezeichnung – das Fahrzeug lief fortan als gepanzerte Kraftprotze, deren Einsatz im Rahmen der Sturmbataillone vorgesehen war.

Unabhängig davon, dass Krupp am 23. Juli den Entwurf für einen neuen kleinen Kampfwagen vorlegte, meldete der Chef des Feldkraftfahrwesens Anfang August 1918 die serienmäßige Beschaffung der gepanzerten Kraftprotze für das kommende Jahr; zwischen Januar und April sollten 33 Fahrzeuge zur Auslieferung kommen. Fertig geworden ist davon bis Kriegsende nur ein Versuchswagen, der am 2. Oktober 1918 für eine Vorführung zur Verfügung gestanden hat.

| | |
|---|---|
| Baujahr | 1918 |
| Besatzung | 2 Mann |
| Gefechtsgewicht | |
| Länge | 3900 mm |
| Breite | 1700 mm |
| Höhe | 1850 mm |
| Motor | 4-Takt-Otto, 4 Zylinder |
| Typ | Daimler |
| Leistung | 30 PS |
| Drehzahl | 1800 U/min |
| Kühlung | Wasser |
| Bewaffnung | 1 Maschinengewehr, Kaliber 7,92 mm |

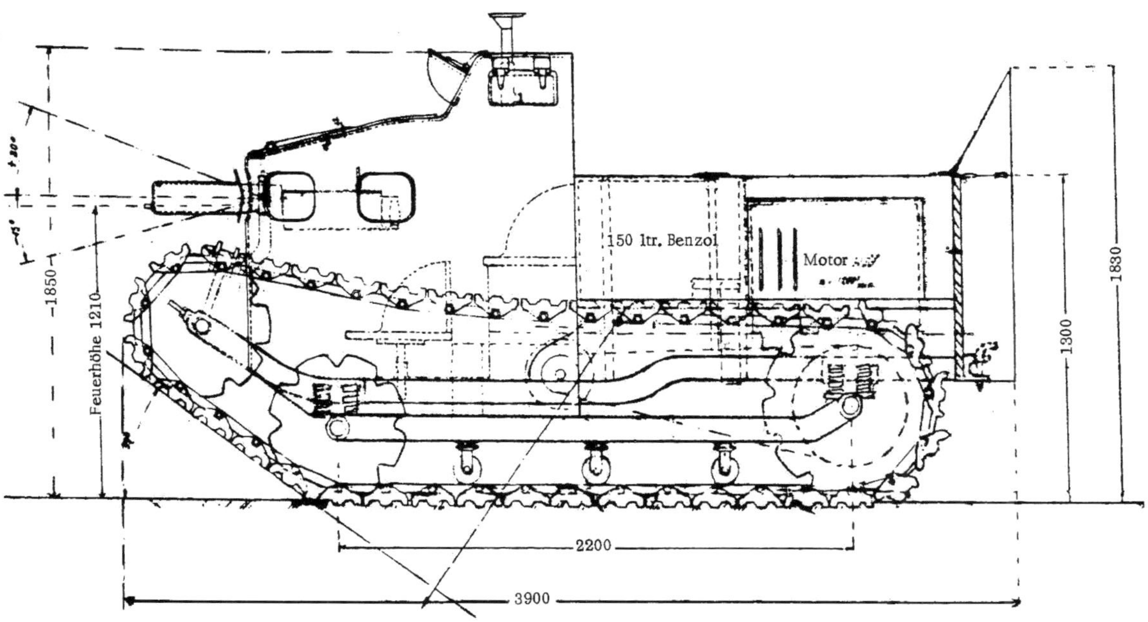

## Sturm-Panzerwagen »Oberschlesien«

In einem Bericht des Chef Feldkraftfahrwesen an die Oberste Heeresleitung vom 7. Juni 1918 wurde unter Hinweis, dass die Fertigung von Sturm-Panzerwagen schwerster Bauart (K-Wagen), schwerer Sturm-Panzerwagen (A.7.V.) und Beute-Kampfwagen eingestellt würde, ein neues Kampfwagenmodell vorgeschlagen. Dem Bericht waren die Baubedingungen beigefügt, wobei besonderer Wert auf einen geringen Anteil von hochveredelten Werkstoffen (Sparmetallen) gelegt wurde. Ende September 1918 verhandelte man mit den Firmen L. Eilers / Hannover und Wegmann und Cie. / Kassel. Außerdem hatte der Hauptmann der Reserve Müller von der Versuchskraftfahrabteilung in Zusammenarbeit mit den Oberschlesischen Hüttenwerken / Gleiwitz die Bearbeitung des Vorhabens realisiert. Es erhielt den Decknamen »Oberschlesien«.

Anfang September 1918 wurde entschieden, von Januar bis April 1919 vier Versuchswagen zu bauen. Ab April sollte dann die Serienproduktion beginnen und von anfangs sieben auf bis zu 20 Wagen je Monat gesteigert werden. Am 5. Oktober 1918 bestimmte die Oberste Heeresleitung jedoch, nur zwei Versuchsfahrzeuge zu bestellen. Durch die Niederlage des Deutschen Reiches ist keines der beiden dreitürmig ausgelegten Fahrzeuge mit dem aus dem Flugzeugbau übernommenen Argus-Motor fertig geworden.

| | |
|---|---|
| Baujahr | 1918 (nur Projekt) |
| Besatzung | 5 Mann |
| Gefechtsgewicht | 19 t |
| Länge | 6700 mm |
| Breite | 2340 mm |
| Höhe | 3215 mm |
| Bodenfreiheit | 515 mm |
| Steigfähigkeit | 45° |
| überschreitet | 3000 mm |
| Geschwindigkeit | 12–16 km/h |
| Fahrbereich | 140 km |
| Motor | 4-Takt-Otto, 6 Zylinder |
| Typ | Argus |
| Leistung | 195 PS |
| Drehzahl | 1800 U/min |
| Kühlung | Luft |
| Bewaffnung | 1 Kampfwagenkanone L/26,3, Kaliber 57 mm<br>2 Maschinengewehre, Kaliber 7,92 mm<br>(und drei Reserve-Maschinengewehre) |
| Panzerung | 14 mm |

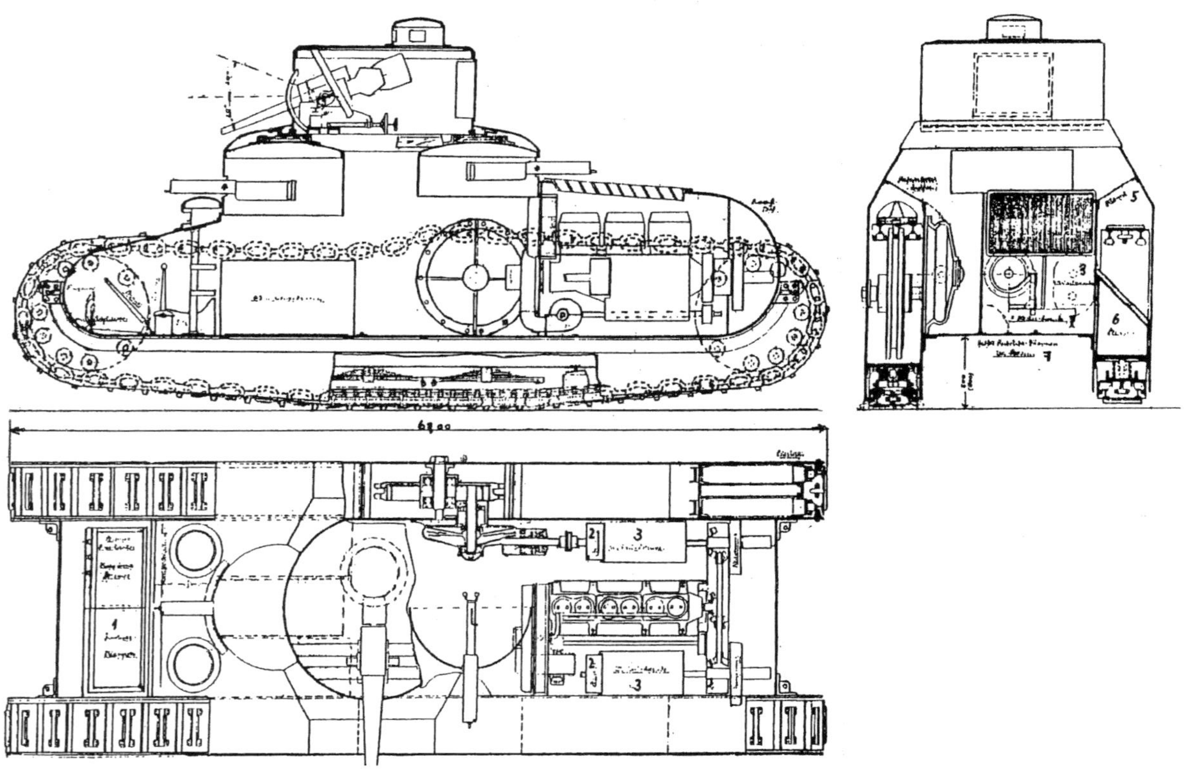

Die Geschichte der deutschen Kampfwagen des Ersten Weltkrieges endete nicht wie die der alliierten auf den Schlachtfeldern und bei den Siegesparaden in den großen Metropolen. Sie blieb unvollendet, in Form von Konzepten, auf den Reißbrettern der Konstruktionsbüros und in den Werkhallen der Herstellerfirmen, wo die Kampfwagen noch fertig montiert werden mussten. Und sie endete in den Wirren der revolutionären Nachkriegskrise auf den Straßen deutscher Großstädte. Was an Panzerkraft- und Panzerkampfwagen verfügbar und noch einsatzfähig war, hat man dafür aufgeboten. Anfang Januar 1919 entstand bei der Garde-Kavallerie-Schützendivision in Berlin-Lankwitz die »Tankabteilung Körting«. Drei Monate später bildete diese den Grundstock des aus drei Kampfwagenabteilungen und einem Kampfwagenpark bestehenden Kommandos beim Freikorps Lüttwitz.

Zum Bestand dieser Freikorps-Einheit zählten ein aptierter A.7.V., zwei Beutekampfwagen des Typs Mk-IV und ein Mk-A »Whippet«. Im Kampf gegen die Anhänger des Spartakusbundes erfüllten sie ordinäre Polizeiaufgaben. Weitere Kampfwageneinheiten standen im Februar 1919 bei der 3. Landesschützenbrigade (Kampfwagenabteilung Leutnant Hassert) in Bremen und beim Freikorps Lettow (Kampfwagenzug Leutnant Schmidt) in Hamburg im Einsatz.

Am 28. Juni 1919 wurde der Friedensvertrag zwischen Deutschland und der Entente (Versailler Vertrag) unterzeichnet. Er hatte weitreichende Folgen, auch für den Fortbestand und die weitere Entwicklung der deutschen Kampfwagentruppe. Sie hörte auf zu existieren. In den »Bestimmungen über Landheer, Seemacht und Luftfahrt« (im Teil V, S. 85 ff. der deutschen Ausgabe von 1919) waren gepanzerte Fahrzeuge überhaupt nicht mehr aufgeführt. Sie mussten, ohne ausdrücklich erwähnt zu werden, wie alle anderen der Reichswehr nicht zugebilligten Bestände an Kriegsmaterial an die Regierungen der alliierten und assoziierten Mächte ausgeliefert werden. Dafür blieben zwei Monate Zeit. Sie wurden zerstört, unbrauchbar gemacht oder weitergegeben. Wörtlich ist im Artikel 171 des Vertragswerkes ausgeführt: »Desgleichen ist die Herstellung von Panzerwagen, Tanks oder irgendwelchen ähnlichen Vorrichtungen, die Kriegszwecken dienen könnten, in Deutschland verboten, ebenso deren Einfuhr nach Deutschland«.

Links: Ein Beutekampfwagen Mk-A »Whippet« der zur Garde-Kavallerie-Schützendivision gehörenden Tankabteilung Körting vor dem Berliner Edenhotel am Kurfürstendamm. Aufnahme vom März 1919.

Rechts: Erinnerungsfoto von Angehörigen der Panzerkraftwagenabteilung der regierungstreuen Truppen. Sie posieren vor einem vermutlich von den eigenen Parktruppen umgeänderten A.7.V.

KAPITEL 5

# TANKS AUF DEM VORMARSCH

## Kriegführung ohne Kampfwagen nicht mehr vorstellbar!

*»Bereits in der Vergangenheit hat der Panzer dazu beigetragen, Angriffskrisen zu mildern, bei zweckmäßiger Ausgestaltung und mutiger Verwendung wird er sie beenden. In unserem Zeitalter ist der Kampfwagen das naturgegebene Gegengift gegen das Maschinengewehr, welches drauf und dran war, auf dem heutigen Schlachtfeld jedes Leben zu ersticken.«*
Walter Spannenkrebs (Oberstleutnant, 1936)

## Russland

Abgesehen von den interessanten Kampfwagenprojekten aus der Zeit vor und zu Beginn des Ersten Weltkrieges – über die an anderer Stelle schon berichtet wurde – gab es auf diesem Gebiet der Heeresrüstung in Russland keine Fortschritte. 1914 hatte man mit der Produktion von Panzerkraftwagen begonnen. An die Stelle eigener Konstruktionen traten im Kriegsverlauf teilweise abgeänderte ausländische Modelle. 1918 gab es nach russischen Angaben 40 verschiedene Modelle und Ausführungen. 560 Stück hatten die russischen Streitkräfte bis dahin erhalten, wovon allein die Rote Armee zum Jahresende 1918 noch über 150 in 37 Panzerkraftwagenabteilungen einsatzfähig hielt. Hervorhebenswert im Sinne eines leichten gepanzerten Kampfwagens war nur der »Austin-Kégresse«, ein Halbkettenfahrzeug.

### Panzerkraftwagen Russo-Balt

Das erste in Russland 1914 unmittelbar nach Kriegsausbruch hergestellte und bei der Armee zum Einsatz gebrachte Panzerautomobil kam aus den Russisch-Baltischen Werken in Riga. Als Fahrgestelle dienten Personenkraftwagen aus der Fertigung dieses Werkes. Die Panzerung lieferten die Ishorsker Eisenwerke.

Eine Panzerkraftwagenabteilung mit Fahrzeugen aus den Russisch-Baltischen Werken wurde am 19. Oktober 1914 an die Nordwestfront geschickt. Während der Kämpfe ging mindestens ein Panzerkraftwagen verloren und wurde 1916 in der Deutschen Kriegsausstellung in Berlin und anderen großen Städten gezeigt.

Es gab drei Ausführungen des Panzerkraftwagens Russo-Balt, die letzte mit einem über der Hinterachse angeordneten Maschinengewehr-Drehturm. Die Waffe konnte nur nach beiden Seiten und nach hinten schießen.

Die Russisch-Baltischen Werke mussten noch 1914 die Kraftfahrzeugproduktion einstellen. Das war auch das Aus für die Herstellung von Panzerkraftwagen. An ihre Stelle trat der Import bzw. Umbau verschiedener ausländischer Modelle.

| | |
|---|---|
| Baujahr | 1914 |
| Besatzung | 5 Mann |
| Gefechtsgewicht | 3,28 t |
| Länge | 4500 mm |
| Breite | 1980 mm |
| Höhe | 2000 mm |
| Geschwindigkeit | 20 km/h |
| Fahrbereich | 140 km |
| Motor | 4-Takt-Otto, 4 Zylinder |
| Typ | Russo-Balt S 24-40 |
| Leistung | 40 PS |
| Drehzahl | 1800 U/min |
| Kühlung | Wasser |
| Bewaffnung | 3 Maschinengewehre, Kaliber 7,62 mm |
| Panzerung | 3,5–5 mm |

1808

860

## Panzerkraftwagen Armstrong Withwort-Fiat

Am 15. Januar 1915 trafen in Russland 30 Panzerkraftwagen Armstrong Withwort ein. Der Import ausländischer Modelle war durch eine weitgehende Einstellung der einheimischen Kraftfahrzeugproduktion notwendig geworden. Die vorhandene Fertigungskapazität wurde zur Instandsetzung und Modernisierung von Panzerfahrzeugen genutzt.

Panzerkraftwagen Armstrong Withwort-Fiat fanden in der Aufklärung, Sicherung und Verfolgung Verwendung. 1917 waren sie u. a. im Februar in St. Petersburg und im Sommer im Gebiet Tarnopol im Einsatz.

| | |
|---|---|
| Baujahr | 1915 |
| Besatzung | 5 Mann |
| Gefechtsgewicht | 5,3–5,8 t |
| Länge | 4800 mm |
| Breite | 1900 mm |
| Höhe | 2500 mm |
| Bodenfreiheit | 270 mm |
| Geschwindigkeit | 69,4 km/h |
| Fahrbereich | 140 km |
| Motor | 4-Takt-Otto, 4 Zylinder |
| Typ | Fiat |
| Leistung | 60 PS |
| Bewaffnung | 2 Maschinengewehre, Kaliber 7,62 mm |
| Panzerung | 6–8 mm |

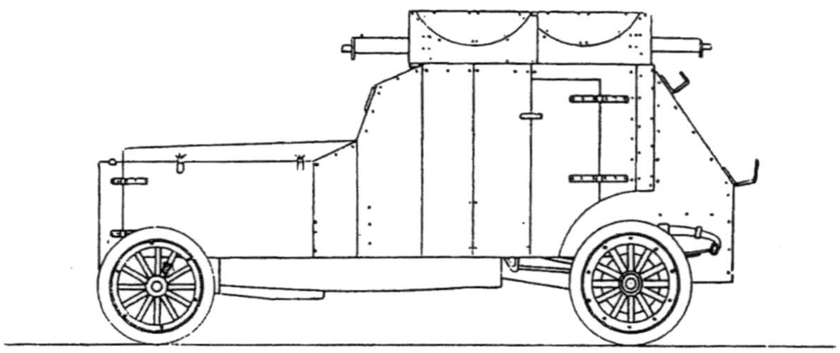

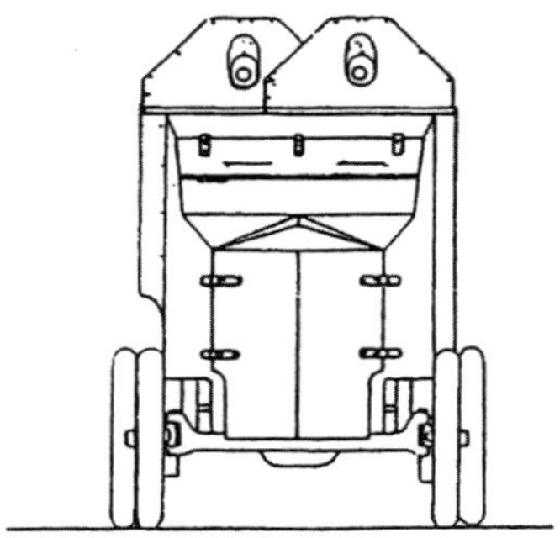

## Panzerkraftwagen Austin

Ende 1914 erhielt die russische Armee die ersten 24 von 48 in England bestellten Panzerkraftwagen Austin. Im März 1915 folgte eine weitere Serie, ein Jahr später erneut 60 Stück. Charakteristisch für alle Fahrzeuge war die Bewaffnung mit zwei Maschinengewehren in zwei nebeneinander angeordneten Drehtürmen mit begrenztem Schwenkbereich. Im Zuge der Überholung der Fahrzeuge in den Putilow-Werken in St. Petersburg wurden verschiedene Verbesserungen, u. a. beim Panzerschutz, vorgenommen. Wesentlichste Neuerung aber war die versetzte Anordnung der beiden Drehtürme, wodurch sich für die beiden Maschinengewehre ein größerer Schwenkbereich ergab. Diese Ausführung erhielt die Bezeichnung Austin-Putilow.

Die Panzerkraftwagen Austin stellten von den zahlreichen, von unterschiedlichen Herstellern gelieferten Panzerautomobilen in der russischen Armee den größten Anteil. Sie waren nur schwach gepanzert. Ihre Geländegängigkeit war begrenzt, im Einsatz waren sie an Straßen und feste Wege gebunden.

Eingesetzt wurden sie zur Aufklärung, Verfolgung und Sicherung. Einige Austin-Panzerkraftwagen erbeuteten die deutschen und österreichisch-ungarischen Streitkräfte und verwendeten sie weiter.

| | |
|---|---|
| Baujahr | 1916–1917 |
| Besatzung | 5 Mann |
| Gefechtsgewicht | 5,2 t |
| Länge | 4900 mm |
| Breite | 1900 mm |
| Höhe | 2400 mm |
| Bodenfreiheit | 250 mm |
| Geschwindigkeit | 50 km/h |
| Fahrbereich | 140–200 km |
| Motor | 4-Takt-Otto, 4 Zylinder |
| Typ | Austin |
| Leistung | 50 PS |
| Kühlung | Wasser |
| Bewaffnung | 2 Maschinengewehre, Kaliber 7,62 mm |
| Panzerung | 4–7,5 mm |

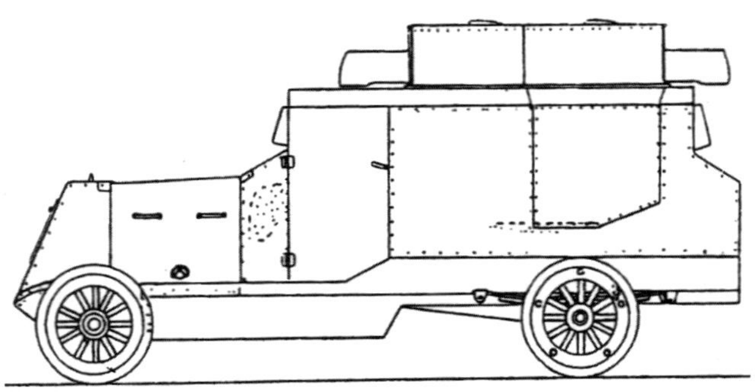

## Panzerkraftwagen Austin-Kégresse

Die Geländegängigkeit der im russischen Heer zahlreich verwendeten Panzerkraftwagen konnte auf den Kriegsschauplätzen im Osten und Südosten nicht zufrieden stellen. Nachdem es bereits im August 1916 erfolgreiche Versuche mit Panzerkraftwagen gegeben hatte, die anstelle der Hinterräder mit einem Gleiskettenfahrwerk nach dem Muster des französischen Konstrukteurs A. Kégresse ausgestattet waren, nahmen die Putilow-Werke in Petrograd die Serienfertigung auf. Dafür wurden Panzerkraftwagen Austin mit nebeneinander und versetzt angeordneten Drehtürmen generalüberholt und entsprechend umgerüstet. 1919–1920 verließen zwölf Panzerkraftwagen Austin-Kégresse (auch bezeichnet als Austin-Putilow) die Werkhallen.

Der Vorteil dieser »Zwitterkampfwagen« lag in ihrer wesentlich verbesserten Beweglichkeit im Gelände; allerdings sank die Höchstgeschwindigkeit um die Hälfte, von 50 km/h als Panzerkraftwagen mit Hinterachsantrieb auf 27,5 km/h mit Halbkettenlaufwerk. Eingesetzt wurden Panzerkraftwagen Austin-Kégresse in Panzereinheiten der Roten Armee.

| | |
|---|---|
| Baujahr | 1917–1918 |
| Besatzung | 5 Mann |
| Gefechtsgewicht | 5,8 t |
| Länge | 6279 mm |
| Breite | 1900 mm |
| Höhe | 2401 mm |
| Bodenfreiheit | 254 mm |
| Watfähigkeit | 610 mm |
| Kletterfähigkeit | 426 mm |
| Steigfähigkeit | 30° |
| überschreitet | 1770 mm |
| Geschwindigkeit | 25,7 km/h |
| Fahrbereich | 80–100 km |
| Motor | 4-Takt-Otto, 4 Zylinder |
| Typ | Austin |
| Leistung | 50 PS |
| Kühlung | Wasser |
| Bewaffnung | 2 Maschinengewehre, Kaliber 7,62 mm |
| Panzerung | 4–7,5 mm |

Kampfwagen mit Gleiskettenfahrwerk standen den Russen erst während des Interventions- und Bürgerkrieges 1918 bis 1922 zur Verfügung. Sie kamen aus Frankreich und England und gelangten – obwohl so nicht beabsichtigt – in den Streitkräften beider kriegführender Seiten zum Einsatz. Im Dezember 1918 waren in Odessa französische und griechische Truppen gelandet. Mit dabei war das 505. Panzerregiment mit insgesamt 120 leichten Renault-Kampfwagen. Sie traten in den Kämpfen des Jahres 1919 gegenüber der West- und der Südfront der Roten Armee in Erscheinung, die eine Anzahl davon in ihren Besitz bringen konnte. Weitere Renault's – die zu den zehn Kampfwagen dieses Typs gehört hatten, die im März 1920 gemeinsam mit amerikanischen Truppen in Wladiwostok eingetroffen waren – wurden im Fernen Osten von den Armur-Partisanen erbeutet. Sie erhielten zum Teil an Stelle der französischen Originalbewaffnung wassergekühlte russische 7,62-mm-Maschinengewehre Maxim Modell 1910. Äußerlich waren sie an den zusätzlichen Panzerplatten zum Schutz der beschussempfindlichen Laufmäntel erkennbar. Der französische leichte Kampfwagen Renault FT wurde 1920 als Grundkonstruktion für den Bau eines eigenen Panzers auf sowjetrussischer Seite angenommen.

Die ersten schweren Kampfwagen waren englischer Herkunft. Sechs Mk-V und sechs Mk-A »Whippet« kamen am 22. März 1919 an Land. Ihre Zahl stieg bis zum Oktober des Jahres auf 73. Insgesamt lieferte England 59 Mk-V, 17 Mk-A »Whippet« und 3 Mk-B »Hornet« an eine Kampfwagenschule und elf Kampfwagenabteilungen auf weißgardistischer Seite. Vereinzelt erhielten »Whippets« an Stelle des vorderen 8-mm-Maschinengewehres eine 37-mm-Kanone Hotchkiss. Bekannt geworden ist, dass später auch einige Mk-V auf wassergekühlte 7,62-mm-Maschinengewehre umgerüstet worden sind. Ein Großteil der englischen Kampfwagen gelangte als Kriegsbeute in den Besitz der Roten Armee und wurde dort bis Anfang der 1930er Jahre noch eingesetzt.

Mk-V einer Kampfwagenabteilung der Roten Armee auf dem Marsch. Aufnahme aus dem Bjelorussischen Militärbezirk im Jahre 1929.

Propagandaaufnahme. Einsatz eines schweren Kampfwagen Mk-V zum Pflügen und Eggen in der kollektiven Landwirtschaft der Sowjetunion – ein schon wegen der hohen Betriebskosten für das fast 30 t schwere Fahrzeug unwirtschaftliches Unterfangen.

Nach Aussonderung der Mk-V aus der Roten Armee wurden sie in den 1930er Jahren zur Erinnerung an Bürgerkrieg und Intervention in Großstädten wie Charkow und Smolensk aufgestellt. Hier hatten deutsche Soldaten 1941 Gelegenheit, den »Tankschrecken« ihrer Väter aus dem Ersten Weltkrieg gegenüberzustehen.

Eine interessante Schilderung des Tankeinsatzes der weißgardistischen Armee des Generals P. N. Baron von Wrangel, Ende Juli 1920 bei Pereskop auf der Krim, veröffentlichte der Schriftsteller P. Ippolitow 1931:

*»Die Granaten der Weißen schlagen jetzt schon im Dorfe ein. Sie haben uns erreicht und übertönen ein nahes, die Nerven aufreibendes ›Hurra!‹. In diesen Lärm mischt sich etwas Neues, Ungewisses. Irgend etwas knurrt ungeheuerlich und unbefriedigt laut in dem Dorf.*

*›Ein Automobil oder Panzerwagen‹, denken wir. ... Das Rasseln von Eisen, der beängstigende Klang quiekender Ketten, das Aufheulen von Gas, ausgestoßen von einem Kraftwagenmotor, nähert sich uns mit dem Krachen von Flintenschüssen.*

*Wir wenden unsere erschreckten Gesichter nach links und laufen zur Straßenkreuzung herunter. Gleich sind wir an der Ecke und es wird sich alles aufklären – schießts durch den Kopf. – Was ist das?*

*Kalter Schweiß überfällt mich. Wir schreien irgend etwas. Mit Geheul kriecht auf uns, einer ungeheuren schwarzen Kröte ähnlich, ein Tank und bestreicht uns mit dem M.G.*

*Tank, Tank! – schreien wir – die Weißen! Die Weißen ...*

*Zum Haufen zusammengeballt, einer den anderen drängend, kopflos, im Augenblick von lähmendem Schrecken ergriffen, hasten wir durch das Dorf. Hastig laufen wir durch eine enge Seitengasse, und vor uns liegt der spiegelglatte, in der Sonne schmutzigblasse Siwasch*[1]*.*

*– Halt, Kinder! – Hinlegen!*

*Wir schreien alle und sinken am Ufer des schmutzigen Siwasches ein. Gerade auf uns zu mit den Motoren heulend kriecht der Tank und von links kommen tanzend schießend die ›Drosdower‹*[2] *heraus.*

*Der trübe Siwasch bereitet uns nur auf einige zehn Sekunden Aufenthalt. Wie eine Herde Hammel, die ihren Führer verloren hat, versuchen wir, ihn zu erjagen; das Gewehrfeuer der ›Drosdower‹ und der Lärm des Tanks zwingt uns in diese schmutzige, sonnige, ekelerregende sumpfige Lache. Das Laufen ist sehr schwer. Nur mit Mühe heben wir die Beine aus dem schlammigen, klebrigen Boden, die Gewehre hoch über den Kopf haltend. Bis zum anderen Ufer sind's 200-300 Schritte. Spritzer schmutziggelben Wassers bedecken uns dicht und benetzen unsere Beine. Irgend jemand fällt in den Siwasch. Man hört einen Schrei, aber die Mehrzahl der Laufenden hat schon das andere Ufer erreicht.*

*Der Tank folgt uns nicht durch den Siwasch. Er wühlt lange plump am sumpfigen Ufer, heult mit dem Motor und überschüttet uns mit Feuer aus den M.G. Schmutzig, schweißüberströmt suchen wir im Lauf mit vorquellenden Augen vor dem Pfeifen der Geschosse deckende Stellen, und die unerbittliche Hitze und der Durst dieser Landschaft überfällt uns.*

*Hier am Ufer ist ein kleiner Erdwall aufgeworfen. Wie die Ratten springen wir schnell über ihn hinweg, schwärmen in Schützenkette aus und eröffnen erbittert und schimpfend das Feuer auf den Tank und die Drosdower.*

*Der Tank ist unverwundbar. – Was ist mit der Artillerie? – Sie war zum Stellungswechsel gezwungen ... – Der Kompaniekommandant?*

*Das Krachen der Einschläge und das Klatschen des Wassers im Siwasch übertönen das Singen der Kugeln. Noch ein Augenblick, und die M.G. des Tanks verschwiegen. – Aha! Gesindel, das hat gesessen! – jubelt die Schützenkette. Der Tank, der verfluchte Tank, tanzt lawierend und sich beinahe in den Siwasch verkriechend zwischen den Einschlägen unserer und feindlicher Granaten. Er kann uns nicht erreichen. Er kriecht eilig unter Zurücklassung der Drosdower ins Innere des Dorfes zurück. Jetzt hören wir, daß das ganze Dorf vom Gefechtslärm des Gewehr- und M.G.-Feuers überkocht. Der Kampf hat sich an einzelnen Brennpunkten festgezogen.*

*Wir erholen uns etwas und teilen uns gegenseitig die Neuigkeiten mit, die uns unsere Verbindungen übermitteln. Unser erstes Bataillon hat der Panzerwagen niedergemäht. Alle! Er fuhr mit roter Flagge an die Schützenkette heran. Deshalb kamen sie auch zurück! Bald wird zum Gegenangriff angetreten.*

*– Unsere Aufgabe ist, die Drosdower aus dem Siwasch hervor zu umgehen und den Tank zu vernichten, – verkündet der Befehl des Kompaniekommandeurs. – Es gibt einen allgemeinen Gegenangriff.«*

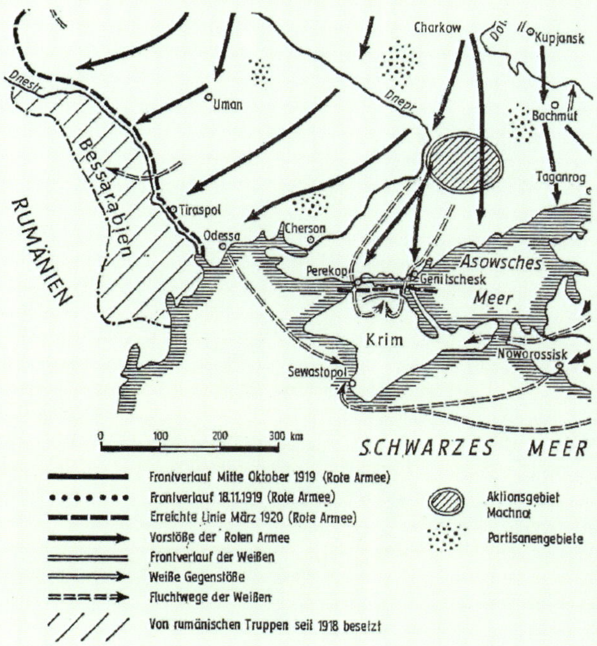


1 Siwasch: Tümpel oder Teich mit faulem, brackigem Wasser.
2 Drosdowskische Division: aus mehreren Offiziersregimentern bestehende Gardedivision der Armee des Generals P. N. Baron von Wrangel.

## Leichter Panzer »Krasnoje Sormowo« (auch Tank KS oder Russki Renault)

Ende des Jahres 1919 gaben der sowjetrussische Revolutionäre Kriegsrat und das Volkskommissariat für Militärangelegenheiten die Entwicklung eines leichten Kampfwagens in Auftrag. Der Industrie fehlten Ausrüstungen und Erfahrungen im Kampfwagenbau, so dass große Schwierigkeiten überwunden werden mussten. Man entschied sich für den Nachbau des französischen Renault FT, der als Beutefahrzeug zur Verfügung stand. Als Hersteller wurde die Maschinenfabrik »Krasnoje Sormowo« in Nichnij Nowgorod (1932–1990 Gorki) an der Wolga bestimmt. Das Unternehmen besaß Erfahrungen beim Bau von Panzerzügen und hatte erbeutete Kampfwagen instandgesetzt. Für die Lieferung der Motoren war der Kraftfahrzeughersteller AMO / Moskau zuständig; die Panzerplatten lieferten die Ishorsker Eisenwerke / Kolpino, nördlich von Petrograd (ab 1942 Leningrad).

Am 31. August 1920 verließ der erste Kampfwagen die Werkhallen in Nichnij Nowgorod. Er erhielt den Namen »Kämpfer für die Freiheit, Genosse Lenin«. Weitere 14 Stück folgten, die alle Eigennamen erhielten (u. a. »Karl Marx«, »Lew Trotzki«, »Ilja Murometz«). Im Laufe der Fertigung ging man dazu über, eine kombinierte Bewaffnung aus einer Kanone und einem Maschinengewehr einzubauen.

Der Kampfwagen gilt heute allgemein als erster russischer Panzer und ist unter der Bezeichnung »Russki Renault« bekannt geworden.

In der Roten Armee gehörte er zu den Tankkommandos mit drei Panzern, mehreren Kraftfahrzeugen und Motorrädern. In der Ausbildung fanden sie noch Anfang der 1930er Jahre Verwendung.

| | |
|---|---|
| Baujahr | 1920–1921 |
| Besatzung | 2 Mann |
| Gefechtsgewicht | 7 t |
| Länge | 4100 mm (mit Sporn 5000 mm) |
| Breite | 1750 mm |
| Höhe | 2140–2250 mm |
| Bodenfreiheit | 420 mm |
| Watfähigkeit | 500 mm |
| Kletterfähigkeit | 600 mm |
| Steigfähigkeit | 38° |
| überschreitet | 2000 mm |
| Geschwindigkeit | 8 km/h |
| Fahrbereich | 90–120 km |
| Motor | 4-Takt-Otto, 4 Zylinder |
| Typ | Amo (Lizenz Fiat) |
| Leistung | 33,5 PS |
| Drehzahl | 1480 U/min |
| Kühlung | Wasser |
| Bewaffnung | 1 Kampfwagenkanone L/21,6, Kaliber 37 mm<br>1 Maschinengewehr, Kaliber 8 mm<br>(zuerst nur eine der beiden Waffen) |
| Panzerung | 6–16 mm |

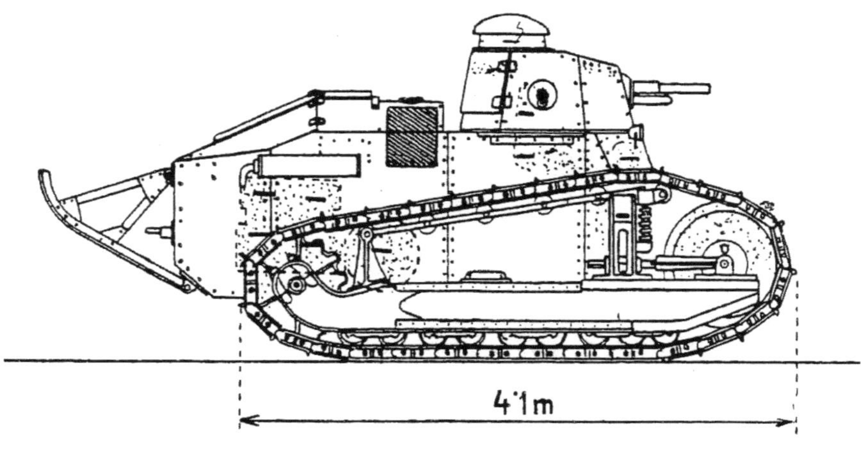


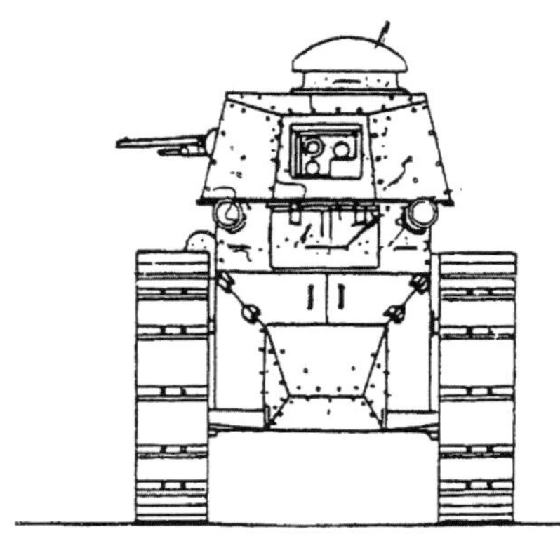

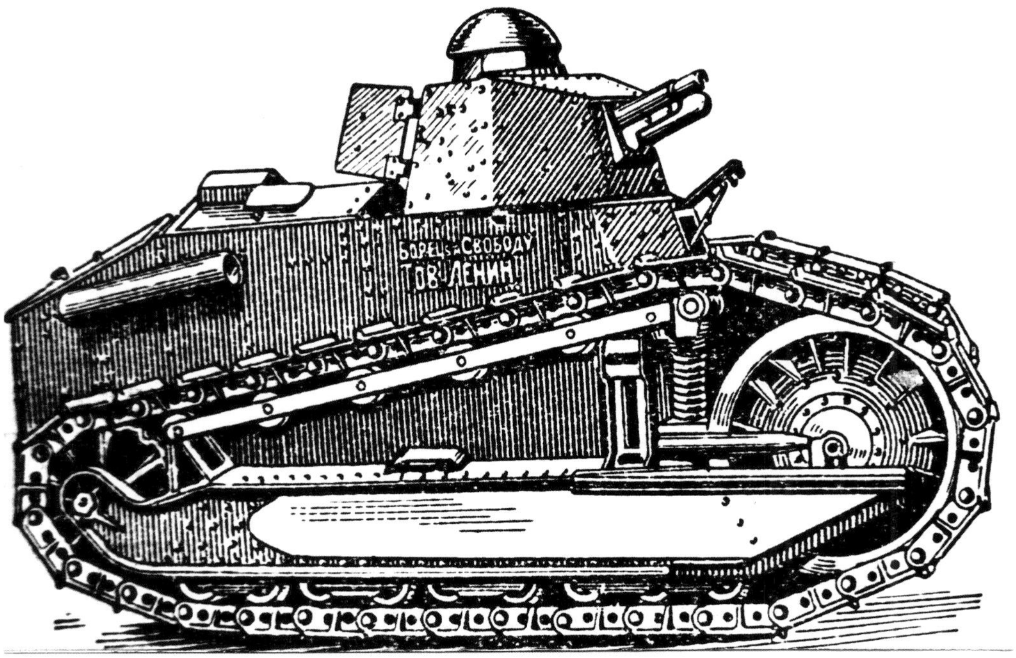
БОРЕЦ за СВОБОДУ
ТОВ. ЛЕНИН

Nachfolger des leichten Kampfwagens »Krasnoje Sormowo« wurde der leichte Panzer T-18 (auch als MS-1 bezeichnet). Er wog 5,3 t, hatte zwei Mann Besatzung und war mit einer 37-mm-Kampfwagenkanone PS-1 und einem 6,5-mm-Zwillings-Maschinengewehr (später ersetzt durch ein 7,62-mm-Maschinengewehr DT) bewaffnet. Der 35-PS-Motor war quer eingebaut, der Panzer 16,4 km/h schnell. 962 T-18 sind ausgeliefert worden.

## Vereinigte Staaten von Amerika

Die US-Streitkräfte konnten im Ersten Weltkrieg einen Vorteil in Anspruch nehmen. Bis zum Kriegseintritt der Vereinigten Staaten am 6. April 1917 hatten sie die Möglichkeit, das Geschehen in Europa zu verfolgen und die Erfahrungen auszuwerten. Für die Informationsbeschaffung war eine amerikanische Militärmission in Paris zuständig. General J. J. Pershing zeigte besonderes Interesse an den Erfahrungen der Tankverbände. Mk-IV, Schneider und Renault's wurden in den Herstellerländern ausgeliehen und zu Vorführungen sowie Versuchen in die Staaten geschafft. Gepanzerte Kraftwagen – u. a. als Träger für Geschütze und Scheinwerfer – hatte man dort schon vor dem Krieg entwickelt. Diese Arbeiten waren in Spannungszeiten, teils im Auftrag der Nationalgarde, fortgeführt worden.

Bei der Konstruktion gepanzerter Kampfwagen mit Gleiskettenfahrwerk gab es aber keine Fortschritte. Dabei besaßen die US-Amerikaner selbst die besten Voraussetzungen. Das Unternehmen, das alle europäischen, am Krieg beteiligten Armeen mit Kettenschleppern belieferte, die dort zur Basis für die Tanks wurden, hatte seinen Sitz im Bundesstaat Illinois – die Holt-Caterpillar Company in Peonia. Trotzdem entstanden die ersten wirklich bemerkenswerten Konstruktionen erst 1917, die aussichtsreichsten Kampfwagenprojekte wiederum unter Beteiligung dieses Unternehmens.

Der Kriegseintritt der USA beschleunigte den Aufbau eines eigenen Tankkorps nach englischem Vorbild. Das Kommando führte ab Dezember 1917 Oberst (später Brigadegeneral) S. D. Rockenbach. Bei der technischen Entwicklung orientierten sich die Amerikaner an den Erfolgsmodellen auf dem europäischen Kriegsschauplatz. Vorbilder waren der französische leichte Kampfwagen Renault FT, der englische schwere Mk-IV sowie sein Nachfolger, der Mk-V. Auf dem Gebiet schwerer Tanks wurde mit dem Mk-VIII ein trilaterales Projekt angeschoben, mit dem die Kampfwagenverbände Englands, Frankreichs und der Vereinigten Staaten einheitlich ausgestattet werden sollten. Doch die Zeit drängte. So wurden die nach Europa geschickten Tankbataillone mit ausländischen Fahrzeugen ausgestattet. Erstmals im Einsatz stand das 301. (US-)Tankbataillon Ende September 1918 während der Kämpfe um die deutsche »Siegfried«-Linie nördlich von St. Quentin. Es war mit 23 Mk-V und 24 Mk-V* in die Schlacht gefahren. 15 erhielten Artillerietreffer, zwei fuhren auf Minen, neun hatten Maschinenschäden und sechs hatten sich im Gelände festgefahren. Den großen Verlusten standen nur geringe Erfolge gegenüber, was nicht auf die fehlende Begeisterung der Amerikaner, aber auf die noch mangelhafte Ausbildung und Kriegserfahrung zurückzuführen war.

Das Erscheinungsbild des US-Tankkorps nach 1918 bestimmten die in Auftrag gegebenen, aber in wesentlich geringerer Stückzahl beschafften leichten und schweren Kampfwagen. Interessante Neukonstruktionen, die auch international viel Beachtung gefunden haben, sind später nur als Prototypen oder in kleinen Stückzahlen für Versuchszwecke angekauft worden. Dagegen stand das große Interesse im Ausland; verschiedene Staaten erwarben Versuchsmuster – u. a. Rad-Kettenpanzer – und bauten sie in großer Serie nach.

Schwerer Kampfwagen in Begleitung von Panzerkraftwagen Mack Modell 1916 der Nationalgarde während einer Propagandaveranstaltung in New York. Aufnahme vom Frühjahr 1917.

## Leichter Kampfwagen Ford 6 ton M.1917 (auch Ford 6 ton Tank, 6 ton special Tractor oder American Renault)

In den USA erhielten die Van Dorn Eisenwerke / Ohio, die Maxwell Motor Car Company / Detroit (Michigan) sowie die C.L. Best Tractor Company / San Leandro (Kalifornien) 1917 den Großserienauftrag zur Lizenzfertigung des leichten französischen Renault-Kampfwagens. Den »Amerikaner« zeichneten verschiedene Verbesserungen aus – ein Laufwerk mit größerer Laufruhe, vereinfachtem Antrieb sowie eine Startanlage für den 40-PS-Buda-4-Zylinder-Motor. 1100 leichte Kampfwagen dieses Typs sind bestellt worden. Bis zum Waffenstillstand im November 1918 gelangten davon noch 64 zur Auslieferung.

Der Ford-6-ton-Tank blieb bis Anfang der 1930er Jahre Standardpanzer der US-Army und ist noch einmal modernisiert worden. Hinsichtlich der Bewaffnung gab es wie beim französischen Vorbild zwei Varianten: die mit einer 37-mm-Kanone und eine zweite mit einem 7,62-mm-Maschinengewehr. Nach dem Kriegsende wurden auch fünf Funkpanzerwagen hergestellt.

| | |
|---|---|
| Baujahr | 1918 |
| Besatzung | 2 Mann |
| Gefechtsgewicht | 6,6 t |
| Länge | 5000 mm |
| Breite | 1790 mm |
| Höhe | 2300 mm |
| Bodenfreiheit | 410 mm |
| Watfähigkeit | 600 mm |
| Kletterfähigkeit | 900 mm |
| Steigfähigkeit | 35° |
| überschreitet | 2100 mm |
| Geschwindigkeit | 9 km/h |
| Fahrbereich | 48 km |
| Motor | 4-Takt-Otto, 4 Zylinder |
| Typ | Buda |
| Leistung | 40 PS |
| Drehzahl | 1300 U/min |
| Kühlung | Wasser |
| Bewaffnung | 1 Kampfwagenkanone L/21,6, Kaliber 37 mm oder 1 Maschinengewehr, Kaliber 7,62 mm |
| Panzerung | 6,4–15 mm |

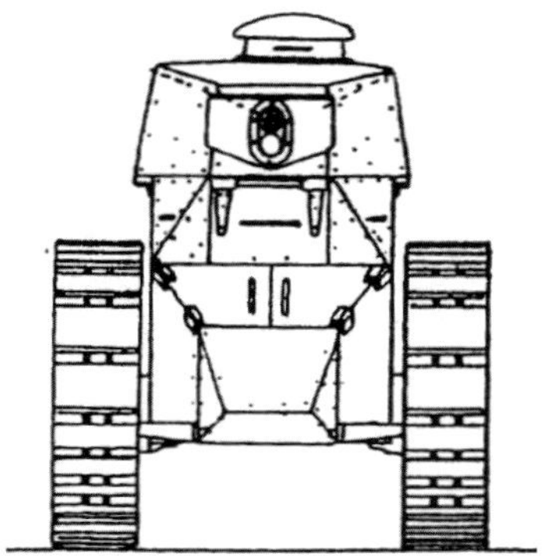

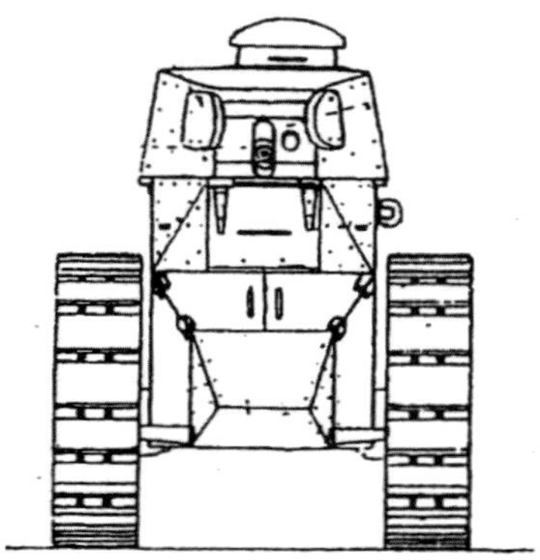

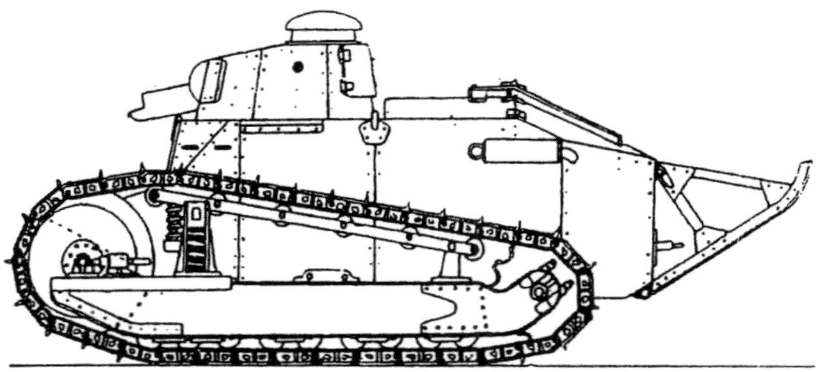

## Leichter Kampfwagen Ford 3 ton M.1918 (auch Ford 3 ton Tank oder Ford M)

Das US-Kriegsministerium plante zusammen mit der Ford-Motor Company / Dearborn (Michigan) die Massenproduktion eines leichten Kampfwagens, für den viele Komponenten aus der laufenden Kraftfahrzeugproduktion entnommen werden sollten. Die Besatzung des turmlosen Fahrzeuges saß im vorderen Teil nebeneinander, rechts der Fahrer, links der MG-Schütze. Ein Prototyp des Ford-3-ton-Tank wurde im Oktober 1918 fertig und zur Truppenerprobung nach Frankreich geschickt.

Das Tank-Corps der US-Army bewertete den Kampfwagen mit großer Zurückhaltung. Die ursprünglich in Aussicht gestellte Großserienproduktion (10.015 Stück) blieb dann auf 15 Fahrzeuge beschränkt. Sie kamen nach ihrer Fertigstellung ebenfalls nach Frankreich, wo sie im Januar 1919 als Zugmittel für die 75-mm-Feldkanone M.1897 eine neue, aber grundsätzlich andere Verwendung gefunden haben. Ford entwickelte auf Anregung von General J. J. Pershing den Ford-3 Man-Tank mit einem 60 PS-Hudson-Motor, einer 37-mm-Kanone und einem 7,62-mm-Maschinengewehr.

| | |
|---|---|
| Baujahr | 1918 |
| Besatzung | 2 Mann |
| Gefechtsgewicht | 3,04 t |
| Länge | 3380 mm (4170 mm mit Sporn) |
| Breite | 1650 mm |
| Höhe | 1600 mm |
| Bodenfreiheit | 300 mm |
| Watfähigkeit | 530 mm |
| Kletterfähigkeit | 500 mm |
| Steigfähigkeit | 25° |
| überschreitet | 1520 mm |
| Geschwindigkeit | 12,5 km/h |
| Fahrbereich | 60–70 km |
| Motor | 2 x 4-Takt-Otto, 4 Zylinder |
| Typ | Ford T |
| Leistung | 2 x 22,5 PS |
| Drehzahl | 1800 U/min |
| Kühlung | Wasser |
| Bewaffnung | 1 Maschinengewehr, Kaliber 7,62 mm |
| Panzerung | 6,3–12,7 mm |

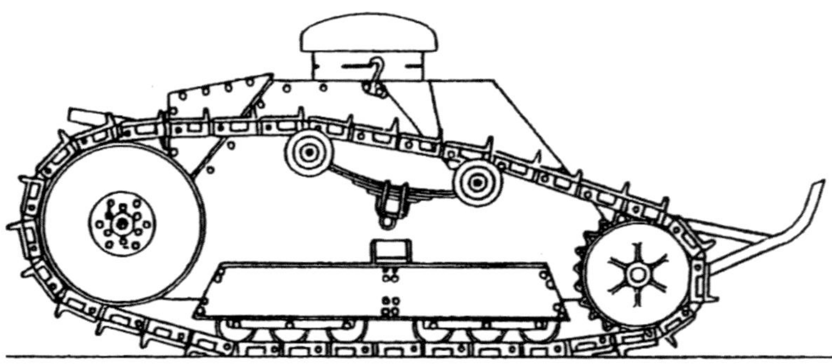

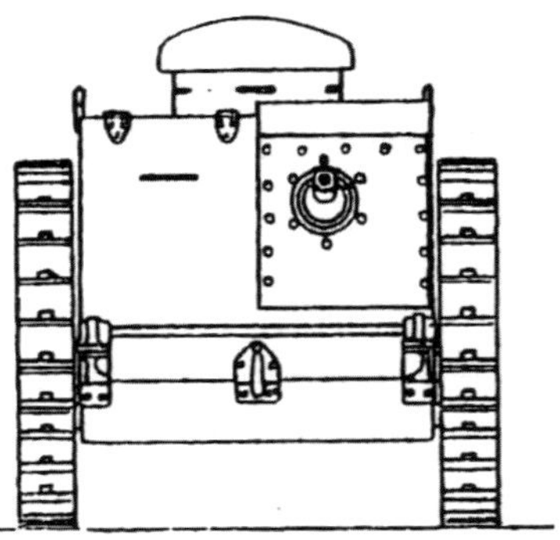

## Schwerer Kampfwagen Mk-VIII (auch Liberty-Tank)

Der schwere Kampfwagen Mk-VIII ist eine englische Entwicklung aus dem Jahr 1917 und ein weiterer Beleg für die Zusammenarbeit der Alliierten auf dem Gebiet des Kampfwagenbaues. In den USA plante man die Fertigung von 1500 Mk-VIII in der neu zu errichtenden Kampfwagenfabrik im französischen Neuvy-Pailloux. Auf Grund der Kriegslage konnte dieses Vorhaben nicht mehr realisiert werden. Lediglich 100 dieser auch als Durchbruchspanzer klassifizierten Kampfwagen wurden zwischen 1919 und 1920 im Rock-Island Arsenal für die US-Army hergestellt. Sie unterschieden sich vom englischen Original durch den 12-Zylinder-Liberty-Motor und den Einbau von Browning-Maschinengewehren an Stelle der französischen vom Fabrikat Hotchkiss.

In seinem Grundaufbau entsprach der Mk-VIII den bisher im Krieg verwendeten schweren Kampfwagen mit ihrer Rhombus-Form, den umlaufenden Ketten und der in seitlichen Erkern untergebrachten Bewaffnung.

| | |
|---|---|
| Baujahr | 1918–1920 |
| Besatzung | 8 Mann |
| Gefechtsgewicht | 37,6–42,0 t |
| Länge | 10.440 mm |
| Breite | 3660–3780 mm |
| Höhe | 3140 mm |
| Bodenfreiheit | 530 mm |
| Watfähigkeit | 1000 mm |
| Kletterfähigkeit | 1300 mm |
| Steigfähigkeit | 30° |
| überschreitet | 4200–4500 mm |
| Geschwindigkeit | 9,6 km/h |
| Fahrbereich | 80–150 km |
| Motor | 4-Takt-Otto, 12 Zylinder |
| Typ | Liberty |
| Leistung | 338 PS |
| Drehzahl | 3000 U/min |
| Kühlung | Wasser |
| Bewaffnung | 2 Kampfwagenkanonen, Kaliber 57 mm<br>5 Maschinengewehre, Kaliber 7,62 mm |
| Panzerung | 6–30 mm |

## Panzerwagen King M.1916

In den USA beschäftigte man sich ebenfalls mit der Entwicklung von Panzerautomobilen. Vor allem bei den Firmen Cadillac-Davidson, Autocar, White und Jeffery-Quaal entstanden Fahrzeuge, die mit den auf den Schauplätzen des Ersten Weltkrieges in Europa eingesetzten Panzerkraftwagen vergleichbar waren. Die Armoured Motor Car Company / Detroit (Michigan) stellte 1915 den King-Panzerkraftwagen vor, der auf einem Personenwagen-Fahrgestell mit 8-Zylinder-Motor und 70 PS Leistung basierte. Als Hersteller war die aus der Northern Manufactoring Company hervorgegangene Firma von C.B. King in Detroit in Erscheinung getreten.

Zu den bemerkenswerten Details gehörten neben dem für ein so leicht gebautes Fahrzeug leistungsstarken Motor auch die an den Seiten befestigten Spurbahnen zum Überwinden von Gräben und Absätzen. Fünf King Armoured Cars sind in verschiedenen Ausführungen hergestellt worden. Eingesetzt wurden sie beim US-Marine Corps.

| | |
|---|---|
| Baujahr | 1915 |
| Besatzung | 2 Mann |
| Motor | 4-Takt-Otto, 8 Zylinder |
| Typ | King |
| Leistung | 70 PS |
| Kühlung | Wasser |
| Bewaffnung | 1 Maschinengewehr, Kaliber 7,62 mm |
| Panzerung | 3–6 mm |

## Italien

Bereits vor dem Ersten Weltkrieg hatte der Bau von Panzerkraftwagen in Italien ein bemerkenswertes Niveau erreicht. Als Fahrgestelle wurden leichte Lastkraftwagen genutzt. Die Panzerwagen fanden während der militärischen Auseinandersetzungen zwischen Italienern und Türken in Nordafrika (Tripolitanischer Krieg) Verwendung. Über eine Beteiligung der italienischen Streitkräfte an Kampfwagenprojekten mit Gleiskettenfahrwerk ist aus dieser Zeit nichts bekannt. Das blieb auch so, nachdem Italien am 23. Mai 1915 den Mittelmächten den Krieg erklärt hatte. Erst die Einsätze englischer Tanks an der Westfront weckten das Interesse des italienischen Oberkommandos. Es veranlasste die Beschaffung von Kampfwagen in Frankreich. Ein Sturmwagen Schneider und drei leichte Kampfwagen Renault FT wurden im Mai 1918 geliefert und dienten Ausbildungszwecken. Die drei Renaults kamen 1919 in Tripolis zum Einsatz und wurden 1925 ausgesondert. An ihre Stelle waren leichte Kampfwagen Fiat 3000 getreten, die italienische Lizenzausführung des französischen Erfolgsmodells. Für das Heer waren bei den Firmen Ansaldo-Fossati / Genua und Soc. E. Breda / Mailand 1400 Stück bestellt worden. Mit der Lieferung von monatlich 200 Kampfwagen wurde ab dem 1. Mai 1919 gerechnet. Infolge des Kriegsendes im November 1918 reduzierte die Heeresverwaltung den Auftrag auf 100, von denen die ersten 1920 übergeben werden konnten.

Als wirklich beeindruckende, 40 Tonnen schwere italienische Eigenentwicklung des Ersten Weltkrieges ist der schwere Panzer Fiat 2000 zu bewerten. Er war das Ergebnis einer privaten Initiative aus dem Jahr 1916. Die Streitkräfte schalteten sich erst mit einem Jahr Verspätung in das Projekt ein. Der »Carro pesante« Fiat 2000 und der »Carro armato di rottura« Fiat 3000 gehörten in den 1920er Jahren zur Ausstattung der italienischen Panzereinheiten.

### Leichter Kampfwagen Fiat 3000, Modell 21

Der Fiat 3000 war eine Weiterentwicklung des Renault FT. Seine Kampfwertsteigerung war das Ergebnis der Vorschläge von Hauptmann Bennicelli, der 1918 den französischen leichten Kampfwagen erprobt hatte. Vor allem der quer eingebaute Fiat-Motor ermöglichte eine Verkürzung der Panzerwanne, eine Verminderung des Gewichtes und die Verbesserung der Fahreigenschaften. 50 der insgesamt 100 Fiat 3000 Modell 21 wurden Ende der 1920er Jahre noch einmal von Grund auf modernisiert (Modell 30). Einige Fahrzeuge exportierte Italien nach Albanien und Litauen.

| | |
|---|---|
| Baujahr | 1920–1921 |
| Besatzung | 2 Mann |
| Gefechtsgewicht | 5,5 t |
| Länge | 3610 mm, mit Sporn 4170 mm |
| Breite | 1640 mm |
| Höhe | 2190 mm |
| Bodenfreiheit | 350 mm |
| Watfähigkeit | 900–1100 mm |
| Kletterfähigkeit | 600 mm |
| Steigfähigkeit | 40° |
| überschreitet | 1500–1800 mm |
| Geschwindigkeit | 10–21 km/h |
| Fahrbereich | 95 km |
| Motor | 4-Takt-Otto, 4 Zylinder |
| Typ | Fiat Typ 304 |
| Leistung | 50 PS |
| Drehzahl | 1600 U/min |
| Kühlung | Wasser |
| Bewaffnung | 2 Maschinengewehre Hotchkiss, Kaliber 8 mm später 2 Maschinengewehre, Kaliber 6,5 mm |
| Panzerung | 6–16 mm |

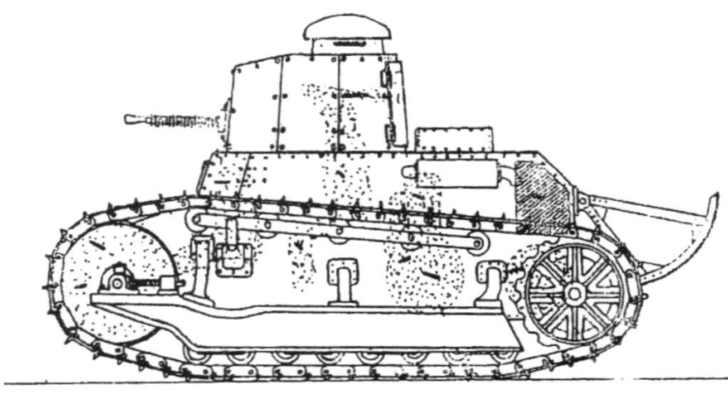

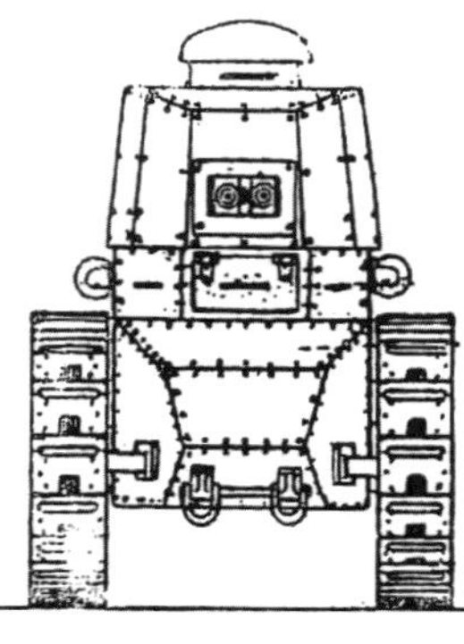

## Schwerer Kampfwagen Fiat 2000

In Italien war mit dem Bau eines schweren Durchbruchswagens noch während des Ersten Weltkrieges begonnen worden, allerdings nicht auf Initiative der Streitkräfte, sondern der Firma Fiat SPA in Turin. Den ersten Prototyp ohne Panzeraufbau testeten die Militärbehörden im Juni 1917. Das zweite Fahrzeug wurde Anfang 1918 komplettiert. Als Antriebsanlage diente ein aus dem Flugzeugbau übernommener 6-Zylinder-Motor. Mit dem kompakten Panzeraufbau und dem in einem Drehturm untergebrachten 6,5-cm-Geschütz sowie den nach allen Seiten wirkenden Maschinengewehren hinterließ der Fiat-Kampfwagen einen besseren Eindruck als vergleichbare englische und französische Konstruktionen. Es blieb aber bei den beiden gelieferten Fiat 2000.

1918 stellte das italienische Heer die erste selbständige Sturmwagenbatterie auf. Sie erhielt einen schweren Kampfwagen Fiat 2000 und die drei leichten Kampfwagen Renault FT 17 aus französischer Produktion. Die Einheit wurde 1919 im Rahmen von Polizeiaktionen gegen Berberstämme im Fessan und in der Cyrenaika (Tripolitanien, ab 1934 die italienische Kolonie Lybien) eingesetzt. Die Fiat 2000 blieben, obwohl mittlerweile veraltet, bis zum Ende der 1920er Jahre im Dienst.

| | |
|---|---|
| Baujahr | 1917–1918 |
| Besatzung | 10 Mann |
| Gefechtsgewicht | 40 t |
| Länge | 7400 mm |
| Breite | 3100 mm |
| Höhe | 3800 mm |
| Bodenfreiheit | 400 mm |
| Watfähigkeit | 1000 mm |
| Kletterfähigkeit | 900 mm |
| Steigfähigkeit | 40° |
| überschreitet | 3000 mm |
| Geschwindigkeit | 6 km/h |
| Fahrbereich | 75 km |
| Motor | 4-Takt-Otto, 6 Zylinder |
| Typ | Fiat A 12 |
| Leistung | 240 PS |
| Drehzahl | |
| Kühlung | Luft |
| Bewaffnung | 1 Gebirgskanone L/17, Kaliber 65 mm<br>7 Maschinengewehre, Kaliber 6,5 mm |
| Panzerung | 15–20 mm |

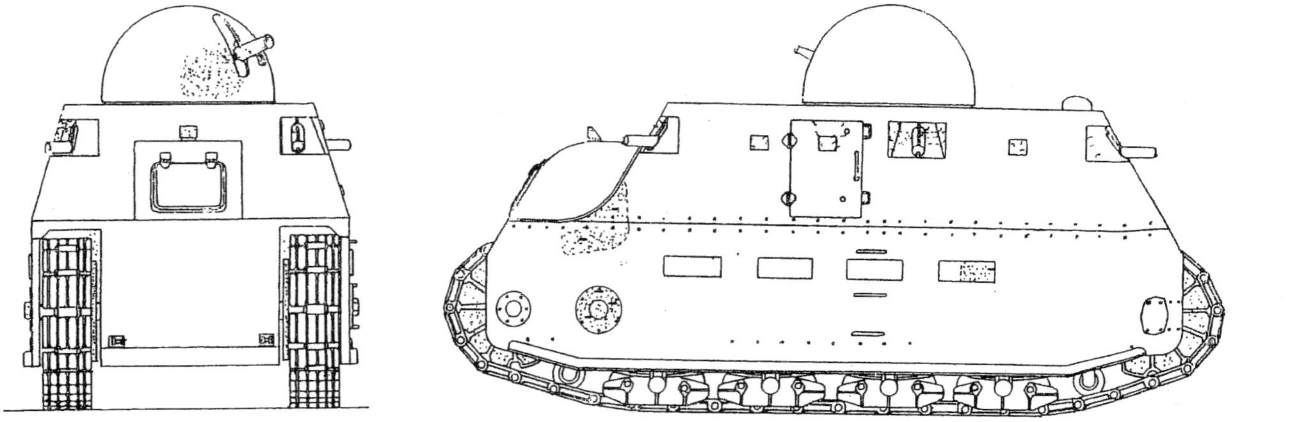

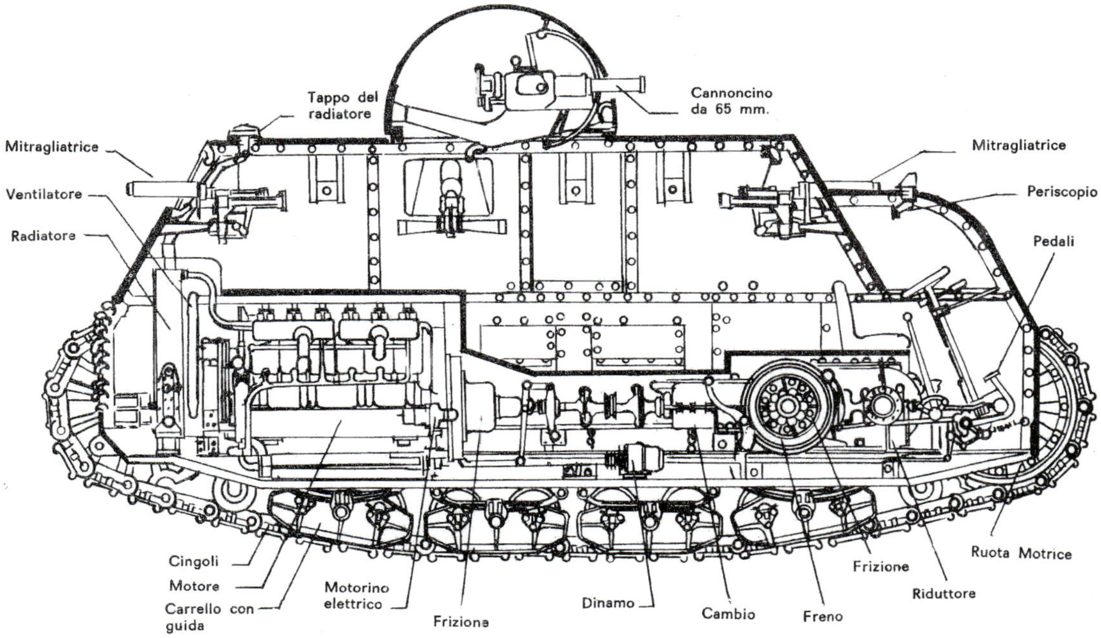
Tappo del radiatore
Cannoncino da 65 mm.
Mitragliatrice
Ventilatore
Radiatore
Mitragliatrice
Periscopio
Pedali
Cingoli
Motore
Carrello con guida
Motorino elettrico
Friziona
Dinamo
Cambio
Freno
Frizione
Riduttore
Ruota Motrice

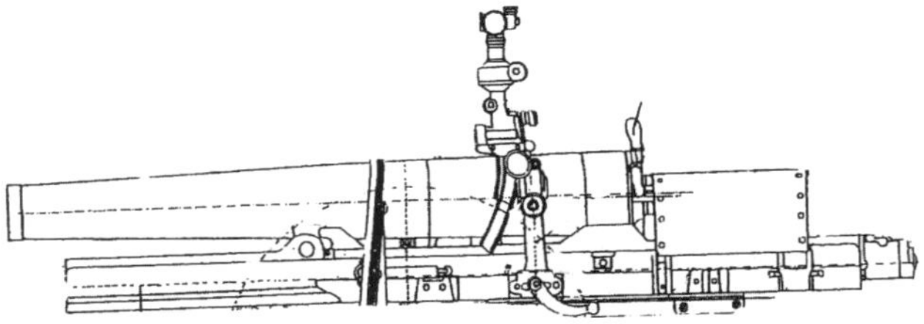

Die Canone da 65/17 war ein seit 1913 im Arsenal Turin gebautes Gebirgsgeschütz, das für den Einbau in den halbkugelförmigen Drehturm des Fiat 2000 geeignet war. Für das Rohr mit Schraubverschluss ergab sich eine Länge von 1150,3 mm (= L/17,7). Die Granaten wogen zwischen 4,3 und 4,92 kg; sie erreichten eine Vnull von 348 m/s und eine Höchstschussweite von 6500 m.

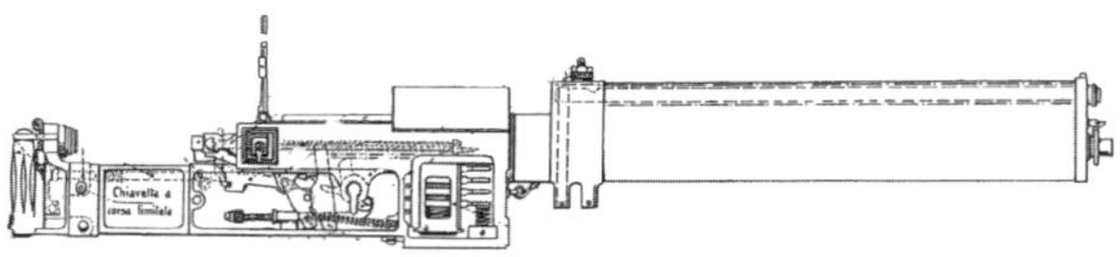

Das schwere Maschinengewehr Fiat M.14, Kaliber 6,5 mm, trat in fast allen italienischen Panzerkraft- und Panzerkampfwagen als Sekundärbewaffnung in Erscheinung. Der Fiat 2000 führte sieben Waffen dieses Typs, der Fiat 3000 zwei als Ersatz für französische Hotchkiss-Gewehre. Jedes Fiat M.14 wog 17,5 kg und besaß einen 650 mm langen, beweglichen wassergekühlten Lauf. Die theoretische Feuergeschwindigkeit lag bei 450 Schuss/min; die maximale Schussweite ist mit 3000 m angegeben.

## Panzerkraftwagen Bianchi

Während des Krieges mit der Türkei 1913 waren in Italien drei verschiedene Modelle von Panzerkraftwagen entwickelt worden. Eins kam von der Firma Bianchi-Moto Meccanica SPA in Mailand. Nach Eintritt Italiens in den Ersten Weltkrieg im Jahr 1915 bestellte das Heer eine Anzahl verbesserter Panzerkraftwagen Bianchi. Als Fahrgestelle fanden handelsübliche Lastkraftwagen 1,5 t mit kettenangetriebenen Hinterrädern Verwendung. 1916 wurde noch eine Ausführung geliefert, die an Stelle des Drehturms über eine Maschinengewehr-Lafettierung mit Panzerschutzschild verfügte.

Einen Bianchi-Panzerkraftwagen erbeuteten die Österreicher während der Kämpfe in Oberitalien. Nach dem Krieg gab das italienische Heer die inzwischen veralteten Fahrzeuge dieses Typs an Miliz und Polizei ab.

| | |
|---|---|
| Baujahr | 1915–1916 |
| Besatzung | 3–4 Mann |
| Gefechtsgewicht | 3,09 t |
| Länge | 4500 mm |
| Breite | 1800 mm |
| Höhe | 2500 mm |
| Bodenfreiheit | 250 mm |
| Geschwindigkeit | 46 km/h |
| Motor | 4-Takt-Otto, 4 Zylinder |
| Typ | Bianchi |
| Leistung | 33 PS |
| Kühlung | Wasser |
| Bewaffnung | 2 Maschinengewehre, Kaliber 6,5 mm |
| Panzerung | 6 mm |

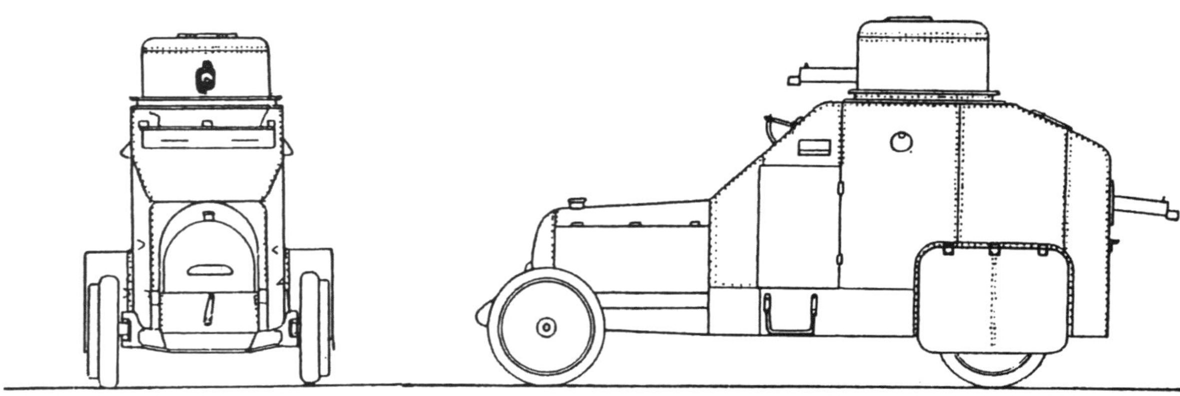

## Panzerkraftwagen Lancia 1 ZM

In Italien, das über eine leistungsfähige Automobilindustrie verfügte, hatte man sich schon sehr früh mit dem Bau von Panzerkraftwagen beschäftigt. Erinnert sei an dieser Stelle an den Einsatz eines Fahrzeuges der Firma Bianchi-Moto Meccanica SPA / Mailand im Jahr 1913 in Tripolis. Zwei Jahre später fertigte Ansaldo den ersten Prototypen eines neuen Panzerkraftwagens mit der Bezeichnung Lancia 1 Z. Bemerkenswert war die Unterbringung der Bewaffnung – zwei Maschinengewehre im unteren und ein Maschinengewehr in einem darauf aufgesetzten zweiten Drehturm. Das italienische Militär bestellte 20 Fahrzeuge, die an der Front gegen k.u.k. österreichisch-ungarische und deutsche Truppen für Aufklärungs- und Sicherungsaufgaben eingesetzt wurden. Die große Höhe der Fahrzeuge (2,75 m) beeinflusste die Fahreigenschaften unter schwierigen Geländebedingungen nachteilig. Deshalb verzichtete man bei der zweiten, im März 1917 bestellten Serie (von ebenfalls 20 Stück) auf den zweiten Drehturm. Die Fahrzeuge erhielten die Bezeichnung Lancia 1 ZM. Ihre Zahl erhöhte sich bis zum Ende des Ersten Weltkrieges auf 110. Ein Lancia 1 ZM wurde von deutschen Truppen erbeutet und wiederverwendet.

Auch das k.u.k. österreichisch-ungarische Heer nutzte diesen Panzerkraftwagentyp. Ein nahezu unbeschädigter Lancia 1 ZM war während der 12. Isonzoschlacht erbeutet worden. Er erhielt drei Maschinengewehre M.07/12 Schwarzlose und wurde in einen Panzerkraftwagenzug eingegliedert. Zuletzt war er 1919 während der innenpolitischen Auseinandersetzungen in Kärnten und bei einer Parade der Volkswehr in Wien zu sehen. Italien setzte den Lancia 1 ZM in seinen Kolonien, während des Bürgerkrieges in Spanien 1936–1939 und die letzten Fahrzeuge während des Zweiten Weltkrieges ein.

| | |
|---|---|
| Baujahr | 1915–1918 |
| Besatzung | 6 Mann |
| Gefechtsgewicht | 4,3 t |
| Länge | 5710 mm |
| Breite | 1940 mm |
| Höhe | 2500 mm |
| Bodenfreiheit | 150 mm |
| Geschwindigkeit | 50–60 km/h |
| Fahrbereich | 200 km |
| Motor | 4-Takt-Otto, 4 Zylinder |
| Typ | Fiat |
| Leistung | 36 PS |
| Kühlung | Wasser |
| Bewaffnung | 3 Maschinengewehre, Kaliber 6,5 mm<br>später Maschinengewehre, Kaliber 8 mm |
| Panzerung | 6 mm |

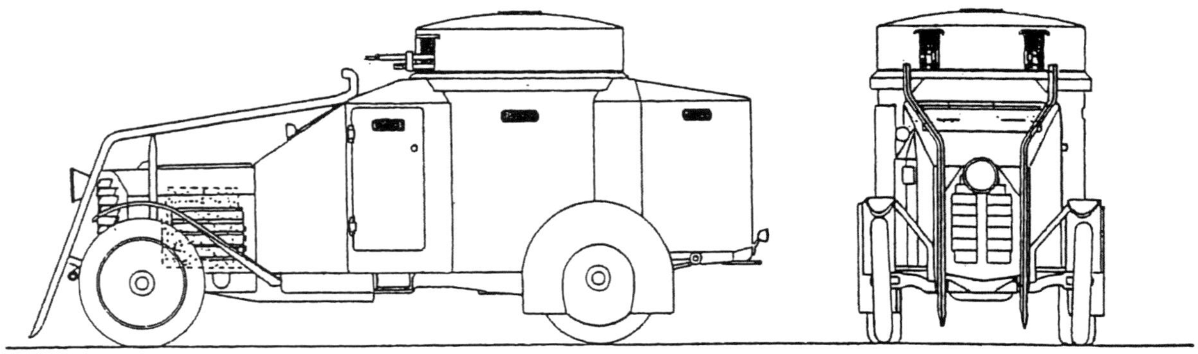

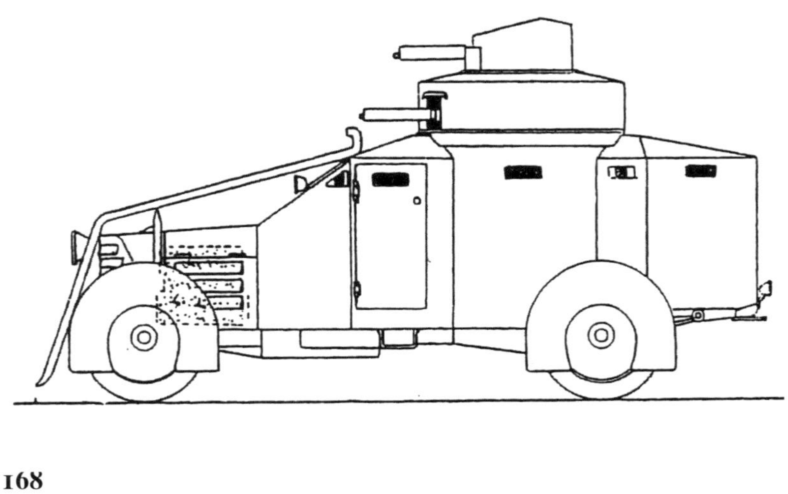

14501

# Belgien

Bemerkenswertes leisteten die Belgier schon zu Beginn des Ersten Weltkrieges beim Bau von Panzerkraftwagen. Eigene Kampfwagen mit Gleiskettenfahrwerk wurden jedoch bis 1918 nicht entwickelt. Die kleine Armee des Landes übernahm im Dezember 1919 die ersten leichten Kampfwagen Renault FT aus Frankreich. Insgesamt wurden 75 und einige Renault TSF geliefert. Sie fanden in einem Panzerregiment unter dem Kommando von Oberst Paulin Verwendung. In den 1930er Jahren gab man die inzwischen veralteten Fahrzeuge an die Reichswacht, die belgische Gendarmerie, ab. Ihre Geschichte endete aber erst im Zweiten Weltkrieg. Die Deutschen nutzten erbeutete Kampfwagen für den Objektschutz auf Flugplätzen der Luftwaffe.

## Panzerkraftwagen Minerva Modell 1914

Bereits im August 1914 entstanden auf Initiative des Leutnants Ch. Henkart zwei behelfsmäßige Panzerkraftwagen, die der belgischen Armee zur Verfügung gestellt wurden. Es waren Personenkraftwagen, ausgestattet mit Panzerplatten der Cockerill-Werke in Hoboken. Für die Serienfertigung verwendete man Fahrzeuge des Automobilherstellers Minerva / Antwerpen. Eingesetzt wurden sie im Panzerkraftwagenkorps der belgischen Armee für Aufklärungs- und Sicherungsaufgaben sowie zur Gefechtsfeldbeobachtung. Deshalb erhielten die Abteilungen des Korps neben Fahrzeugen für Kampfzwecke besondere Beobachtungswagen. Die Panzerwagen waren auf die Zusammenarbeit mit der Kavallerie oder mit auf Fahrrädern beweglich gemachter Infanterie angewiesen. Minerva-Panzerkraftwagen wurden im Kriegsverlauf erheblich modifiziert. Sie erhielten die Modellbezeichnung 1916. Insgesamt sind 25 bis 30 Stück hergestellt worden. Auf deutscher Seite kamen vier Minerva Modell 1914 und zwei 1918 erbeutete Minerva Modell 1916 auf dem Balkan und an der Westfront zur Wiederverwendung.

| | |
|---|---|
| Baujahr | 1914–1916 |
| Besatzung | 4 Mann |
| Gefechtsgewicht | 4 t |
| Länge | 4900 mm |
| Breite | 1750 mm |
| Höhe | 2300 mm (mit MG-Schutzschild) |
| Geschwindigkeit | 40 km/h |
| Motor | 4-Takt-Otto, 4 Zylinder |
| Typ | Minerva |
| Leistung | 38 PS |
| Kühlung | Wasser |
| Bewaffnung | 1 Maschinengewehr, Kaliber 8 mm |
| Panzerung | 4 mm |

## Panzerkraftwagen Mors

Panzerkraftwagen dieses Typs fertigten die Kellner-Werke in Billancourt (Frankreich) für das Panzerkraftwagenkorps der belgischen Armee in den Jahren 1914–1915. Als Fahrgestelle wurden große Tourenwagen der Marke Mors mit Minerva-4-Zylinder-Motoren bereitgestellt. Bewaffnet waren sie mit einer aus Marinebeständen übernommenen 100 kg schweren 37-mm-Kanone der französischen Firma Hotchkiss Modell 1891. Zu ihren Aufgaben gehörte die Feuerunterstützung bei Aufklärungs- und Sicherungseinsätzen. Am 5. Oktober 1915 verfügte die 1. Batterie des Panzerkraftwagenkorps über drei Mors, weitere standen zusammen mit Peugeot-, Renault- und Pierce-Arrow-Panzerwagen (insgesamt 26 Fahrzeuge) in der 3. Batterie.

| | |
|---|---|
| Baujahr | 1914–1915 |
| Besatzung | 3–4 Mann |
| Motor | 4-Takt-Otto, 4 Zylinder |
| Typ | Minerva |
| Leistung | 38–40 PS |
| Kühlung | Wasser |
| Bewaffnung | 1 Kanone Hotchkiss L/21,6, Kaliber 37 mm<br>2 Maschinengewehre, Kaliber 8 mm |
| Panzerung | 3–7 mm |

KAPITEL 6

# TANKATTRAPPEN

## Nicht nur trügerischer Schein

*Kriegslisten sind* von je her Bestandteil militärischer Auseinandersetzungen, hauptsächlich um den Gegner mit geringem eigenen Aufwand zu verleiten, seine Kräfte an einer für die Entscheidung der Schlacht unwichtigen Position zu konzentrieren.

Mit Scheinangriffen – Demonstrationen schwacher eigener Truppen vor der gegnerischen Front – verfolgt man die gleiche Absicht. Sie gehören zu den besonderen Formen der Kriegführung, deren Bedeutung in dem Maße wuchs, wie Fern-(Feuer-)Waffen immer stärker Einfluss auf den Ausgang der Kämpfe nahmen. Das gilt auch für Scheinanlagen, vorgetäuschte Stellungen von Infanterie und Artillerie, sowie alle Anlagen, die unter dem Begriff »militärische Infrastruktur« zusammengefasst sind.

Scheinanlagen, also Depots, Verkehrswege aller Art usw., sollen die Aufmerksamkeit des Gegners ablenken, die Wirkung seiner Waffen auf die eigenen Truppen vermindern. Ihr Wert nahm mit dem Aufkommen von Maschinenwaffen und modernen Rohrrücklaufgeschützen weiter zu. Es verwundert demzufolge nicht, dass in der Ausbildung verstärkt darauf hingewiesen wurde. Beispielhaft soll die 1917 in Berlin herausgegebene Ausbildungsvorschrift für die Feldartillerie zitiert werden: »Masken … und Scheinanlagen erschweren dem Feind das Auffinden des Ziels und die Beobachtung. Sie veranlassen den Feind zur Zersplitterung seiner Munition und sind daher stets anzulegen, wo es die Zeit erlaubt«. Überzeugender waren die Scheinanlagen, wenn sie mit Geschützattrappen »dekoriert« werden konnten. Beide Seiten praktizierten das schon in den ersten Jahren des Ersten Weltkrieges mit Erfolg.

Attrappen: der trügerische Schein, auch vorgetäuschte Gegenstände oder hohle, wertlose und täuschend echt gestaltete Nachbildungen von Waren, Tieren, Gegenständen, auch Waffen und Fahrzeugen aller Art.

Es war nur eine Frage der Zeit, dass nach den ersten erfolgreichen Einsätzen gepanzerter Fahrzeuge Nachbildungen des neuen Kampfmittels auf den Schlachtfeldern und in der Etappe in Erscheinung traten. Einige der ersten waren ziemlich einfach gehaltene, in Form der Tanks ausgebildete Holzkästen mit Leinwandbespannung. Andere hatte man aus Holzbrettern und -platten, Eisenblech und Leinwand zusammengebaut. Sie entsprachen recht genau den Originalen, wozu auf alliierter Seite Attrappen vom Renault FT, Mk-IV und Mk-A »Whippet« zählten. Um sie fahrbar zu machen, wurden Fahrgestelle mit Holzscheiben- bzw. Holzspeichenräder untergesetzt, von Mannschaften geschoben oder vorgespannten Pferden gezogen. Auch motorisierte Tankattrappen sind bekannt geworden; die Engländer bezeichneten sie als »dummy tanks«.

Den Einsatz von Kampfwagennachbildungen seitens der Alliierten nahm man auf deutscher Seite erstmals in der Tankschlacht von Cambrai am 20. November 1917 im Abschnitt der 20. Infanteriedivision wahr.

In einem Bericht heißt es: *»Auf den Gräben der ... 20. Infanteriedivision hatte der Feind zunächst ebenfalls sein Trommelfeuer gerichtet. Gegen 8.25 Uhr vormittags bekam Generalleutnant Wellmann die Nachricht, daß in Richtung Quèant Tanks und Schützenlinien im Vorgehen wären. Das Feldartillerieregiment 46 und die schweren Batterien hatten zugleich dorthin ihre Schüsse gelenkt. Genaue Beobachtung ergab jedoch bald, daß die Tanks und Schützenlinien Attrappen und Pappscheiben waren. Die englische 56. Infanteriedivision hatte sich dieser merkwürdigen Kriegslist bedient, um ihrer Aufgabe ›Demonstration‹ gerecht zu werden.«*

Eins hatten die Engländer mit ihrer Täuschung auf jeden Fall erreicht: die Deutschen vergeudeten wertvolle Artilleriemunition für wertlose Ziele. Außerdem konnte der Divisionskommandeur die verfügbaren Reserven erst in den Mittagsstunden an die linke Flanke seines vom Einbruch der Tanks bedrohten Verbandes verlegen.

Tankattrappen halfen den Alliierten, die Allgegenwart ihres neuen, mittlerweile von der deutschen Infanterie gefürchteten Kampfmittels vorzutäuschen. So war es auch beim Angriff der 46. Infanteriedivision (4. Armee). Am 17. November 1918 rollten in den Morgenstunden Attrappen in Richtung der deutschen Stellungen und waren im Dunst dieses Herbsttages nur schwer von echten Tanks zu unterscheiden.

Auch im deutschen Heer wurden Tankattrappen verwendet. Hier lag, wie in der k.u.k. österreichisch-ungarischen Armee, der Schwerpunkt aber auf dem Gebiet der Ausbildung in der Kampfwagenabwehr. Sie sollte durch die intensive »Schulung und Belehrung der Truppe, deren Ausbildung durch scharfe Schießübungen gegen bewegliche Tankattrappen« unterstützt werden. Gepanzerte Kampfwagen waren 1918 bei den Mittelmächten eher selten anzutreffen, nur gelegentlich konnten einzelne Fahrzeuge für Vorführungen oder Ausbildungsmaßnahmen zur Verfügung gestellt werden. Deshalb traten an ihre Stelle Holzmodelle auf gewöhnlichen vierrädrigen Wagengestellen mit Bretterkästen, die in den äußeren Abmessungen den Tanks entsprachen. Die Wände mussten vollwandig, aus 25 mm starken Holzbrettern ausgeführt werden, damit beim Scharfschießen die Aufschlagzünder der Minenwerfer- und Artilleriemunition ansprachen. Die Kästen erhielten einen Anstrich, nach allen Seiten Verstrebungen sowie eine feste Verbindung mit dem Fahrgestell und wurden oben mit Dachpappe vernagelt. Als Zugmittel kamen Lastkraftwagen, Ballonwinden, Kleinbahnlokomotiven oder Pferde im Vierergespann in Frage.

Die Engländer stellten Tankattrappen zur Täuschung der Deutschen aus einfachsten Mitteln her. Holzrahmen mit Holzrädern wurden mit witterungsbeständigem Stoff bespannt und dabei sogar Details wie Türme und Waffenerker angedeutet. Aufgelegte Leitern stellten die Gleisketten dar.

Beim Minenwerfer-Ersatzregiment gab es gute Erfahrungen mit Tankattrappen, die auf Förderbahngleisen liefen. Zum Ziehen waren 1000 m lange Stahlseile (mit einem minimalen Durchmesser von 10 mm) vorgeschrieben. An Stelle der Tankattrappen fanden ersatzweise gezogene oder aufgeklappte Tankscheiben Verwendung. Die deutschen Erfahrungen mit den Tankattrappen blieben nach dem Krieg nicht ohne Einfluss auf die intensive Nutzung entsprechender Nachbildungen in der Reichswehr, die keine Panzerkraft- und Panzerkampfwagen besitzen durfte (vgl. Kapitel 5).

Abschließend soll der Vollständigkeit halber noch erwähnt werden, dass im Rahmen der Weiterentwicklung von Kampfwagen vor dem Bau von Prototypen Modelle aus Holz im Maßstab 1:1 hergestellt und untersucht wurden.

Eine Maskerade an der Westfront: der »dummy tank« wurde auf einen zweiachsigen Wagen gesetzt und von zwei Pferden gezogen. 1918 war die Wirkung der Kampfwagen auf die Deutschen so groß, dass die Alliierten dort, wo sie fehlten, »Scheintanks« aus Holz, Leinwand und Farbe mit gutem Erfolg zum Einsatz brachten.

Wagen, Karren und andere landwirtschaftliche Geräte reichten aus, um das »Auge« der gegnerischen Führung, die Aufklärungsflieger und -bataillone zu täuschen. Aufnahme aus der Anfangszeit des Ersten Weltkrieges.

Deutsche Soldaten beim Einbringen einer erbeuteten Tankattrappe Mk-A »Whippet« mit zwei vorgespannten Pferden. Aufnahme aus dem Jahr 1918.

Holzmodell als bewegliches Ziel für das Scharfschießen mit leichten Minenwerfern. Als Zugmittel wurde ein Lastkraftwagen mit einem 1000 m langen Seil verwendet.

Sehr detailliert ausgearbeitete Tankattrappe. Auf dem Führerlehrgang in Sedan wurden die neuesten Erfahrungen, darunter die über Tankabwehr, an Truppenoffiziere weitergegeben.

Tankattrappen als Zielscheiben für die Schießausbildung. Gezogen wurden sie von Feldbahnlokomotiven oder Ballonwinden. Sie waren aus Holzbrettern so massiv gebaut, dass bei Treffern eine sichtbare Wirkung erkennbar wurde.

Hölzerne Attrappen weiblicher und männlicher Mk-IV-Tanks auf den Fahrgestellen von Kraftfahrzeugen.

KAPITEL 7

# DIE ANFÄNGE DER KAMPFWAGENABWEHR

## »Das Wichtigste ist, dass keine Truppe den Kopf verliert ...«

*Die Engländer hatten* im September 1916 mit dem Einsatz gepanzerter Kampfwagen an der Somme für Überraschung gesorgt. Ihre Zahl war gering, taktische und technische Mängel schwächten, wie auch das verbreitete Unverständnis der Truppenführung für die Eigenart des neuen Kampfmittels, die Wirkung. War es nur wieder ein neuer Versuch, das Dilemma des Stellungskrieges mit untauglichen technischen Experimenten zu überwinden? Zweifler gab es genug.

Auch auf deutscher Seite bestand noch keine Klarheit darüber, welcher neuen »Kriegsfurie« man in der Sommeschlacht begegnet war. Es gab eine Fülle von Informationen; zuverlässige Berichte indessen nur wenige. Zu unterschiedlich waren Angaben über das Aussehen der Tanks, ihre Abmessungen, Bewaffnung und Panzerung. Sie gab es erst im Frühjahr, nachdem erste Beutestücke in deutsche Hand geraten waren. Allgemein anerkannt wurde die große moralische Wirkung der Kriegsmaschinen auf die eigenen Truppen. Doch wie wollte man etwas bekämpfen, über das man zunächst nichts Genaues wusste? Die Waffen der Infanterie erwiesen sich als unwirksam, selbst aus mehreren Handgranaten hergestellte geballte Ladungen, aus »selbstmörderischer Nahkampfentfernung« gegen Tanks geworfen, boten nur geringe Aussichten auf Erfolg. Vorsorglich unterstellte man dem Armee-Oberkommando 1 an der Somme die Infanteriegeschützbatterie Nr. 1 mit 3,7-cm-Sturmbegleitkanonen L/21,5.

Das Kriegsministerium erteilte am 21. Oktober 1916 der Artillerie-Prüfungskommission den Auftrag zur Entwicklung von Nahkampfgeschützen. Beim Kaliber gab es noch keine Festlegungen; es sollte 2, 3,3 oder 5,7 cm betragen. Gedacht war an eine Art Wallbüchsen, mit denen die Tankbekämpfung aus der vordersten Linie heraus geführt werden konnte. Gründe dafür sind mehrfach genannt worden: *»Eine wirksame Abwehrwaffe für den Nahkampf gegen Tanks ist aber von Wichtigkeit, da bei Tankangriffen in der Dunkelheit, bei natürlichem oder künstlichem Nebel oder bei schlechten Sichtverhältnissen das wirksame Eingreifen der rückwärtigen Abwehrmittel* (der Geschütze der Feldartillerie – der Verfasser) *nicht möglich ist.«*

Die Oberste Heeresleitung machte alle in Richtung einer Nahabwehr gehenden Initiativen rückgängig. Sie favorisierte die Feldartillerie zur Tankabwehr und nahm damit in Kauf, dass sie einen Teil der Geschütze von der Erfüllung artilleristischer Primäraufgaben abzog. Sie mussten zur Tankabwehr außerhalb der Batteriestellungen eingesetzt bzw. als bewegliche Reserve bereitgehalten werden.

In der »Ausbildungsvorschrift für die Feldartillerie« von 1917 wurde über das Schießen gegen Panzerfahrzeuge ausgeführt:
*»Das Schießen kann mit der ganzen Batterie oder mit einzelnen Nahkampfgeschützen erfolgen.*

*Sicherheit im Entfernungsschätzen, klare und scharfe Kommandosprache, schneller Entschluß bei der Eröffnung und Durchführung des Feuers sowie höchste Rührigkeit neben Genauigkeit der ganzen Bedienung sind Vorbedingungen für den Erfolg.*

*Alle auffallenden Geländepunkte, die für eine spä-*

*tere Abschießung in Frage kommen können, sind schon vor der Feuereröffnung kartenmäßig nach Seite und Entfernung festzulegen.*

*Es wird mit Panzergranaten Az. gefeuert. Nach Bildung der 50-m-Gabel wird je nach Lage der beobachteten Schüsse auf einer der beiden Gabelentfernungen oder auf der Gabelmitte mit befohlener Schußzahl zum Schnellfeuer übergegangen.*

*Während des Schnellfeuers empfiehlt es sich, die Richtkanoniere selbständig beobachten und kleinere Korrekturen ohne Kommando vornehmen zu lassen.*

*Bei weiterem Schießen ist bei entsprechender Bewegung des Ziels die Entfernung zu ändern. Schießt eine ganze Batterie, so erfolgt das Einschießen mit einem Geschütz. Nach Beendigung desselben wird mit der ganzen Batterie zum Schnellfeuer übergegangen.«*

Zwischenzeitlich waren 50 Nahkampfbatterien aufgestellt worden. Schlecht ausgestattet, hatten sie wenig Anteil an der Bekämpfung der Tanks, aber um so höhere Geschützverluste. Auch diese Entwicklung revidierte die Oberste Heeresleitung. Die Batterien sind wieder aufgelöst, die Beschaffung von Infanteriegeschützen ist wiederholt abgelehnt worden. Besonders die Abschusserfolge der Feldartillerie im Frühjahr 1917 ließen die Tankabwehr als eine lösbare Aufgabe erscheinen. Die Infanterie, inzwischen mit SmK-Munition ausgestattet, konnte sich selbst ihrer Haut wehren. Man hatte das Problem der Tankabwehr schon im Griff – dachte man jedenfalls.

Zumindest vermitteltet ein zeitgenössischer deutscher Bericht diesen Eindruck, wörtlich heißt es beispielsweise: »Feindliche Tanks sind sehr leicht zu erkennen, unbeholfen und schwerfällig. Es darf ihnen kein zu großer Wert beigemessen werden. ... Die letzten Kämpfe haben gezeigt, daß von den Tanks wenig zu befürchten ist. Dank ihrer geringen Fortbewegungsgeschwindigkeit bilden sie ein lohnendes Ziel für unsere Artillerie.« Das Interesse an der Entwicklung neuer Tankabwehrwaffen ließ nach.

Das große Erwachen kam am 20. November 1917. Zum ersten Mal fand ein geschlossener, massenhafter Kampfwageneinsatz unter dem Schutz natürlichen und künstlichen Nebels statt. Die Fernabwehr versagte, weil die Artillerie – von der Situation überfordert – nichts sehen und ihr Feuer nicht auf die Tanks lenken konnte. Auch die Nahabwehr – im Wesentlichen die Maschinengewehre mit SmK-Munition – scheiterte an der stärkeren Panzerung der Mk-IV-Tanks. Die Infanterie stand dem Massenansturm der Kriegsmaschinen hilflos gegenüber, war ihm weder technisch noch taktisch gewachsen. Aber auch die Ereignisse an der Cambrai-Front führten nicht dazu, dass die Oberste Heeresleitung ihre Meinung zu einer wirkungsvollen Kampfwagen-Nahabwehr von Grund auf änderte. Die Schwächen der Engländer bei der Ausnutzung ihres Erfolges waren nicht dazu angetan, Anstoß für die Weiterentwicklung der deutschen Ansichten auf dem Gebiet der Kampfwagenabwehr zu sein. Ein Meinungsumschwung trat erst Ende Juli 1918 nach den französischen Gegenangriffen mit Kampfwagenunterstützung zwischen Aisne und Marne ein.

Plötzlich gewannen bereits angeschobene Entwicklungen wie das 13-mm-Maschinengewehr zur Tank- und Fliegerabwehr (TuF-Maschinengewehr) der Gewehr-Prüfungskommission an Bedeutung. Wegen der Verschiedenartigkeit der Aufgaben gestaltete sich die technische Lösung kompliziert. Mit der Entwicklung eines Einzelladergewehres zur Tankbekämpfung, das für die 13-mm-Patrone eingerichtet war, bot sich aber eine Teillösung des Problems an. Ein Anfang Dezember 1917 an das Kriegsministerium gerichteter Auftrag erhielt bereits am 11. des Monats die Genehmigung. Die Serienfertigung lief im Mai 1918 an. Bis zum Kriegsende wurden 15.820 Tankgewehre 18 ausgeliefert. Der Plan sah vor, dass jede Minenwerferkompanie zwölf Waffen erhalten sollte, mit denen auf 100 m Entfernung (bei einem Auftreffwinkel von 90 Grad) 20 mm Panzerstahl durchschlagen werden konnte. Die Wirkung hinter der Panzerung blieb begrenzt.

Im Vordergrund stand, dass die Infanterie nicht mehr wehrlos war. Unter diesem Aspekt ist auch der Tagesbefehl der Obersten Heeresleitung vom 6. August 1918 zu bewerten: *»Den Truppen ist bekannt zu geben, daß sich die neuen 13-mm-Tankabwehr-Gewehre in den letzten Kämpfen bei der 7. Armee gegen die neuen französischen Tanks a u s g e z e i c h n e t bewährt haben. Es empfiehlt sich, die Tankabwehr-Gewehre in Gruppen zu 4 - 6 z u s a m m e n g e f a ß t einzusetzen.«*

Als eine weitere Waffe der aktiven Kampfwagenabwehr fand der leichte Minenwerfer Verwendung, für den ein spezielles Flachfeuer-Schießgestell eingeführt wurde. In der Frage kleinkalibriger Tankabwehrkanonen konnte sich die Oberste Heeresleitung erst unter dem Druck der Ereignisse Ende Juli 1918 zu einer Entscheidung durchringen. Die Firmen Krupp / Essen und Rheinmetall / Düsseldorf stellten daraufhin vier verschiedene 3,7-cm-Geschütze vor. Ein weiterer Entwurf, eine 3,7-cm-Vorlaufkanone, war von Oberstleutnant Fischer entwickelt worden. Unter dem bestehenden Zeitdruck schnitt der Vorschlag von Rheinmetall mit starrer Räderlafette am besten ab.

Bei dem Geschütz fanden Teile des leichten Minenwerfers Verwendung, von dem auch die Protze übernommen wurde. Zum Ziehen reichte die Kraft eines Pferdes oder der vierköpfigen Bedienung. Von den 1020 bestellten 3,7-cm-Tankabwehrkanonen L/21,8 gelangten die ersten 600 an die Front, als der Krieg zu Ende war, im November 1918. Es war

**Durchschlagleistung der wichtigsten Kampfwagen-Abwehrwaffen gegen Panzerstahl**

| Waffe Geschütz | Kaliber | Munitionsart | Panzerdurchschlag / Auftreffwinkel | Entfernung |
|---|---|---|---|---|
| Maschinengewehr 08 | 7,92 mm | SmK | 8 mm / | 100 m |
| Tankabwehr-Gewehr | 13 mm | SmK | 20 mm / 90° | 100 m |
| Tankabwehr-Kanone | 20 mm | Panzergranate | 20 mm | 250 m |
| Tankabwehr-Kanone L/21,5 | 37 mm | Panzergranate | 15 mm / 90° | ab 500 m |
| 5,7-cm-Kasematt-Kanone L/26,3 | 57 mm | Kanonengranate mit Panzerkopf | 30 mm / 90° | ab 1000 m |
| Leichter Minenwerfer | 75,8 mm | leichte Sprengmine | 15 mm | unter 500 m |
| Infanteriegeschütz L/27 | 77 mm | Kanonengranate mit Panzerkopf | 40 mm / 90° | ab 2000 m |
| Feldkanone 96 n/A L/27 | 77 mm | Kanonengranate mit Panzerkopf | 40 mm / 90° | ab 2000 m |
| Feldkanone 16 L/35 | 77 mm | Kanonengranate mit Panzerkopf | 40 mm / 90° | ab 2000 m |
| leichte Feldhaubitze 98/09 L/16 | 105 mm | Panzervoll-Granate * | 40 mm / 60° | über 2000 m |
| Leichte Feldhaubitze 16 L/22 | 105 mm | Panzervoll-Granate * | 40 mm / 60° | über 2000 m |

* von der Artillerie-Prüfungskommission im Versuchsbeschuss ermittelt.

vorgesehen, jedes Minenwerferbataillon mit 32 Geschützen auszustatten. Ebenfalls den Charakter von Behelfslösungen besaßen erbeutete belgische 5,7-cm-Kasemattkanonen auf 4-t-Lastkraftwagen. Damit standen – ähnlich der 7,7-cm-Flak L/27 (Kraftwagengeschütz) und der 7,7-cm-Feldkanonen 96 n/A auf 4-t-Lastkraftwagen – zumindest örtlich schnell bewegliche Reserven zur Bekämpfung durchgebrochener Tanks zur Verfügung. Sie gehörten, wie die Geschütze der Feldartillerie, zu den wirksamsten Kampfwagen-Abwehrwaffen. Die Artillerie hatte den größten Anteil an den Verlusten der alliierten Kampfwagenformationen gehabt.
Stärkere Aufmerksamkeit widmete man auf deutscher Seite fortan auch der passiven Kampfwagenabwehr, der Anlage von Hindernissen und Fallen. Verschiedentlich kamen Minen zum Einsatz. Erste Vorschläge dafür hatte es im Herbst 1916 nach den Tankangriffen in der Sommeschlacht gegeben. Bekannt geworden sind Geschoss- und Flachminen, Letztere als Behältnisse mit bis zu 20 Handgranatentöpfen und Druckzündung. Allgemein litt ihre Wirksamkeit durch die Tatsache, dass sie bereits vor dem Auffahren der Kampfwagen durch die Wucht des beiderseitig intensiv geführten Artilleriefeuers zur Zündung gebracht werden konnten.

Allein das überraschende Auftreten der Tanks hat die moralische Standhaftigkeit deutscher Soldaten vielerorts an Grenzen geführt. Versagte ihre Bekämpfung, kam es schnell unter den Soldaten zur Panik. Mit dem massenhaften Auftreten der Tanks in den Jahren 1917/1918 waren an ihre Abwehr Forderungen gestellt, die auf ein kompliziertes, von vielen Faktoren abhängiges und in der Tiefe des Schlachtfeldes gestaffeltes System hinausliefen. Fehlte einer der Faktoren, wie die Panzerabwehrwaffen für den Nahbereich, oder hatte die Fernabwehr keine ausreichende Sicht, führte das schnell zum Verlust der Stellung, zur Niederlage in der Schlacht. Zwar konnte man mit einer intensiveren Ausbildung der Truppen dazu beitragen, dem vorzubeugen, die Probleme so aber natürlich nicht grundsätzlich lösen. Dazu gehörten der Unterricht über die Tankbekämpfung und das Scharfschießen auf Tankattrappen (vgl. Kapitel VII).

So heißt es in einem Befehl des Infanterieregiments 139 (24. Infanteriedivision) vom 30. Dezember 1917: *»Nach Mitteilung des A.O.K. hat es bei einzelnen Divisionen sehr lange gedauert, ehe wichtige Erfahrungen über Tankbekämpfung bei der Truppe durchgedrungen sind. Die Kompanien haben hierüber ... eingehenden Unterricht zu halten und an Hand der mehrfach gelieferten Zeichnungen und Abbildungen anschaulich zu erläutern, welche Stellen für erfolgreiche Bekämpfung in erster Linie in Frage kommen.«* Schließlich häuften sich die Appelle an die Moral, wie etwa der des Oberkommandos 6 vom 3. September 1918 (Ia/Pi. Nr. 4399 geh.): *»Das Wichtigste ist, daß keine Truppe den Kopf verliert, sondern scharf in der Hand energischer Führer bleibt«.*

Im Gegensatz zur Kampfwagenabwehr im deutschen Heer waren die Fähigkeiten der Alliierten auf diesem Gebiet bis zum Ende des Ersten Weltkrieges keiner ernsthaften Prüfung unterzogen worden. Ein Blick auf ihre Vorbereitungen lohnt sich aber. Hier ging die Kampfwagenabwehr mit der Aufstellung der Kampfwagentruppe Hand in Hand. Man rechnete damit, dass sich auch die Deutschen des neuen Kampfmittels bedienen würden.

In Frankreich machte man den Anfang. Im Herbst 1916 war damit begonnen worden, jedes Infanteriebataillon mit zwei »Canon de 37 mm mle. 1916 TR«, mit Infanteriebegleitgeschützen, auszustatten. Die kleinen Kanonen konnten in vorderster Linie in Stellung gebracht werden. Ihre Panzergranaten vermochten auf 500 m Entfernung noch 19 mm starke Panzerplatten zu durchschlagen. Kampfwagenabwehr gehörte des Weiteren zu den Aufgaben der Artillerie. Zusätzlich wurden Batterien mit Sturmwagen St. Chamond als bewegliche Reserve für die Tankbekämpfung bereitgehalten.

Die Engländer bestimmten von vorn herein ihre eigenen Tanks zur Kampfwagenabwehr. Der Artillerie wurde nur eine unterstützende Funktion zugewiesen. Nach dieser Aufgabenverteilung war spätestens nach dem Gefecht mit deutschen A.7.V.-Kampfwagen am 24. April 1918 bei Villers-Bretonneux klar, dass jeder Tank über eine eigene panzerbrechende Waffe verfügen musste. Daneben erkannte man den Wert passiver Abwehrmaßnahmen, wozu Hindernisse aller Art und Minenfelder gezählt wurden. Letztere spielten bei der Abwehr der deutschen Offensive im Juli 1918 eine gewisse Rolle, wobei sich sehr bald zeigen sollte, dass sie ein zweischneidiges Schwert waren. Bei den Kämpfen um die Stellungen der »Siegfried-Linie« Ende September 1918 verlor das 301. (US-)Tankbataillon zwei Kampfwagen durch Minen, vermutlich englischer Herkunft.
Elemente der Kampfwagenabwehr waren zum Ende des Ersten Weltkrieges:

1. ein aktiver Teil, mit der Verwendung von:
   - strukturmäßiger Bewaffnung, Infanteriewaffen mit SmK-Munition und Handgranaten, Pionierkampfmitteln wie Minen und Flammenwerfern, Geschützen der Artillerie mit panzerbrechender Munition;
   - improvisierten neu oder weiter entwickelten Waffen wie der leichte Minenwerfer in Flachbahnlafette, Infanteriegeschütze oder Tankabwehrgewehre;
   - neu entwickelten, in der Erprobung oder bereits in der Einführung befindlichen Waffen (13- und 18-mm-Maschinengewehre zur Tank- und Fliegerabwehr, 2-cm-Maschinenkanonen, 3,7-cm-Tankabwehrkanonen).
2. ein passiver Teil, mit:
   - dem Stellungsbau in panzerungünstigem Gelände (unter Nutzung wehrgeologischen Kartenmaterials)[1];
   - der Verstärkung der Abwehrmöglichkeiten im Gelände mit Hilfe von Sperren und Hindernissen (Panzergräben und -fallen, Draht- und Balkensperren);
   - Minensperren oder -feldern mit behelfsmäßig hergestellten Tankabwehrminen.

[1] vgl. Wolfgang Fleischer: Militärtechnik des Ersten Weltkrieges, Stuttgart 2014, S. 40 ff.

Idealisierte Darstellung, die der deutschen Öffentlichkeit eine Vorstellung vom Kampf gegen die »gepanzerten Schildkröten«, gegen die »feuerspeienden Drachen« vermitteln sollte. Sie war realitätsfremd. Die Praxis sah anders aus. In einem Erfahrungsbericht heißt es wörtlich: *»Versuche, geballte Ladungen im freien Gelände anzubringen, scheiterten. Die ... Gruppen wurden noch in der Bewegung von den Tanks erfaßt.«*

HELDEN
DER FRONT

Auch der leichte Minenwerfer konnte zur Kampfwagenabwehr eingesetzt werden. Dafür wurde eine spezielle Flachbahnlafette eingeführt. Da unter 150 m die Zünder nicht scharf wurden, konnten Tanks erst auf größere Entfernungen bekämpft werden. Oberhalb 600 m wurde der wirkungsvolle Beschuss beweglicher Punktziele zu einer Zufallsangelegenheit. Die Sprengmine konnte 10, die Panzermine 15 mm Panzerstahl durchschlagen.

Das schwere Maschinengewehr 08 blieb bis 1917 – unter der Voraussetzung, dass SmK-Munition vorhanden war – die wichtigste Tankabwehrwaffe der Infanterie. Panzerdurchschläge wurden auf Entfernungen unter 100 m erreicht. Die Wirkung hinter der Panzerung blieb begrenzt.

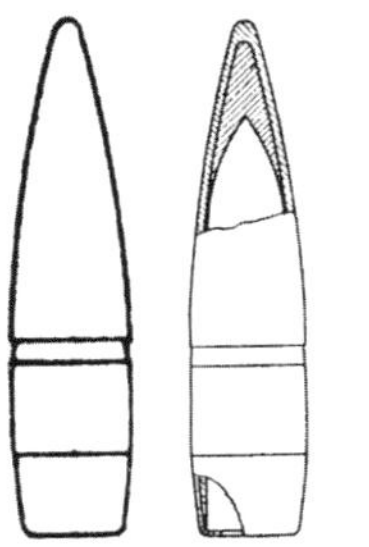

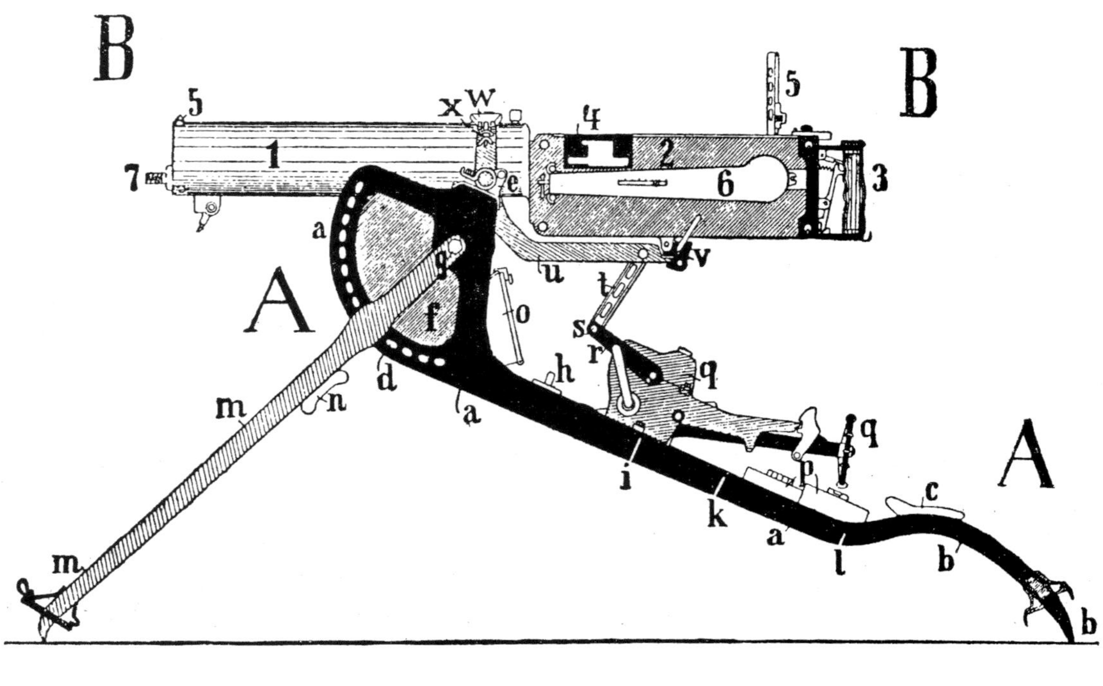

Nach langem Zögern war auch die 2-cm-Tankabwehrkanone in Maschinengewehr-Hilfslafette auf Dreifuß 16 zur Einführung bestimmt worden. Zum Kriegsende hatte man die Erprobung abgeschlossen. Mit der Panzergranate war es möglich, auf 150 m Entfernung 15 mm starke Panzerplatten zu durchschlagen.

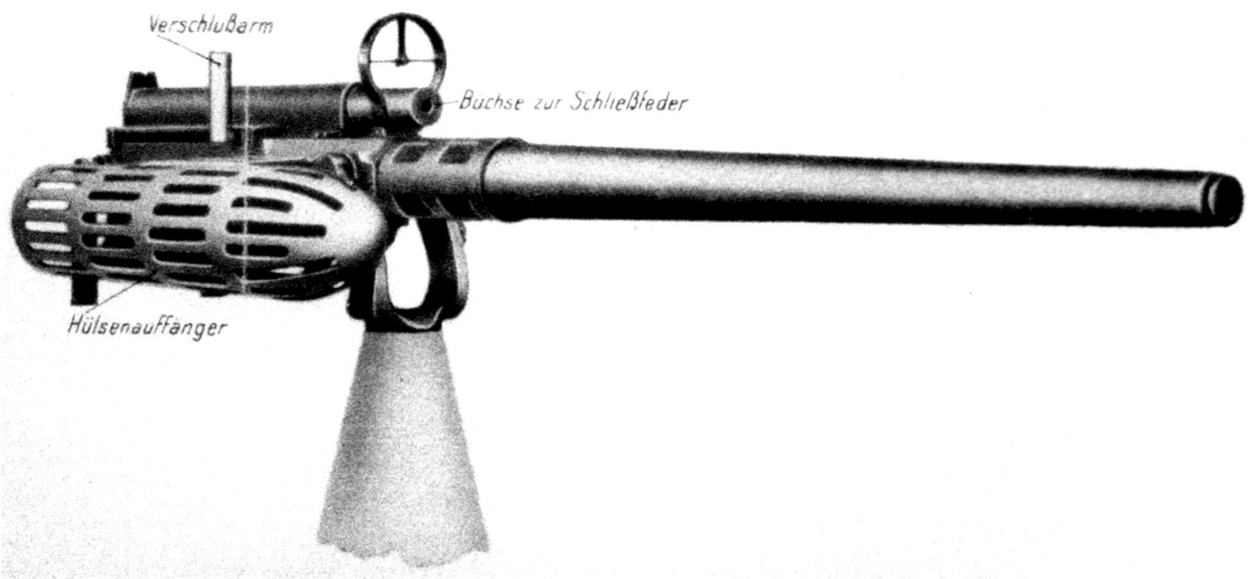


Auch hinsichtlich der Beschaffung von 3,7-cm-Tankabwehrkanonen für den Kampf gegen Tanks aus den Stellungen der Infanterie hatte sich die Oberste Heeresleitung bis zum Sommer 1918 Zeit gelassen. Erst dann erhielt ihre Beschaffung besondere Dringlichkeit.

Hauptträger der Kampfwagenabwehr blieb bis zum Ende des Ersten Weltkrieges die Feldartillerie mit ihren 7,7-cm-Feldkanonen 98 n.A. und 16 ...

... sowie den 10,5-cm-leichten Feldhaubitzen 98/09 und 16. Sie gehörten zur Ausstattung der Feldartillerieregimenter in den Divisionen. Die zur Tankabwehr bestimmten Geschützzüge mussten allerdings rechtzeitig in offene Feuerstellungen gebracht werden. Wurden sie noch in ihrer Sperrfeuerstellung überrascht, hatten sie gegen die beweglichen Tanks keine Chancen.

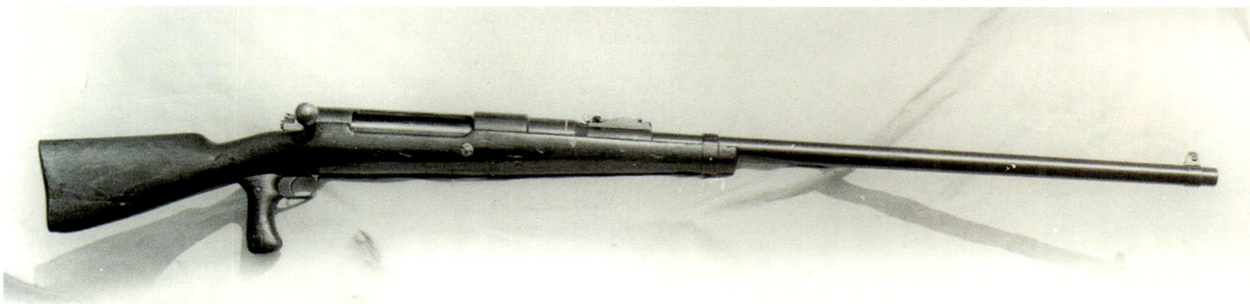

Das 13-mm-Tankgewehr war mit 17,3 kg Gewicht schwer und unhandlich. Mit dem 52,2 g wiegenden Geschoss (Vnull 785 m/s) konnten auf 200 m bei einem Auftreffwinkel von 90° 22 mm starke Panzerplatten durchschlagen werden.

KAPITEL 8

# BILANZ UND AUSBLICK

*Abschließend* bleibt die Beschäftigung mit zwei Fragen: hat der Einsatz gepanzerter Kampfwagen den Kriegsausgang entscheidend beeinflusst? Welchen Platz wird das neue Kampfmittel im Militärwesen der Zukunft einnehmen?

## Tanks und der Ausgang des Ersten Weltkrieges

Mit den Ursachen der deutschen Niederlage beschäftigten sich viele Politiker und Militärs. Einer von ihnen war Erich Ludendorff, vom 28. August 1916 bis zum 26. Oktober 1918 Erster Generalquartiermeister in der Obersten Heeresleitung und als solcher ohne Zweifel ein Kenner der Ereignisse. Ludendorff trat unmittelbar nach dem Ende des Krieges mit einer Reihe von Veröffentlichungen hervor. Seine Absicht wird schnell erkennbar: es ging ihm darum, seine Person aus dem Dogma der Niederlage zu lösen, wobei er sich mit vielen traf, die auf der Suche nach den Ursachen für die deutsche Katastrophe waren. In »Kriegführung und Politik« (Berlin 1922) schrieb er: *»Die Politik beeinträchtigte die Kriegführung immer mehr, bis sie zuletzt die Kriegführung sogar vollständig lahmlegte, dem Heer in den Rücken fiel und Heer und Heimat wehrlos machte«.*

Der Stich mit dem Dolch in den Rücken des »im Felde unbesiegten Heeres«, die Dolchstoßlegende, zu deren Geburtshelfern Ludendorff gehörte, gefiel vielen Zeitgenossen. In diesem Kontext entstand eine weitere Legende, die Tanklegende, an deren Herausbildung Ludendorff ebenfalls Anteil hatte. »Der 8. August 1918 ist ein schwarzer Tag«, kann man in seinen 1919 erstmals veröffentlichten Kriegserinnerungen lesen. *»Bei dichtem Nebel, der noch durch künstlichen Nebel verstärkt wurde, griffen Engländer ... und Franzosen ... mit starken Tankgeschwadern ... an.«* Auch die alliierten Angriffe ab dem 22. August waren *»schmale, tiefe Tankeinbrüche, nach überaus heftiger Artilleriewirkung, verbunden mit künstlicher Vernebelung. Masseneinsatz von Tanks und künstlicher Nebel ... blieben unsere gefährlichsten Feinde.«*

Die deutschen Streitkräfte waren endgültig in die Abwehr gedrängt, unter kräftiger Anteilnahme eines Kampfmittels, das einige Militärs vor Jahresfrist noch als unbeholfen, schwerfällig und wertlos bespöttelt hatten. Dabei war es den Kampfwagen an keiner Stelle gelungen, die Einbrüche in die deutsche Verteidigung in Durchbrüche mit operativen Folgen auszuweiten. Die deutsche Front wurde systematisch zurück gedrückt. Die Tanks leisteten einen wichtigen Beitrag, bezahlten ihre Erfolge aber teilweise mit erheblichen, von der deutschen Abwehr verursachten Verlusten. Entscheidend war die personelle und materielle Überlegenheit der Alliierten. Generaloberst H. von Seekt formulierte es später einmal so:

*»... die Feldherrenkünste der Führer auf beiden Seiten, ... ihr Handeln war durch die in ihre Hand gelegte Masse bestimmt und sie konnten gar nichts anderes tun, als immer wieder diese Massen gegeneinander aufzutürmen, bis sie eben auf der einen Seite zu Ende war«.* Das war Deutschland im Herbst 1918.

Der Erste Weltkrieg unterschied sich grundlegend von allen vorangegangenen Kriegen. In seinem Verlauf wurden sämtliche Bereiche der Gesellschaft, vor allem das militärische und das wirtschaftliche Potential, bis an die Grenzen ihrer Leistungsfähigkeit in Anspruch genommen. Der überragende Anteil der Militärtechnik am bewaffneten Kampf konnte gerade am Beispiel der Tanks dargestellt werden.

## Die Zukunft des Kampfwagenkrieges

General F. C. J. Fuller hatte in seinen 1920 erstmals herausgegebenen Erinnerungen unter dem Titel »Tanks in the Great War 1914–1918« festgestellt: »Der Tank ist die größte militärische Innovation des Ersten Weltkrieges. Er bot die Möglichkeit, den in jeder Hinsicht verheerenden Stellungskrieg zu überwinden«. Er stärkte vor allem die Kraft des Angriffes und ließ die Militärs hoffen, in zukünftigen militärischen Auseinandersetzungen über motorisierte gepanzerte und bewaffnete Kampfmittel zu verfügen, mit deren Stoßkraft sie innerhalb kurzer Zeit eine Entscheidung herbeiführen konnten.

Zunächst galt es, die Erfahrungen aus dem Weltkrieg auszuwerten, zu denen Erkenntnisse aus den Konflikten der Nachkriegszeit kamen. In technischer Hinsicht fand der leichte französische Kampfwagen Renault FT größte Aufmerksamkeit. Er wurde in zahlreiche Länder exportiert und dort, wie auch in Frankreich selbst, weiterentwickelt. Die Notwendigkeit, über schwere Durchbruchswagen zu verfügen, wurde allgemein anerkannt. Ihre Aufgabe sah man in der Unterstützung der leichten Panzer. Allerdings waren den rhombusförmigen englischen Vorbildern aus taktisch-technischen Gründen Grenzen gesetzt.

Schwere Durchbruchswagen mussten über eine starke Bewaffnung verfügen, die – in mehreren Drehtürmen untergebracht – nach allen Seiten hin wirken und das Umfeld mit ihrem Feuer beherrschen konnten. Zumindest gingen die konzeptionellen Überlegungen in diese Richtung. Gedanklich waren das Anleihen aus dem Kriegsschiffbau – eine weitere Verbindung zur Marine. Sie hat die Entwicklung gepanzerter Landfahrzeuge schon immer inspiriert und begleitet.

Bald gab es – analog den Korvetten, Zerstörern, Kreuzern und Schlachtschiffen – weitere Unterschiede in Größe und Verwendung von Kampfwagen: Kleinkampfwagen (Tanketten), mittlere Panzer, Panzerzerstörer (Jagdpanzer, gelegentlich auch als »Torpedopanzer« bezeichnet) sowie viele Sonderfahrzeuge. Von allen Neuentwicklungen gelangte nur eine vergleichsweise geringe Anzahl in den Truppendienst. Zu schnell schritt die technische Entwicklung dieses in der Anschaffung teuren Kriegsgerätes voran.

Englischer Tank Mk-V. Die Kampfwagen der Alliierten gehörten in den ersten Nachkriegsjahren fest zum Erscheinungsbild deutscher Großstädte an Rhein und Ruhr.

1921 wurden zwei leichte Kampfwagen Renault FT für die Schweizer Armee gekauft und in Thun für Versuchszwecke genutzt. 1939 erwarb die Schweiz drei weitere Fahrzeuge dieses Typ. Sie erhielten das 7,5-mm-Maschinengewehr M.11.

Die Liste der Länder, die den französischen Renault FT erwarben, scheint endlos: Belgien, Italien, Polen, Tschechoslowakei, Lettland, Litauen, Finnland. Im Herbst 1920 beschäftigte sich auch die niederländische Armee mit diesem Kampfwagentyp. Renault FT waren noch während des Zweiten Weltkrieges im Dienste der deutschen Besatzungstruppen auf niederländischem Boden. Sie kamen aber aus französischen und belgischen Beständen.

Parallel dazu entstanden wirkungsvollere Abwehrwaffen und der Ausgang dieses Zweikampfes zwischen Angriffs- und Abwehrmitteln war für die Zeitgenossen nicht erkennbar. Mancher bezweifelte die Zukunft gepanzerter Fahrzeuge grundsätzlich, andere gaben sich schwergewichtigen Utopien hin. Außerdem gingen auch die Auffassungen darüber, wie gepanzerte Kampfwagen am zweckmäßigsten einzusetzen waren, selbst in den auf diesem Zweig des Militärwesens führenden Ländern weit auseinander.

Die Panzerdivisionen auf geländegängigen Fahrzeugen hat General E. Buat schon Ende 1918 in einem Bericht mit folgenden Worten angekündigt:
*»Angesichts der starken Feuerwirkung wird das Schlachtfeld der Zukunft keinen einzigen Kämpfer mehr mit ungeschützter Brust sehen. Die verkleinerte Gruppe wird mitsamt ihrer Selbstladewaffe ganz in einer beweglichen Schutzhülle eingeschlossen.«*

In Frankreich sah man in der engen Zusammenarbeit zwischen der Infanterie und den Panzern die beste Möglichkeit, deren Kampfkraft zu nutzen. Deshalb erreichten die französischen Kampfwagen nur eine geringe Geschwindigkeit. Schnelle Fahrzeuge sollten bei der Kavallerie für Zwecke der Aufklärung und Verfolgung Verwendung finden.

In England wiederum nahm bis Ende der 1920er Jahre die Idee vom selbständigen Einsatz der Kampfwagen Gestalt an. Sie konnten deshalb schneller fahren und mit den gepanzerten und motorisierten Teilen anderer Waffengattungen zusammenwirken. Das war die Idee des mechanisierten Krieges, in dem die Panzertechnik zum Hauptträger der Stoßkraft avanciert. Wie bedeutsam diese Idee für das Militärwesen werden sollte, zeigen der Verlauf und die Ergebnisse des Zweiten Weltkrieges.

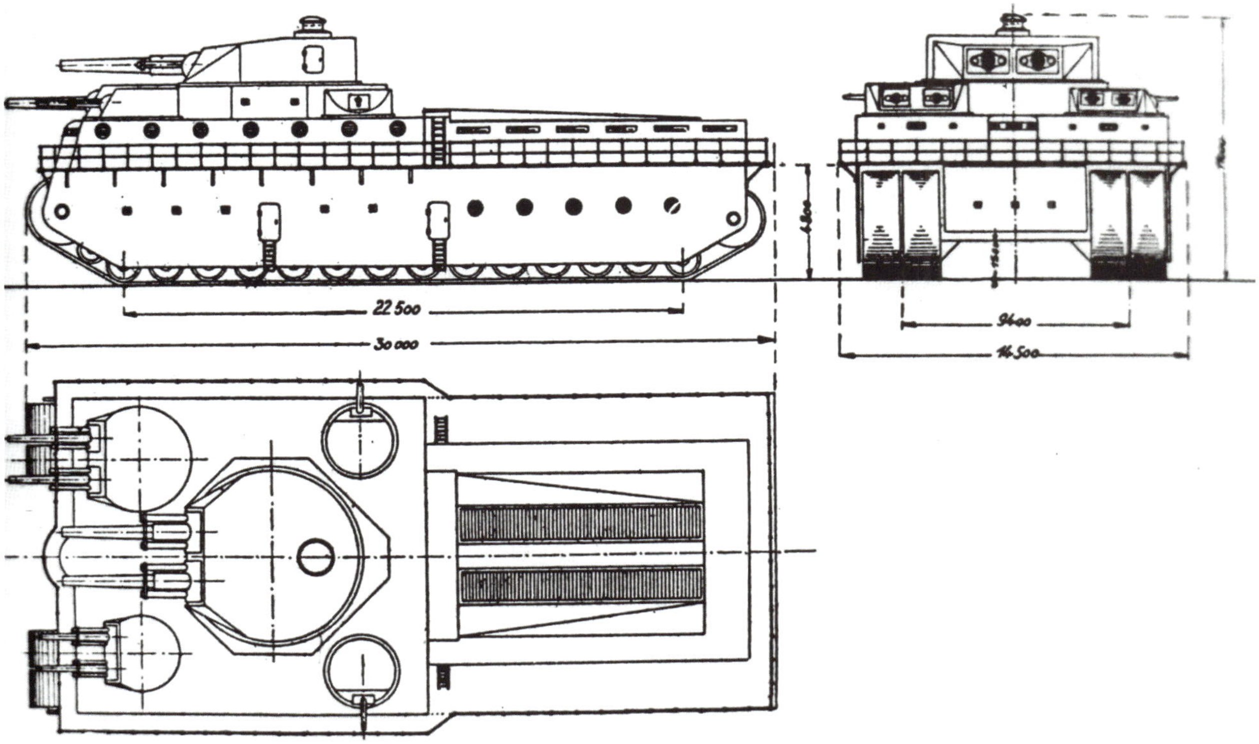


Das Phantasieprojekt eines gepanzerten »Landkreuzer« aus der Zeit nach dem Ersten Weltkrieg.

Bis zum Ende der 1920er Jahre kristallisieren sich drei Grundlinien gepanzerter Kampfwagen heraus. Federführend ist dabei das Royal Tank Corps in England:
(a) leichte Kampfwagen (Beispiel Vickers-Carde-Loyd M. 1933),

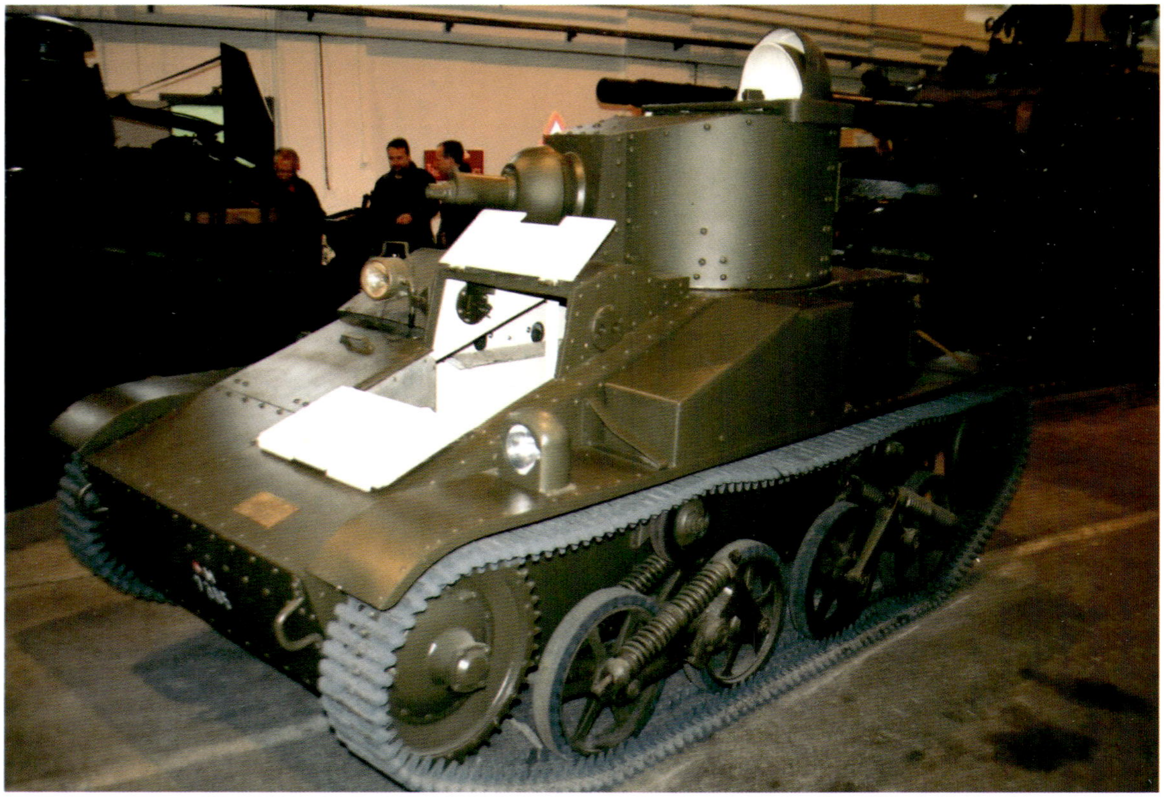

(b) mittlere Kampfwagen (Beispiel Mk-II A von 1930),

(c) schwere Kampfwagen (Beispiel A 1 E 1 »Independent« von 1926).

Bemerkenswert: 1931/32 erwarb Deutschland durch Vermittlung der Sowjet-union die Fahrgestelle englischer Vickers-Carde-Loyd-Kampfwagen. Die bei ihrer Erprobung gesammelten technischen Erfahrungen beschleunigten die Entwicklung leichter Panzerkampfwagen (sogenannte Kleintraktoren) in Deutschland. Interessant: zu dieser Zeit erschien im Militärwochenblatt in mehreren Ausgaben ganzseitige Werbung für Panzer der Vickers-Armstrongs Ltd. / London.

KAPITEL 9

# ANHANG

## Glossar

**aptieren**
etwas anpassen, etwas herrichten. Im konkreten Fall Kriegsmaterial so ändern, dass eine weitere Verwendung unter veränderten Einsatzbedingungen möglich ist.

**Brisanzmunition**
Sprenggranaten, Hohlgeschosse, die mit einer hochexplosiven (brisanten) Ladung gefüllt sind, die nach Zündung einen Gasdruck mit starker, zerstörender Wirkung erzeugen. Brisante Stoffe sind u. a. Schießwolle, Pikrinsäure, Ekrosit, Melinit.

**Chefkraft**
Abkürzung für die Dienststelle Chef des Feldkraftfahrwesens. Sie war am 8. Dezember 1916 gebildet und dem Generalquartiermeister unterstellt worden. Ihr unterstanden neben der Kraftfahrtruppe im Felde auch die Inspektionen des Kraftfahrwesens in der Heimat, einschließlich der Ersatzabteilungen sowie der Versuchs- und Beschaffungsstellen. Damit nahm sie Einfluss auf die technische Entwicklung gepanzerter Kampffahrzeuge sowie auf Aufbau und Ausbildung der Kampfwagentruppe.

**Faschinen, Faschinenbündel**
lateinisch: fasces, italienisch: fascio. Bei den alten Römern Bündel aus Ruten oder Stäben, aus deren Mitte ein Beil herausragte; symbolisches Zeichen der höchsten Gewalt; in Italien als Bezeichnung einer politischen Bewegung verwendet.

Im militärischen Sinne walzenförmige, 3–4 m lange, starke Strauchbündel, die durch Bänder aus Weidenruten oder Draht fest zusammengehalten wurden. Sie fanden im Festungs- und Stellungskrieg vielfältige Verwendung, u. a. zum Bau bombensicherer Deckungen, bei der Befestigung von Böschungen, Schützengräben, Geschützstellungen und zur Überwindung von Gräben, Gewässern oder sumpfigen Wegstrecken. Englische Tanks führten im Ersten Weltkrieg zur Überwindung von Panzergräben Faschinenbündel mit.

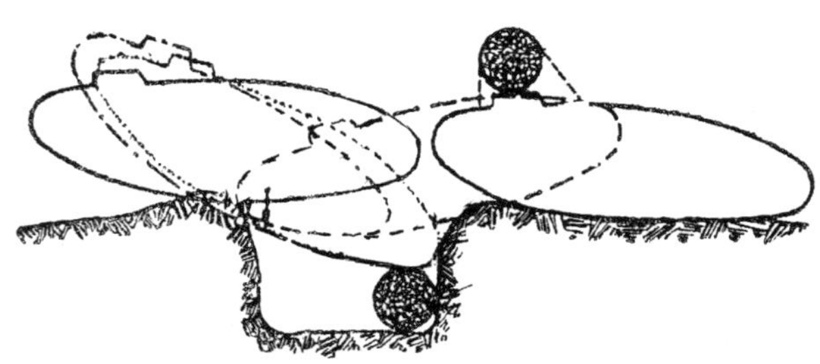

**Feuerschlag**
Form des Feuers der Artillerie. Das Feuer der Geschütze einer Artillerieformation bzw. -gruppierung wird überraschend auf vorher bestimmte, artilleristisch aufgeklärte und bereits vermessene Ziele des Gegners gerichtet.

**Feuerwalze**
Zusammengefasstes Feuer der Geschütze einer aus vielen Batterien gebildeten Artilleriegruppierung. Es wird während des Sturmangriffes der eigenen Truppen auf breiter Front sprungweise vorverlegt. Mit dieser Form des Artilleriefeuers wird das Ziel verfolgt, den Gegner niederzuhalten und der eigenen Infanterie den Weg zu bahnen. Ausdehnung, Zeit und Verlauf der Feuerwalze bedürfen sorgfältiger Vorbereitung und Abstimmung mit allen beteiligten Waffen.

**Geballte Ladung**
Um den Topf einer durch Einsetzen des Zünders zum Gebrauch fertig gemachten Handgranate wurden die Töpfe weiterer sechs Handgranaten ohne Sprengkapsel gebunden (= 250 g + 1500 g Sprengstoff *). Die geballte Ladung fand bei der Sprengung von Hindernissen sowie Unterständen Verwendung; weiterhin spielte sie eine Rolle bei der Kampfwagenbekämpfung aus geringer Entfernung.

**Generalquartiermeister**
Die Dienststellung eines Generalquartiermeisters geht auf den Großen Kurfürsten von Brandenburg, Friedrich III., im 17. Jahrhundert zurück. Der Chef des Generalstabes der Armee blieb dem König unmittelbar unterstellt und war unabhängig vom Kriegsministerium. Im Krieg wurde der Chef des Generalstabes der Feldheere von einem mitverantwortlichen Generalquartiermeister in der Planung, Leitung und Durchführung aller militärischen Operationen unterstützt.

**Infanterie-Begleitbatterien**
Geschützbatterien mit sechs besonders leicht gebauten Kanonen zur unmittelbaren Begleitung und Unterstützung der Infanterie auf dem Gefechtsfeld. Organisatorisch gehörten sie zu den Sturmbataillonen; der Einsatz erfolgte in der Regel zugweise.

**Kartätsche**
italienisch cartaccia: großes Papier; cartoccio: Tüte. Früher mit Bleikugeln gefülltes, aus Papier, Leinwand, Lehm, korbartig geflochtenen Weidenruten oder anderen Materialien hergestelltes Artilleriegeschoss. Kartätschen wurden schon im Rohr durch den Stoß der Pulvergase zertrümmert, so dass ihre Kugelgarbe bereits unmittelbar vor der Rohrmündung Wirkungen wie ein Hagel oder Schrotschuss zeigen konnte. Die Reichweite schwankte in Abhängigkeit von Kaliber und Gewicht zwischen 200 und 600 m. Die Kartätsche für die französische 37-mm-Kampfwagenkanone wog 0,55 kg und nahm 28 Blei-Antimon-Kugeln auf (vgl. Abbildung). Das vergleichbare Geschoss für die deutsche 5,7-cm-Kampfwagenkanone L/26,3 hatte ein Gewicht von 2,36 kg und nahm mehr als die doppelte Anzahl an Kugeln auf.

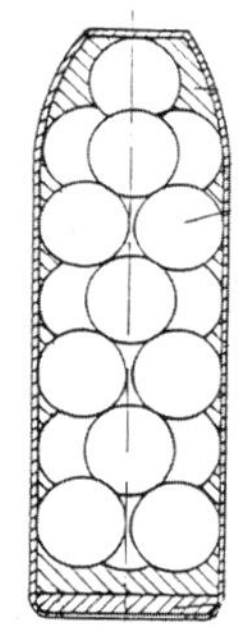

Kartätschen gehörten im Ersten Weltkrieg zur Munitionsausstattung von Kampfwagen, um Infanterie außerhalb von Deckungen, insbesondere Panzernahbekämpfer, abwehren zu können.

**Kasematte**
*französisch, aus dem Italienischen: Gewölbe*
Im Militärwesen gegen Artilleriefeuer Sicherheit bietender Gewölbehohlbau im Hauptwall, unter Bastionen oder anderen Werken; auf Kriegsschiffen bis zum Ersten Weltkrieg innerhalb eines Decks durch Panzerwände abgeschlossener Geschützraum, zuletzt zur Aufstellung von Kanonen der Mittelartillerie. Sinngemäß im Festungsbau verwendet. Auf der Abbildung eine französische Panzerkasematte für eine lange 155-mm-Kanone, Ende 19. Jahrhundert.

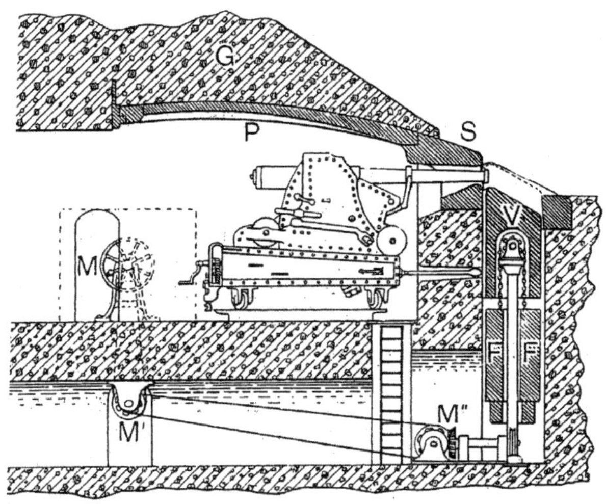


**Kraftprotze**
siehe Protze.

**Kraftwagengeschütz**
Im Gegensatz zu den Kraftzuggeschützen ist das Kraftwagengeschütz auf einem Kraftfahrzeug fest eingebaut. Es hat Allradantrieb oder ein Räder-Raupenfahrgestell. Seine Vorteile sind die hohe Feuerbereitschaft sowie die Schnelligkeit und Beweglichkeit im Gelände. Häufig wurde es bei der Flugzeugabwehr und bei der Tankbekämpfung verwendet.

**Kriegsleistungsgesetz**
Deutsches Reichsgesetz vom 13. Juni 1873, das die Inanspruchnahme von Leistungen regelt, die das Deutsche Reich bei einer Mobilmachung von seinen Angehörigen fordert. Die Paragrafen 23 und 24 enthalten Bestimmungen zur Überlassung von Fahrzeugen und Schiffen auf Anforderung und gegen Vergütung für die entzogene Nutzung sowie für etwaige Wertminderung.

* Angaben bezogen auf die ab Anfang 1916 eingeführte Stielhandgranate mit Brennzünder und einer Sprengladung aus 250 g Ammonal.

**Materialschlacht**
Schlacht, in der durch einen sehr starken Einsatz von Menschen und Material (Geschütze, Granaten, Handgranaten usw.) ein Erfolg erzielt werden soll. Wegen der damit verbundenen Verluste an Menschen und Material auch als Abnutzungsschlacht bezeichnet.

**Nebelmunition**
Nebelgranaten, Hohlgeschosse, die mit einer Füllung aus nebelnden Stoffen und einer brisanten Ladung zum Zerlegen des Geschosses nach der Zündung gefüllt sind. Sie dient dem Vernebeln der Stellungen und Beobachtungsstellen des Feindes.

**Protze**
Ursprünglich einachsiger Vorderwagen mit Deichsel und Protzkasten, um pferdebespannte Geschütze fahrbar zu machen. Die Idee, stattdessen motorisierte, sog. Kraftprotzen, einzuführen, stammt von der k.u.k. österreichisch-ungarischen Heeresverwaltung. Entsprechende Fahrzeuge mit Rad-, Halbketten- oder Gleiskettenantrieb, vereinzelt auch gepanzerte, wurden in Deutschland erprobt, z. B. die gepanzerte Kraftprotze Krupp und L.K. II (Bauart Vollmer) vom Juni 1918 (vgl. Zeichnung).

**Royal Tank Korps**
Das Königliche Kampfwagenkorps (RTC), dessen Vorläufer die Schwere Sektion des Maschinengewehrkorps war, wurde im Juli 1917 gebildet. Es gliederte sich in die im Felde stehenden drei Brigaden, jede davon war in drei Bataillone unterteilt, die zuerst mit Großbuchstaben (A–J), später mit Nummern bezeichnet wurden. Jedes Bataillon verfügte über drei Kompanien mit je vier Zügen zu je vier Kampfwagen (Tanks).

Außerdem unterstanden dem Royal Tank Corps Werkstatt-, Transport- und Nachschubeinheiten. Das RTC war für die technische Entwicklung und Ersatzausbildung zuständig.

**SmK, SmK-Munition**
Abkürzung für: Spitzgeschoss mit Stahlkern. Es war etwas länger als das schwere Spitzgeschoss (s. S.-Geschoss), hatte im Innern einen Stahlkern, um den ein dünner Bleimantel gelegt war und diente als Sondergeschoss zur Bekämpfung gepanzerter Kampffahrzeuge.

Im »Merkblatt über den kleinen französischen Tank« (Renault FT 17/18 – der Autor) vom 20. August 1918 wurde mitgeteilt: *»Sollen andere Teile der Panzerung mit S.m.K. durchschlagen werden, so ist auf nächste Entfernung MG-Punktfeuer erforderlich. Das Schießen auf weitere Entfernung mit S.m.K. ist nutzlos und verboten.«*

**Sperrfeuer**
Kurzes, sehr schnelles Schießen aller verfügbaren Geschütze auf vorher festgelegte Geländeabschnitte, die sich in der Regel vor der vordersten eigenen Stellung befinden. Es wird das Ziel verfolgt, den Gegner am weiteren Vordringen zu hindern. Sperrfeuer wird durch Leuchtfeuer, Leuchtsignale, Funk- oder Fernspruch angefordert bzw. ausgelöst.

**Sturmbataillone**
Ihre Aufstellung erfolgte auf Grund einer Weisung der Obersten Heeresleitung vom 15. Mai 1916. Sturm- und Lehrtruppe, bestehend aus dem Stab, zwei Sturm-, einer Maschinengewehr-, einer Minenwerfer- sowie einer Infanteriegeschützkompanie und einem Flammenwerferzug. Für Angriffe auf besonders widerstandsfähige Verteidigungsanlagen stellte sie Sturmtrupps aus speziell ausgebildetem Personal ab, deren Aufgabe die Unterstützung der Infanterie war. Auch Sturmabteilungen.

**Tanks**
Englisch, wahrscheinlich abgeleitet vom portugiesischen tonque: Behälter zur Aufnahme von Flüssigkeiten. Mit dem Aufkommen gepanzerter Kampfwagen von den Engländern aus Gründen der Tarnung eingeführte Bezeichnung. Im englischen Sprachraum und darüber hinaus (z. B. im russischen) gebräuchlich für Panzer, Kampfwagen, Panzerkampfwagen.

**Vergleich der Durchschlagleistung (Kaliber 7,92x57 mm) gegen Stahlplatten**

| Geschossart | Geschossgewicht | Patronengewicht | $V_0$ | Entfernung | Durchschlagleistung |
|---|---|---|---|---|---|
| S-Geschoss | 10 g | 23,8 g | 895 m/s | 100 m | 5 mm |
| SmK-Geschoss | 11,55 g | 25 g | 815 m/s | 100 m | 8–11 mm |

# Literaturverzeichnis


**Amtliche Quellen / Dienstvorschriften / Ausbildungsunterlagen**

Abschnitte aus der Gefechtslehre Teil XXII. Verwendung und Bekämpfung der Tanks, hrsg. Vom k.u.k. Armeeoberkommando im Juni 1918, Wien 1918.

Ausbildungsvorschrift für die Feldartillerie Heft 1: Ausbildung zu Fuß, Berlin 1917.

Ausbildungsvorschrift für die Feldartillerie Heft 4: Ausbildung am bespannten Geschütz, Berlin 1917.

Bedienungsanleitung für den leichten Minenwerfer. Rheinische Metallwaren- und Maschinenfabrik, Düsseldorf o.J.

Bedienungsanleitung für den leichten Minenwerfer n.A. im Flachbahnschuss vom 15. Januar 1918.

Die Kriegsmunition der schweren Artillerie, aufgestellt im Kriegsministerium im November 1917, Berlin 1917.

D.V.Nr. 1019 Wirkung der Fußartilleriegeschosse vom 9. August 1914, Berlin 1914.

Merkblatt für die Tankabwehr vom 7. September 1918.

Sammelheft der Vorschriften für den Stellungskrieg für alle Waffen, Berlin 1916/1917.
- Teil 1 a: Allgemeines über Stellungsbau vom 13. November 1916.
- Teil 1 b: Einzelheiten über Stellungsbau vom 15. Dezember 1916.
- Teil 2: Minenkrieg vom 19. April 1916.
- Teil 3: Nahkampfmittel vom 1. Januar 1917.
- Teil 4: Leuchtmittel vom 31. Mai 1916.
- Teil 6: Verbindung der Infanterie mit Fliegern und Fesselballon vom 1. Januar 1917.
- Teil 7: Die Minenwerfer vom 16. November 1916.

Schießvorschrift für die Artillerie vom 1. Dezember 1917, Berlin 1917.

Tankmappe. Aktensammlung zu Fragen des Tankeinsatzes, der Tankattrappen und zur Tankabwehr, 06.08.–22.09.1918 (im Besitz des Verfassers)

**Periodika**

Artilleristische Rundschau
Heerestechnik
Die Kampfwagentruppe
Militärgeschichte
Militärtechnik
Militärwochenblatt
Sankt Christophorus
Soldat und Technik
Wehrgedanken des Auslandes
Wehrtechnische Monatshefte

**Literatur**

Barichin, A. T.: Opisatelnui kurs tankow, Moskau/Leningrad 1933.

Benary, Albert (Hrsg.): Das Ehrenbuch der Deutschen Feldartillerie, Berlin o.J.

Benussi, G: Carri armati e autoblindale del regio esercito italiana 1918–1943, Mailand o.J.

Berkner, Kurt: Tanks im Angriff, Berlin, Leipzig, Wien o.J.

Bischoff, J.: Die letzte Front, Berlin 1935.

Borchert, M.: Der Kampf gegen Tanks. Dargestellt an den Ereignissen der Doppelschlacht bei Cambrai, Berlin 1931.

Breitung, A.: Salve! Batterie - Feuer! Ein Buch von der deutschen Artillerie im Weltkrieg, Stuttgart/ Berlin/Leipzig o.J.

Carri armati in servizio fra le due guerre, Roma 1972.

Champagne, J. P.: Les véhicules blindés à l'Armée Belge 1914–1918, Arton o.J.

Clough and William Ellis: The Tank Corps, London 1919.

Deiß: Das Deutsche Soldatenbuch. Zweiter Band, o.J.

Deutsch, F.: Waffenlehre, Berlin 1939.

Das deutsche Nutzautomobil im Weltkriege. In: Illustrierte Zeitung Nr. 3783 (145. Band) vom 30. Dezember 1915, Leipzig/Berlin/Wien/Budapest/New York 1915.

Dörfler: Die Technik der Raupenfahrzeuge, insbesondere Kampfwagen und Kampfwagenabwehr.
In: Heerestechnik. Monatszeitschrift für die technischen Fragen des Reichsheeres, Jahrgang 1924, S. 289 ff. Berlin 1924.

Eisenhart Rothe, E. von, Lezius, M., Beckmann, W.: Deutsche Infanterie – Das Ehrenmal der vordersten Front, Zeulenroda 1939.

Eisenhart Rothe, E. von, Lezius, M.: Das Ehrenbuch der Garde. I. und II. Band, Berlin und Stuttgart o.J.

Eisenhart Rothe, E. von: Ehrendenkmal der Deutschen Armee und Marine 1871–1918, München 1927.

Faggioni, G.: Italienische KFZ und Panzer, Stuttgart 2012.

Fasse, Alexander: Im Zeichen des »Tankdrachen«. Die Kriegführung an der Westfront 1916–1918 im Spannungsverhältnis zwischen Einsatz eines neuartigen Kriegsmittel der Alliierten und deutschen Bemühungen um seine Bekämpfung. Dissertation, Berlin 2007.

Fedosejev, Cemen: Tjascholui germanski tank A7V. In: Poligon. Journal ljubitelei woennoi istorii techniki, Nr. 3 (7) 2001, S. 8-19

Feeser, Friedrichfranz: Artillerie im Feldkriege, Berlin 1930.

Fehrmann, F.: Die Osterschlacht bei Arrass 1917, 2 Teile, Berlin 1929.

Felger, F.: Was wir vom Weltkrieg nicht wissen? Leipzig 1938.

Fiedler, S.: Kriegswesen und Kriegführung im Zeitalter der Millionenheere. Heerwesen der Neuzeit, Abteilung V. Bd.2, Bonn 1992.

Fletcher, David: British Mark IV Tank; Osprey New Vanguard Nr. 133, London 2007.

ders.: Landships. British Tanks in the First World War, London 1994.

ders.: Tanks and Trenches, London 1996.

ders.: War cars – British Armoured Cars in the First World War, London 1987.

Frantzius, Hayner: Die Geschichte des Reserve-Infanterieregiments Nr. 201. Deutsche Tat im Weltkrieg Bd. 45, Berlin 1940.

Der Friedensvertrag zwischen Deutschland und der Entente. Vollständige Volksausgabe der deutschen Übertragung auf Grund der letzten amtlichen Revision, hrsg. im Auftrage des Auswärtigen Amtes, Charlottenburg 1919.

Fuller, F.C.J.: Tanks in the Great War 1914–1918, o.O. 1920.

Geschichte des Lehr-Infanterie-Regiments und seiner Stammformationen, Zeulenroda 1936.

Guderian, Heinz: Achtung – Panzer! Die Entwicklung der Panzerwaffe, ihre Kampftaktik und ihre operativen Möglichkeiten, Stuttgart 1937.

ders.: Erinnerungen eines Soldaten, Stuttgart 1986.

ders.: Die Panzertruppe und ihr Zusammenwirken mit den anderen Waffen, Berlin 1940 und 1944.

Günther, H.: Die belgischen Panzerkraftwagen-Korps. In: Der Krieg. Illustrierte Chronik des Krieges, Bd. 8, S. 210 ff., Stuttgart o.J.

Guy, Francois: Les canons de la victoire 1914–1918, Tome 2: L'Artillerie Lourde a Grands Puissance, Paris 2008.

ders.: Les canons de la victoire 1914–1918, Tome 3: L'Artillerie de Cote et l'Artillerie de tranchée, Paris 2010.

Heigl, Fritz: Taschenbuch der Tanks, München 1926.

Heigl, Fritz: Taschenbuch der Tanks. Ergänzungsband, München 1927.

Heigl, Fritz: Taschenbuch der Tanks. Ausgabe 1930, München 1930.

Heigl's Taschenbuch der Tanks. Teil I: Wesen der Panzerkraftfahrzeuge, Panzererkennungsdienst A–F, München 1935.

Heigl's Taschenbuch der Tanks. Teil II: Panzererkennungsdienst G–Z. Panzerzüge und Panzerdraisinen, München 1935.

Heigl's Taschenbuch der Tanks. Teil III: Der Panzerkampf, München 1938.

Heinrici, Paul (Hrsg.): Das Ehrenbuch der Deutschen Pioniere, Berlin 1931.

Higgins, D. R.: Mark IV vs A7V – Villers-Bretonneux 1918, Oxford and Island City 2012.

Illustrierte Zeitung Nr. 3884 vom 6. Dezember 1917, Leipzig/Berlin/Wien/Budapest 1917.

Jäger, H.: German Artillery of World War One, Wiltshire 2001.

Jeudy, J.-G.: Chars de France, Paris 1997.

Jost, Walter / Felger, Friedrich: Was wir vom Weltkrieg nicht wissen, Leipzig 1938.

Jurkiewicz, Bruno: Les chars français au combat 1917–1918, o.O. o.J.

Justrow, Karl: Der technische Krieg im Spiegelbild der Kriegserfahrungen und der Weltpresse, Berlin 1938.

Justrow, Karl: Der technische Krieg. II. Band Wirkung und Kampfesweise im Zukunftskrieg, Berlin 1939.

Kaiser, Franz N.: Das Ehrenbuch der Deutschen Schweren Artillerie, I. und II. Band, Berlin 1934.

Kaufholf-Rolf, Heinrich: Der deutsche Panzerbau im Ersten Weltkrieg; Wehrtechnik und wissenschaftliche Waffenkunde Bd. 10, Osnabrück 1995.

Kerchnawe, H., Ottenschläger, E.: Ehrenbuch unserer Artillerie, 2 Bände. Wien 1936.

Kern, W.: Das Tankgewehr Mauser M 1918, Hürth 2002.

Das K. B. 5. Infanterie-Regiment Großherzog Ernst Ludwig von Hessen. Erinnerungsblätter deutscher Regimenter Bd. 59, München 1929.

Das K. B. 9. Infanterie-Regiment Wrede; Erinnerungsblätter deutscher Regimenter Bd. 51, Würzburg 1927.

Kosar, Franz: Leichte Feldgeschütze. Taschenbuch der Artillerie, Band 1, München 1971.

Kosar, Franz: Mittlere Feldgeschütze. Taschenbuch der Artillerie, Band 2, München 1973.

Kronprinz Rupprecht: Die Tankschlacht und die Angriffsschlacht bei Cambrai. A.O.K. 2, April 1918.

Leeb, Wilhelm: Die Abwehr. II. Teil: Die Abwehr im Weltkriege. In: Militärwissenschaftliche Rundschau Heft 2/1937, Berlin 1937, S. 154 ff.

Linnekohl, H.: Vom Einzelschuss zur Feuerwalze. Der Wettlauf zwischen Technik und Taktik im Ersten Weltkrieg, Bonn 1996.

Ludendorff, E.: Kriegführung und Politik, Berlin 1922.

ders.: Meine Kriegserinnerungen 1914–1918, Berlin 1921.

Magnuski, J.: Wozy bojowe, Warszawa 1964.

Maus, H.: Die Tanks des Ersten Weltkrieges. Eine technische Beschreibung über britische, französische, deutsche Tanks, Heidelberg 1995.

Medium tanks Marks A-D (AFT Nr. 7).

Milsom, J.: Die russischen Panzer, Stuttgart 1974.

Morosow, Juri: Nasemnuie bronenoszi. Perwuie franzuskie tanki »Schneider« i »Sen-Schamon«, Moskwa 2012.

Moser, Otto von: Feldzugsaufzeichnungen als Brigade-Divisionskommandeur und als kommandierender General 1914–1918, Stuttgart 1923.
Müller, Eduard: Der englische Panzerangriff bei Cambrai am 20.11.1917 und seine Lehren für die Gegenwart. In: Militärwissenschaftliche Rundschau Heft 3/1939, S. 389 ff., Berlin 1939.
Muther, Alfred: Das Gerät der leichten Artillerie. I. Teil: Feldgeschütze, Berlin 1925.
Muther, Alfred: Das Gerät der leichten Artillerie. II. Teil: Infanteriegeschütze, Tankabwehr und Tankbestückung, Berlin 1932.
Muther, Alfred: Das Gerät der leichten Artillerie. IV. Teil: Flugabwehrwaffen, Berlin 1929.
Nehring, Walther: Panzerabwehr. Eine Untersuchung über ihre Möglichkeiten, Berlin 1936.
ders.: Panzervernichtung. Ihre Möglichkeiten, Berlin 1941.
Nörregard, B. W.: Die Belagerung von Port Arthur, Leipzig 1906.
Oertzen, K. L.: Rüstung und Abrüstung. Eine Umschau über das Heer- und das Kriegswesen aller Länder, Berlin 1933.
Ortenburg, G.: Waffe und Waffengebrauch im Zeitalter der Millionenheere. Heerwesen der Neuzeit, Abteilung V. Bd.1, Bonn 1992.
Ortner, M. Christian: Die österreichisch-ungarische Artillerie von 1867 bis 1918, Wien 2007.
Osthold, P.: Die deutsche Kriegswirtschaft im Ersten Weltkrieg und heute. In: Wehrtechnische Monatshefte 10. Heft, Oktober 1942, S. 229 ff. Berlin 1942.
Oswald, W.: Kraftfahrzeuge und Panzer der Reichswehr, Wehrmacht und Bundeswehr, Stuttgart 1987 und 2004.
Petter, E.: Die technische Entwicklung der deutschen Kampfwagen im Weltkriege 1914/18, Berlin 1932.
Riccio, R.: Italian tanks and fighting vehicles of World War 2, Watford 1975.
Riebicke, Otto: Was brauchte der Weltkrieg? Tatsachen und Zahlen aus dem deutschen Ringen 1914/18, Berlin o.J.
Ristow, F.: Sturmgrenadiere, Bonn 1959.
Schell, A. von: Kampf gegen Panzer, Oldenburg/Berlin 1936.
Schirmer, Hermann: Das Gerät der schweren Artillerie, Berlin 1937.
Schirokorad, A.W.: Enziklopedia Oteschestwennoi Artillerii, Minsk 2000.
Schmid, Bastian: Deutsche Naturwissenschaft, Technik und Erfindung im Weltkriege, München, Leipzig 1919.
Schmidt-Tapken, D.: Deutsche Artillerie und Minenwerfermunition 1914–1918, Düsseldorf 1994.
Schwarte, Max: Die Technik im Weltkriege, Berlin 1920.
Schwarte, Max (Hrsg.): Der Weltkampf um Ehre und Recht, 1.–10. Teil, Leipzig 1927–1933.
Seekt, H. von: Landesverteidigung, Berlin 1930.
Seherr-Thoss, H.-C. von: Die deutsche Automobilindustrie : eine Dokumentation von 1886 bis 1979, Stuttgart 1979.
Sergejewa, L. W.: Bronetankowaja technika sowjetskoi armii. Album, Moskwa 1966.
Sering, Max: Die deutsche Kriegswirtschaft im Bereich der Heeresverwaltung 1914–1918, Berlin und Leipzig 1922.
Skorobogatkin, F. F. u. a.: Die Streitkräfte der UdSSR, Berlin (Ost) 1974.
Soljankin, A. G. u.a.: Oteschestwennuie brojnirowannuie maschini xx bek; Teil 1: Oteschestwennuie brojnirowannuie maschini 1905–1941; Moskwa 2002.
Spannenkrebs, Walter: Angriff mit Kampfwagen, Oldenburg/Berlin 1939.
Strutz, G.: Die Tankschlacht bei Cambrai 20.–29. November 1917, Berlin 1929.
Sturmpanzerwagen A7V U. Vom Urpanzer zum Leopard 2, Herford 1990.
Surlémont, R.: Le Régiment des Chars de Combat (1920-1935). In: Tank Museum news. Sonderheft Cavalerie 1937–1997, S. 56 ff. Brüssel o.J.
Swirin, M.: Tankowaja mostsch SSSR, Moskwa 2009.
Tank Mark IV. In: Bellona Military Vehicle Prints. Hemel Hempstead o.J.
Vanderveen, B. H.: The Observers Army vehicles Directory, London 1974.
Vauviller, F.: The encyklopedia of french tanks and armoured vehicles 1914–1940, Paris 2014.
Volckheim, Ernst: Deutsche Kampfwagen greifen an, Berlin 1937.
ders.: Die deutschen Kampfwagen im Weltkriege, Berlin 1937.
Der Weltkrieg 1914 bis 1918, Bd. 1–12, Berlin 1925–1939.
Weyrauch, R.: Waffen- und Munitionswesen. Die deutsche Kriegswirtschaft im Bereich der Heeresverwaltung, Band III, Berlin und Leipzig 1922.
Die Wirren in der Reichshauptstadt und im nördlichen Deutschland, Berlin 1940.
Zaloga, Steven J.: The Renault FT Light Tank; Osprey Vanguard Nr. 46, London 1988.
Zimmermann, P.: Technik für Rüstung und Krieg. In: Mitteilungen aus dem Institut für Mechanik Nr. 1/88, Neubiberg 1988.

# Zum Weiterlesen aus dem Motorbuch Verlag

Wolfgang Fleischer

## MILITÄRTECHNIK DES ERSTEN WELTKRIEGS

**Entwicklung, Einsatz, Konsequenzen**

Wie jeder Krieg wartete auch der Erste Weltkrieg mit einer Fülle an technischen Erfindungen auf, die nur ein Ziel kannten: Dem Gegner möglichst viel Schaden zuzufügen. Nie zuvor forderte der Einsatz neuer Technologien einen so erschreckend hohen Blutzoll, niemals zuvor war die physische Vernichtung der Gegenseite so im Bereich des Möglichen.

Wolfgang Fleischer dokumentiert in dieser Dokumentation akribisch die gesamte Waffentechnik, die von den Mittelmächten und ihren Gegnern eingesetzt wurde, egal ob Maschinengewehre, Artilleriegeschütze, Giftgas, erste gepanzerte Kampfwagen, Flugzeuge oder U-Boote.

224 Seiten, 327 Abbildungen
Format 230 x 265 mm, gebunden
ISBN 978-3-613-03706-9
€ 29.90 / CHF 39.90 / € (A) 30.80

Stand März 2015
Änderungen in Preis und Lieferfähigkeit vorbehalten

Überall, wo es Bücher gibt, oder unter:
www.motorbuch.de
Tel. 0711 / 98 809 984

Motor buch Verlag

Les Chars Renault en manœuvre au Camp de BOURG-LASTIC

Chars de Combat
Le Char canon

176. - Tank en action.

16. - CAMP du VALDAHON. — Le Hangar aux Tanks. D. D.

56 - PARIS - Les Fêtes de la Victoire - 14 Juillet 1919 — Le Défilé des Tanks

8542. - BESANÇON. — Chars légers.
Montée et descente d'un talus.

Franz. Tank.

7731. - BESANÇON. — Une Revue au Polygone

506me Régiment d'A. S. - Intérieur du Quartier
Chars rentrant de la manœvre

LA GRANDE GUERRE 1914-18 — Sur le Front - Un Tank
On the Front — British tank